U0230029

高职高专自动化类“十二五”规划教材

编审委员会

高职高专自动化类“十二五”规划教材

过程控制系统应用技术

张　虎　王银锁　主　编
匡芬芳　王晓霞　副主编
任丽静　　　　主　审

化学工业出版社
·北京·

本书共7章。以过程控制系统组成和结构为线索，简述过程控制系统的应用技术，包括概述、过程特性和建模、控制器的控制规律、单回路控制系统、复杂控制系统及其应用、先进控制系统、典型化工设备的控制等内容。本书除对过程控制的基础知识讲授外，还介绍了目前正在推广应用的过程控制新技术，如基于模型的预测控制、时滞补偿控制系统以及模糊控制系统等。

本书可作为高等职业院校生产过程自动化、工业自动化及相关专业“过程控制系统”课程的教材和教学参考书，也可作为有关工程技术人员的自学教材和参考资料。

图书在版编目（CIP）数据

过程控制系统应用技术/张虎，王银锁主编．—北京：化学工业出版社，2012.7（2019.3重印）

高职高专自动化类“十二五”规划教材

ISBN 978-7-122-14540-6

Ⅰ．①过…　Ⅱ．①张…②王…　Ⅲ．①过程控制-自动控制系统-高等职业教育-教材　Ⅳ．①TP273

中国版本图书馆CIP数据核字（2012）第127876号

责任编辑：廉　静　　文字编辑：云　雷

责任校对：徐贞珍　　装帧设计：尹琳琳

出版发行：化学工业出版社（北京市东城区青年湖南街13号　邮政编码100011）

印　　装：北京科印技术咨询服务公司海淀数码印刷分部

787mm×1092mm　1/16　印张9¾　字数241千字　2019年3月北京第1版第2次印刷

购书咨询：010-64518888　　售后服务：010-64518899

网　　址：http：//www.cip.com.cn

凡购买本书，如有缺损质量问题，本社销售中心负责调换。

定　　价：30.00元

前 言

高职高专教材建设是高职院校教学改革的重要组成部分，2009 年全国化工高职仪电类专业委员会组织会员学校对近百家自动化类企业进行了为期一年的广泛调研。2010 年 5 月在杭州召开了全国化工高职自动化类规划教材研讨会。参会的高职院校一线教师和企业技术专家紧密围绕生产过程自动化技术、机电一体化技术、应用电子技术及电气自动化技术等自动化类专业人才培养方案展开研讨，并计划通过三年时间完成自动化类专业特色教材的编写工作。主编采用竞聘方式，由教育专家和行业专家组成的教材评审委员会于 2011 年 1 月在广西南宁确定出教材的主编及参编，众多企业技术人员参加了教材的编审工作。

本套教材以《国家中长期教育改革和发展规划纲要》及 2006 年教育部《关于全面提高高等职业教育教学质量的若干意见》为编写依据。确定以“培养技能，重在应用”的编写原则，以实际项目为引领，突出教材的应用性、针对性和专业性，力求内容新颖，紧跟国内外工业自动化技术的最新发展，紧密跟踪国内外高职院校相关专业的教学改革。

本书是根据评审通过的编写提纲组织编写，全书分为 7 章：第 1 章绪论，第 2 章过程特性和建模，第 3 章控制器的控制规律，第 4 章单回路控制系统，第 5 章复杂控制系统及其应用，第 6 章先进控制系统，第 7 章典型化工设备的控制。

参加本书编写的人员都是在各高职高专院校从事自动化教学和研究的一线教学人员，其中第 1 章由贺正龙编写，第 2 章由王惠芳编写，第 3、6 章由匡芬芳编写，第 4 章由王晓霞编写，第 5 章由王银锁编写，第 7 章由张虎编写。全书由张虎统稿，张虎、王银锁任主编，匡芬芳、王晓霞任副主编，任丽静任主审。

限于编者水平，书中难免有不妥之处，恳请读者批评指正。

全国化工高职仪电类专业委员会

2012 年 5 月

目　　录

第1章　绪　　论

1.1　自动控制系统

1.1.1　过程控制系统的基本概念

自动控制就是在没有人直接参与的情况下，通过控制器使被控制的对象或过程自动地按照预定的规律运行。例如导弹能够准确命中目标；人造卫星能按预定的轨道运行并返回地面；宇宙飞船能够在月球和其他星球着陆探测后返回地球等，这些都是应用自动控制技术的结果。

在工业生产过程中，需要对温度、湿度、压力、流量、频率、液位、浓度等变量进行控制，这都属于自动控制技术的范畴。一般把工业生产过程中的温度、压力、流量、液位、成分等状态变量的控制叫做过程控制。

自动控制装置控制器和被控制对象两者组合在一起，共同完成一定的任务，称作自动控制系统。这里所指的被控制对象，可以是一个机器设备，或者是一个生产过程以及其他物体。

过程控制所采用的是工业控制器，一般又称作控制器；由控制器和被控制对象构成的系统称为过程控制系统。

自动控制系统或过程控制系统的目的是：保证系统输出具有预定的性能；保证系统输出尽量不受扰动的影响。

1.1.2　过程控制系统的任务

过程控制是自动控制学科的一门分支，是对过程控制系统的分析和设计。

《过程控制系统应用技术》是生产过程自动化技术专业的一门理论和实践性较强的专业课程。

通过本课程的学习，可以具备控制系统基本组成及其特性分析的知识，掌握简单控制系统的分析、设计、运行整定与维护技术；具有生产过程控制技术的能力。

1.1.3　过程控制系统的特点

生产过程的自动控制，一般是要求保持过程进行中的有关参数为一定值或按一定规律变化。显然，过程参数的变化，不但受外界条件的影响，它们之间往往也相互影响，这就增加了某些参数自动控制的复杂性和难度。过程控制有如下特点。

① 被控对象的多样性。

② 对象存在滞后。

③ 对象特性的非线性。

④ 控制系统比较复杂。

1.1.4　自动控制理论的发展

自动控制理论目前分为经典控制理论和现代控制理论两大部分。远在经典控制理论形成之前，就有蒸汽机的飞轮调速器、鱼雷的航向控制系统、航海罗经的稳定器放大电路和镇定器等自动装置的出现。这些都是不自觉地用了反馈控制要领而构成的自动控制器件和系统的成功例子。直到20世纪20～40年代，经典控制理论的形成，特别是在第二次世界大战中的许多武器和通信自动化系统的研制与应用，自动控制理论和技术才发展很快，并且推广到其他工程技术领域。经典控制理论是以传递函数为基础，研究单输入-单输出自动控制系统的分析和设计。这一理论现已臻成熟，在工程中被广泛应用。

现代控制理论是20世纪60年代在经典控制理论的基础上，随着科学技术发展和工程领域的需要以及计算机的普遍应用而迅速发展起来的。经典控制理论中以图表、特制曲线（奈魁斯特曲线、伯德图、尼柯尔斯图、根轨迹等）和特制计算尺为主要计算、分析和设计工具，而现代控制理论中用各种语言设计计算程序为主要设计手段。所以说，现代控制理论无论在理论基础、数学工具、还是在研究方法上都不是经典理论的简单延伸和推广，而是认识上的飞跃。

现代控制理论是以状态分析法为基础，研究多输入-多输出、变参数、非线性、高精度、高效能等自动控制系统的分析和设计。有线性系统理论、最优控制理论、自适应控制、动态系统辨识、大系统理论等分支学科。随着计算机技术和现代应用数学的迅速发展，使现代控制理论又在研究庞大的系统工程的大系统理论和模仿人类智能活动的智能控制以及集散控制等方面有了重大发展。目前，现代控制理论正随着现代科学的进步而日新月异地向前发展。

1.2 自动控制系统的组成和分类

1.2.1 自动控制系统的组成

图1-1是电厂、化工厂里常见的生产蒸汽的锅炉设备。锅炉汽包水位过低会影响蒸汽产生量，并很容易将汽包中的水烧干而发生严重事故。汽包水位过高将使蒸汽带水滴并有溢出的危险。因此，维持锅炉汽包水位在设定的标准高度值上是保证锅炉正常运行的重要条件。

图1-1(a) 为人工控制。人的眼、脑、手三个器官，分别担负了检测、判断和运算、执行三个作用，来完成测量、求偏差、再控制以纠正偏差的过程，保持汽包水位的恒定。

图1-1(b) 为自动控制。液位变送器将汽包水位高低的测量出来并转换为工业仪表间的标准统一信号（气动仪表为0.02～0.1MPa，电动Ⅱ型仪表为0～10mA DC，电动Ⅲ型仪表为4～20mA DC)。

控制器接受变送器送来的标准统一信号，与锅炉工艺要求保持的标准水位高度信号相比较得出偏差，按某种运算规律输出标准统一信号。

控制阀接受控制器的控制信号改变阀门的开度控制给水量，最终达到控制汽包水位的稳定。

通过上述示例的对比分析知道，一般过程控制系统是由被控对象和自动控制装置两大部分或由被控对象、测量变送器、控制器、执行器（控制阀）四个基本环节所组成。

为了能清楚地说明过程控制系统的结构及各环节之间的相互关系和信号联系，常用方块图来表示，如图1-2所示。

图中各部分含义如下。

- 被控对象——是生产过程中被控制的工艺设备或装置。

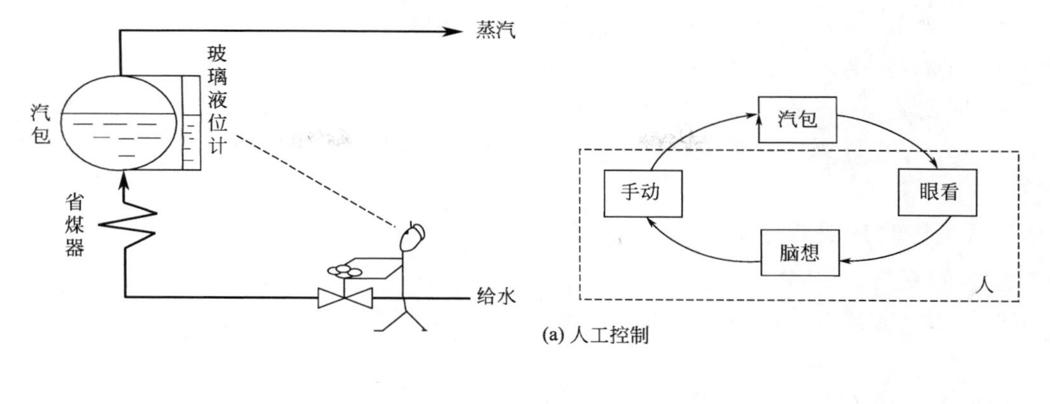

(a) 人工控制

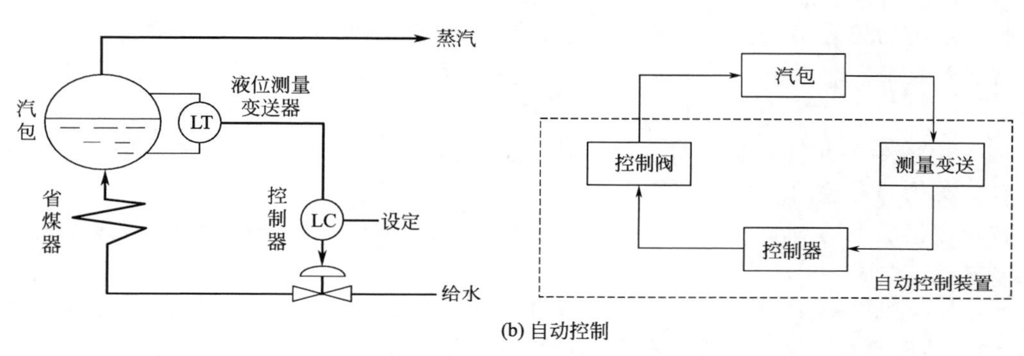

(b) 自动控制

图 1-1 锅炉汽包水位控制系统示意图

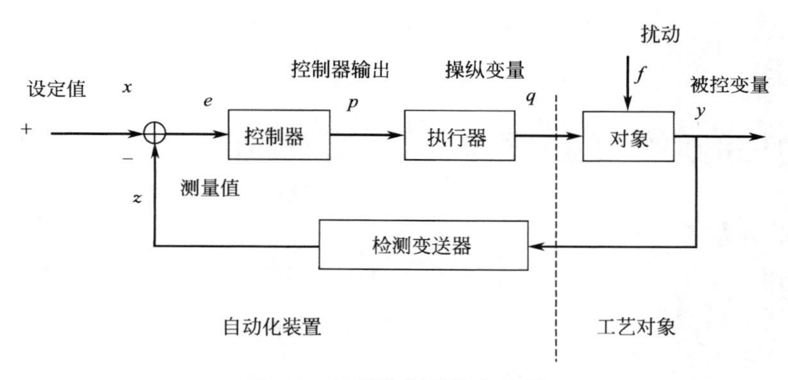

图 1-2 过程控制系统方块图

• 检测元件和变送器——其作用是把被控变量转化为测量值，如例中的液位变送器是将液位检测出来并转化成统一标准信号（如 4～20mA DC）。

• 控制器——是根据偏差的正负、大小及变化情况，按预定的控制规律实施控制作用。比较机构和控制器通常组合在一起。它可以是气动控制器、电动控制器、可编程序调节器、集中分散型综合控制系统（DCS）等，控制器有正反作用之分，其设定值有内设定和外设定两种。

• 执行器——也叫控制阀，作用是接受控制器送来的信号，相应地去改变操纵变量，最常用的执行器是气动薄膜控制阀，它有气开、气关两种方式。

• 比较机构——是将设定值与测量值比较并产生偏差。

• 被控变量 y——是指需要控制的工艺变量，如汽包液位。

- 设定值 x——是被控变量的希望值，如例中50%液位高度。
- 偏差 e——是指设定值与被控变量的测量值之差。
- 操纵变量 q——是由控制器操纵，用于控制被控变量的物理量，如例中的进水量。
- 扰动 f——除操纵变量外，作用于过程并引起被控变量变化的因素，如例中进料量的波动。

1.2.2 过程控制系统的分类

过程控制系统从不同的角度有不同的分类方法。

按控制系统的基本结构不同，可将自动控制系统分为两类：闭环控制系统、开环控制系统。

- 闭环控制系统：控制作用会影响到输出（被控变量），而测量变送器又将这个输出送回到控制系统的输入端。这样控制系统就形成了一个闭合的环路，称闭环控制系统。闭环控制系统也是反馈控制系统，负反馈可以使控制系统稳定。多数控制系统都是闭环负反馈控制系统。
- 开环控制系统：若系统的输出信号不反馈到输入端，也就不能形成闭合回路，这样的系统就称为开环控制系统。

按设定值的不同情况，将自动控制系统分为三类：定值控制系统、随动控制系统、程序控制系统。

- 定值控制系统：设定值保持不变（为一恒定值）的反馈控制系统称为定值控制系统。
- 随动控制系统：设定值不断变化，且事先是不知道的，并要求系统的输出（被控变量）随之而变化。
- 程序控制系统：设定值也是变化的，但它是一个已知的时间函数，即根据需要按一定时间程序变化。

1.3 自动控制系统的过渡过程及品质指标

1.3.1 过程控制系统的过渡过程

在扰动作用下，控制系统从一个稳定状态过渡到另一个稳定状态的过程叫过渡过程。把被控变量不随时间而变化的平衡状态称为静态或稳态；而把被控变量随时间而变化的不平衡状态称为动态或瞬态。

在阶跃扰动作用下（如图 1-3），过程控制系统的过渡过程将出现如图 1-4 所示的几种形式。

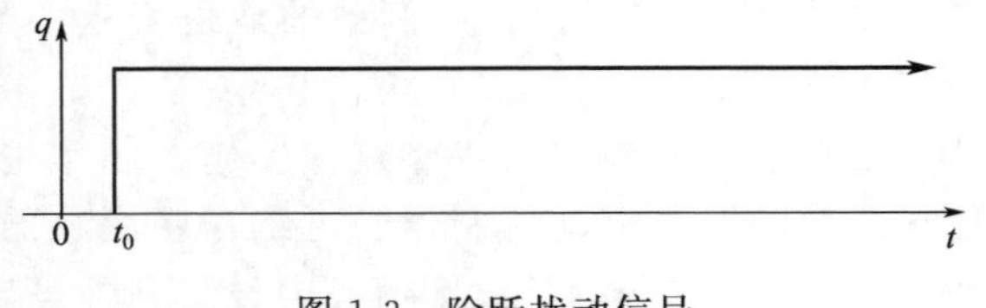

图 1-3 阶跃扰动信号

（1）发散振荡过程

图 1-4(a) 所示的被控变量变化幅度越来越大，远离设定值表现为发散振荡的过渡过程。

（2）等幅振荡过程

图 1-4(b) 所示的被控变量变化为一等幅振荡的过渡过程，它表明控制系统使被控变量即不衰减也不发散处于稳定与不稳定的边界。

（3）衰减振荡过程

图 1-4(c) 所示的就是一个衰减振荡过渡过程。被控变量经过几个周期波动后就重新稳

定下来，符合对系统基本性能的要求：稳定、迅速、准确；是所希望的。

(4) 非振荡衰减过程

图1-4(d) 所示是一个非振荡的单调衰减过渡过程。非振荡衰减过程符合稳定要求，但不够迅速，不是理想的不宜采用，只有当生产上不允许被控变量有较大幅度波动时才采用。

(5) 非振荡发散过程

图1-4(e) 所示是一个非振荡发散的过渡过程。它与发散振荡过程同属于不稳定的系统，是不希望的。

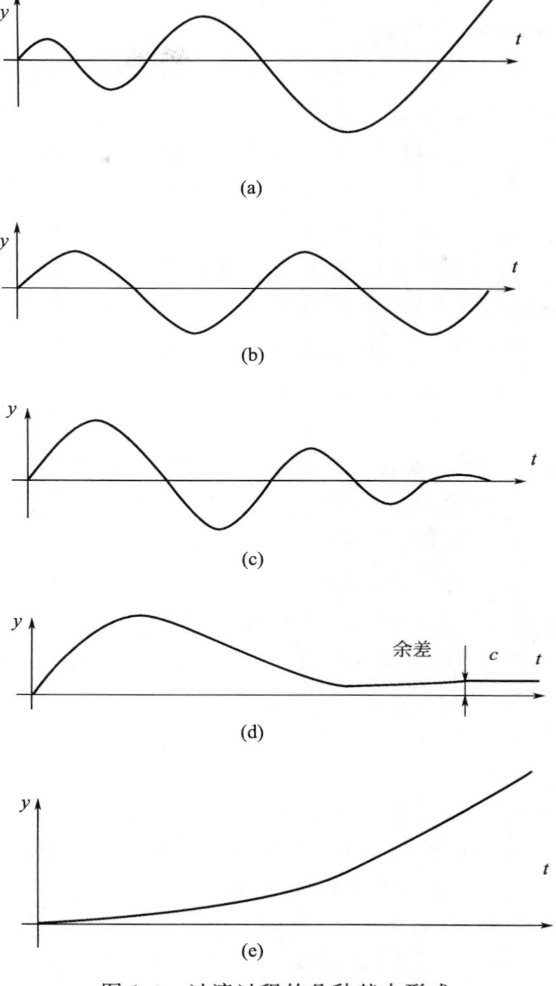

图1-4　过渡过程的几种基本形式

1.3.2　过程控制系统的品质指标

对过程控制系统的基本技术性能要求，包含稳态和瞬态两个方面，一般可以归纳为以下三点。

① 稳定性：系统要稳定，控制过程要平稳。

② 准确性：系统稳态时要有较高的控制精度。

③ 快速性：系统的输出对输入作用的响应要迅速，系统的过渡过程时间尽可能短，对提高控制效率和控制过程的精度都是有利的。

综上所述，具体的品质指标如图1-5所示。

① 最大偏差 A（或超调量 B）：被控变量远离设定值的最大程度。是衡量过渡过程稳定性的一个动态指标。A（或 B）越小，过渡过程的稳定性越好，反之，稳定性越差。

② 衰减比 n：过渡过程曲线同方向相邻两个峰值之比。是衡量控制系统稳定性的一个动

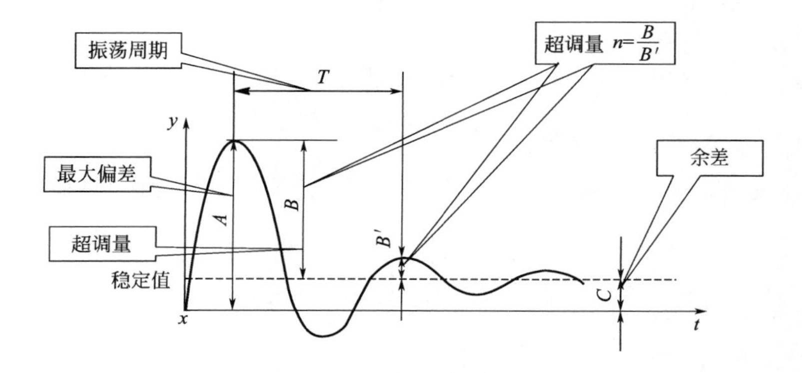

图1-5　过渡过程品质指标示意图

态指标。n 越小，越接近发散振荡，系统不稳定；n 越大，越接近单调振荡，系统不稳定。一般认为，衰减比为4∶1至 10∶1 为宜。

③ 余差 C：$C=x-y$（∞）。是衡量控制系统准确性的稳态指标。C 越小，控制系统控制准确性越好，反之越差。

④ 振荡周期 T：过渡过程曲线相邻两波峰之间的时间。是衡量控制系统控制速度的品质指标。T 越小，控制系统控制速度越快，反之越慢。

此外，还有其他一些指标，就不一一介绍了。

作为好的控制系统，一般希望最大偏差或超调量小一些（系统稳定性好），余差小一些（控制精度高），振荡周期短一些（控制速度快），衰减比适宜。但这些指标之间既互相矛盾又互相关联，不能同时满足。因此，应根据具体情况分出主次，优先保证主要指标。

章后小结

1. 弄清组成过程控制系统的结构，掌握描述控制系统的原理图和方块图及其专用术语。

2. 掌握闭环控制系统实现自动控制的基本原理，尤其是负反馈在过程控制中的作用。学会用负反馈原理构成简单的闭环控制系统。

3. 了解开环控制与闭环控制的差别及各自的特点。

4. 弄清定值控制系统与随动控制系统的区别。

5. 理解控制系统过渡过程（或时间响应）的概念。

6. 掌握过渡过程品质指标的求取方法。

习　　题

1-1. 自动控制系统如何分类？

1-2. 过程控制系统主要由哪些环节组成？各部分的作用是什么？

1-3. 图 1-6 是一个加热炉的温度控制系统，试说明它的工作原理，画出相应的方块图；并指出系统的被控变量、操纵变量、被控对象、扰动分别是什么？

1-4. 什么是系统的过渡过程？研究系统的过渡过程有什么意义？

1-5. 某温度控制系统在单位阶跃干扰下的过渡过程曲线如图 1-7 所示。试分别求出最大偏差、衰减比、余差、振荡周期（设定值为 200℃）。

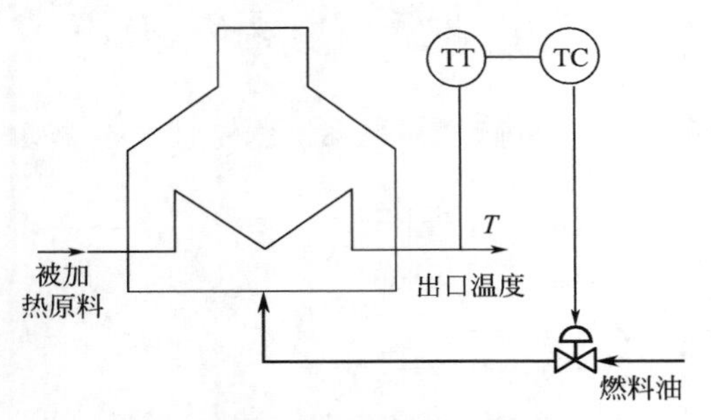

图 1-6　加热炉的温度控制系统

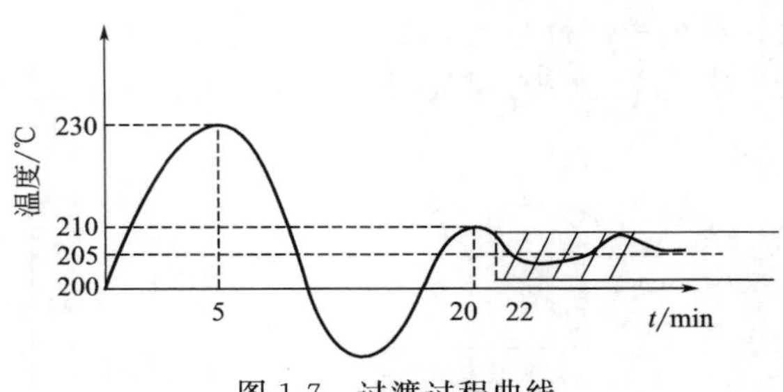

图 1-7　过渡过程曲线

第 2 章　过程特性和建模

自动控制系统是由被控对象（过程）、测量变送装置、控制器和控制阀（或执行器）组成。系统的控制品质与组成系统的每一个环节的特性都有关系，特别是被控对象的特性对控制品质的影响很大，往往是确定控制方案的重要依据。本章着重研究工业被控过程的特性及其数学模型的建立，其方法对于其他环节的研究也是同样适用的。

2.1　过程特性

在化工自动化中，常见的对象（又称过程）是各类换热器、锅炉、精馏塔、流体输送设备和化学反应器等，此外，在一些辅助系统中，气源、热源及动力设备（如空压机、辅助锅炉、电动机等）也可能是需要控制的对象。各种对象的结构、原理千差万别，特性也很不相同。有的对象很稳定，操作很容易；有的对象则不然，只要稍不小心就会超越正常工艺条件，甚至造成事故。有经验的操作人员通常都很熟悉这些对象的特性，只有充分了解和熟悉这些对象，才能使生产操作得心应手，获得高产、优质、低消耗的成果。同样，在变量和操作条件变化时如何影响另一些变量，如何影响装置的经济效益，是值得研究的。用控制方面的术语来说，就是研究系统的各个输入变量是如何影响系统的状态和输出变量的。

2.1.1　控制系统的静态与动态

在定值控制系统中，将被控变量不随时间而变化的平衡状态称为系统的静态（稳态），而把被控变量随时间而变化的不平衡状态称为系统的动态。

当一个自动控制系统的输入（给定或干扰）和输出均恒定不变时，整个系统就处于一种相对稳定的平衡状态，系统的各个组成环节如变送器、控制器、控制阀都不改变其原先的状态，它们的输出信号也都处于相对稳定状态，这种状态就是上述的静态。值得注意的是这里所指的静态与习惯上所讲的静止是不同的。习惯上所说的静止都是指静止不动，而在自动化领域中的静态生产还在进行，物料和能量仍然有进有出，只是平稳进行没有改变就是了，此时各参数（或信号）的变化率为零，即参数保持在某一常数不变化。

定值控制系统的目的就是希望将被控变量保持在一个不变的值上，这只有当进入被控对象的物料量（或能量）和流出对象的物料量（或能量）相等时才有可能。例如图 2-1 所示的液位过程，只有当流入贮槽的流量 Q_i 和流出贮槽的流量 Q_o 相等时，液位才能恒定，系统才处于静态（相对静止）。

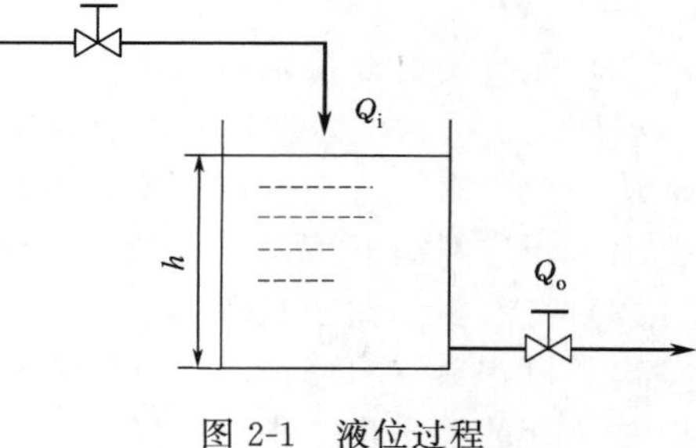

图 2-1　液位过程

假若一个系统原先处于平衡状态即静态，由于干扰的作用而破坏了这种平衡时，被控变量就会发生变化，从而使控制器、控制阀等自动控制装置改变原来平衡时所处的状态，产生一定的控制作用以克服干扰的影响，并力图使系统恢复平衡。从干扰发生开始，经过控制，直到系统重新建立平衡，在这一段时间内，整个系统的各个环节和参数都处于变动状态之中，这种状态叫做动态。

当自动控制系统在动态过程中，被控变量是不断变化的，它随时间而变化的过程称为自动控制系统的过渡过程。也就是自动控制系统从一个平衡状态过渡到另一个平衡状态的过程。自动控制系统的过渡过程是控制作用不断克服干扰作用影响的过程，这种运动过程是控制作用与干扰作用斗争的过程，当这一过程结束时，系统又达到了新的平衡。

平衡（静态）是暂时的、相对的、有条件的，不平衡（动态）才是普遍的、绝对的、无条件的。在自动化工作中，了解系统的静态是必要的，但是了解系统的动态更为重要。这是因为在生产过程中，干扰是客观存在的，是不可避免的，例如生产过程中前后工序的相互影响；负荷的改变；电压、气压的波动；气候的影响等。这些干扰是破坏系统平衡状态，引起被控变量发生变化的外界因素。在一个自动控制系统投入运行时，时时刻刻都有干扰作用于控制系统，从而破坏了正常的工艺生产状态。因此，就需要通过自动控制装置不断地施加控制作用去对抗或抵消干扰作用的影响，从而使被控变量保持在工艺生产所要求的控制技术指标上。所以，一个自动控制系统在正常工作时，总是处于一波未平、一波又起、波动不止、往复不息的动态过程中。显然研究自动控制系统的重点是要研究系统的动态。

2.1.2 过程特性的类型

在研究过程特性时，应该预先指明对象的输入变量是什么，输出变量是什么，因为对于同样一个对象，输入变量或输出变量不相同时，它们间的关系也是不相同的。工业生产过程中常采用阶跃输入信号作用下过程的响应表示过程的动态特性。以阶跃响应分类，典型的工业过程动态特性分为以下四类。

（1）自衡的非振荡过程

在外部阶跃输入信号作用下，过程原有平衡状态被破坏，并在外部信号作用下自动地非振荡地稳定到一个新的稳态，这类工业过程称为具有自衡的非振荡过程。如图 2-2 所示。过程能自发地趋于新稳态值的特性称为自衡性。例如通过阀门阻力排液的液位系统属于该类过程。

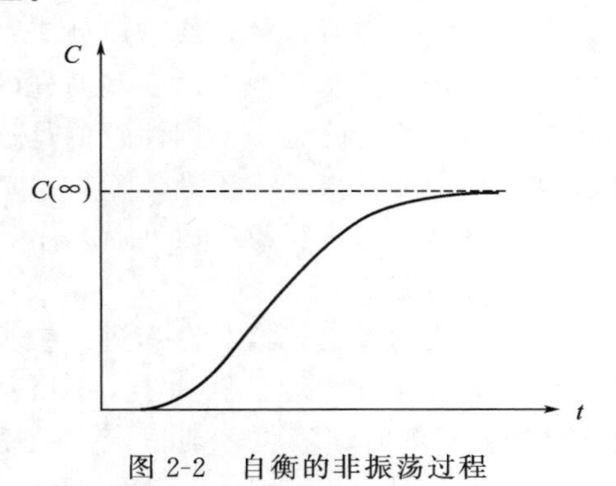

图 2-2 自衡的非振荡过程

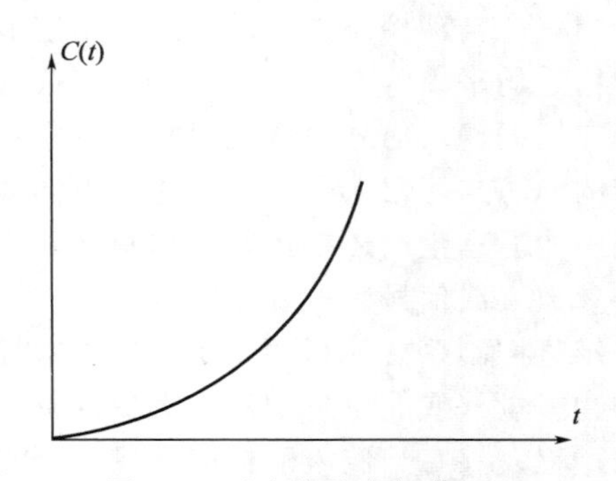

图 2-3 无自衡的非振荡过程

（2）无自衡的非振荡过程

如图 2-3 所示，该类过程没有自衡能力，它在阶跃输入信号作用下的输出响应曲线无振荡地从一个稳态一直上升或下降，不能达到新的稳态。例如，某些液位贮罐的出料采用定量泵排出，当进料阀开度阶跃变化时，液体会一直上升到溢出或下降到排空。

（3）有自衡的振荡过程

这类过程具有自衡能力，在阶跃输入信号作用下，输出响应呈现衰减振荡特性，最终过程会趋于新的稳态值。图 2-4 所示为这类过程的阶跃响应。工业生产过程中这类过程不多见，它们的控制也比第一类过程困难一些。

(4) 具有反向特性的过程

在阶跃信号的作用下，被控变量 $C(t)$ 先升后降或先降后升，即阶跃响应在初始情况与最终情况方向相反，如图 2-5 所示。

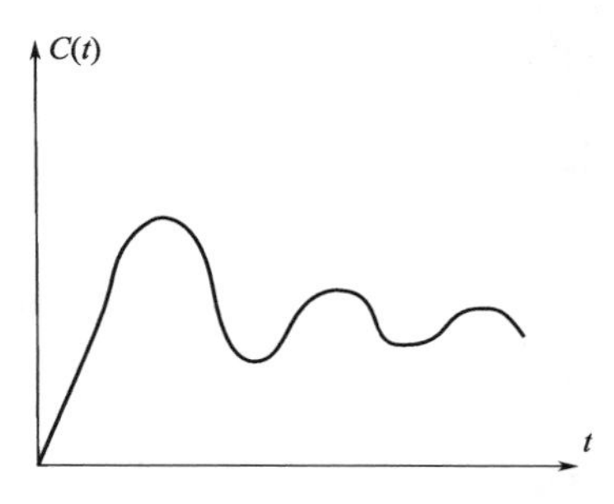

图 2-4 自衡的振荡过程

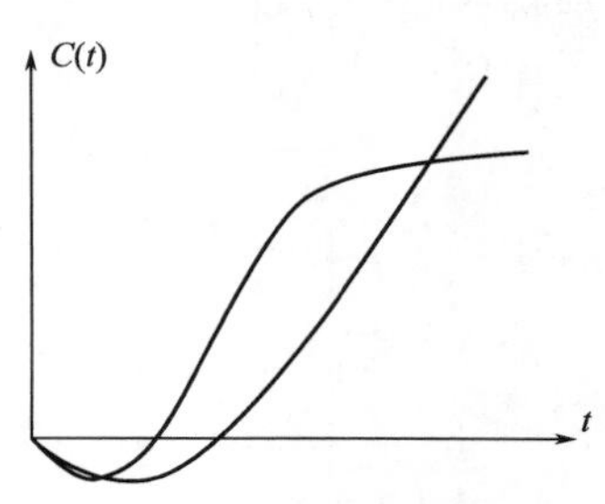

图 2-5 具有反向特性的过程

这类过程的典型例子是锅炉水位。当蒸汽用量阶跃增加时，引起蒸汽压突然下降，汽包水位由于水的闪蒸汽化，造成虚假水位上升，但因用汽量的增加，最终，水位反而下降。这类过程由于控制器根据水位的上升会做出减少给水量的误操作，因此控制这类过程最为困难。

2.1.3 过程特性的一般分析

当对象的输入量变化后，输出量究竟是如何变化的呢？这是下面要研究的问题。显然，对象输出量的变化情况与输入量的形式有关。为了使问题比较简单起见，下面假定对象的输入量是具有一定幅值的阶跃作用。

对象的特性可以通过其数学模型来描述，但是为了研究问题方便起见，在实际工作中，常用下面三个物理量来表示对象的特性。这些物理量，称为对象的特性参数。

(1) 放大系数 K

对于如图 2-1 所示的简单水槽对象，当流入流量有一定的阶跃变化后，液位也会有相应的变化，但最后会稳定在某一数值上。如果将流量的变化看作对象的输入，液位的变化看做对象的输出，那么在稳定状态时，对象一定的输入就对应着一定的输出，这种特性称之为对象的静态特性。

K 在数值上等于对象重新稳定后的输出变化量与输入变化量之比。它的意义可以理解为：如果有一定的输入变化量，通过对象就被放大了 K 倍变为输出变化量，所以，称 K 为对象的放大系数。由于是稳定以后的输出变化量，所以这里 K 指的是静态放大系数。

对象的放大倍数 K 越大，就表示对象的输入量有一定变化时，对输出量的影响越大。在对象的放大系数工艺生产中，常常会发现有的阀门对生产影响很大，开度稍微变化就会引起对象输出量大幅度的变化，甚至造成事故；有的阀门则相反，开度的变化对生产的影响很小。这说明在一个设备上，各种量的变化对被控变量的影响是不相同的。换句话说，就是各种输入量与被控变量之间的放大系数有大有小。放大系数越大，被控变量对这个量的变化就越灵敏，这在选择自动控制方案时是需要考虑的。

(2) 时间常数 T

从大量的生产实践中发现，有的对象在受到输入作用后，被控变量变化很快，较迅速地达到稳定值；有的对象在受到输入作用后，被控变量要经过很长时间才能达到新的稳态值。从图 2-6 中可以看出，对于截面积很大的水槽与截面积很小的水槽，当进口流量改变同样一个数值时，截面积小的水槽液位变化很快，并迅速趋向新的稳态值；而截面积大的水槽惯性大，液位变化慢，需经过很长时间才能稳定，说明两水槽的惯性不相同。同样的道理，夹套蒸汽加热的反应器与直接蒸汽加热的反应器相比，当蒸汽流量变化时，蒸汽直接加热的反应器内反应物的温度变化就比蒸汽通过夹套加热的反应器内温度变化来得快。如何定量地表示对象的这种特性呢？在自动化领域中，往往用时间常数 T 来表示。时间常数越大，表示对象受到输入作用后，被控变量变化得越慢，到达新的稳态值所需的时间越长。

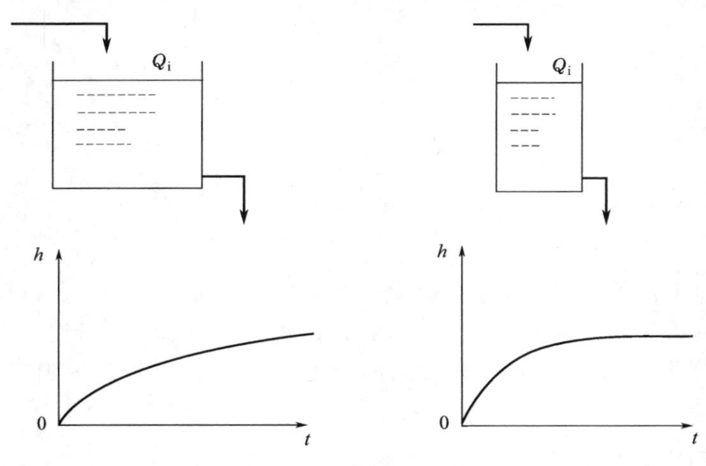

图 2-6 不同时间常数的反应曲线

(3) 滞后时间 τ

① 时滞 时滞又称纯滞后，因为它的产生一般是由于介质的输送需要一段时间而引起的，所以用 τ 表示。有时称为传递滞后，其滞后的时间用 τ_0 表示，具有时滞的对象阶跃响应曲线如图 2-7 所示。

② 容量滞后 有些对象在受到阶跃输入作用开始变化很慢，后来才逐渐加快，最后又变慢直至逐渐接近稳态值，这种现象叫容量滞后或过渡滞后，其反应曲线如图 2-8 所示。容量滞后一般是由于物料或能量的传递需要通过一定阻力而引起的。

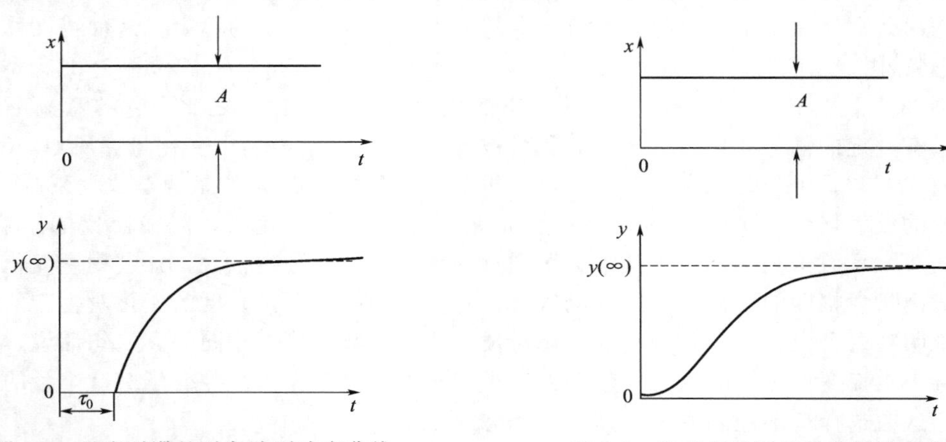

图 2-7 具有时滞的对象阶跃响应曲线

图 2-8 具有容量滞后过程的反应曲线

时滞和容量滞后尽管在本质上不同，但在实际上往往很难严格区分。在容量滞后与时滞同时存在时，常常把两者合起来统称滞后时间。不难看出，自动控制系统中，滞后的存在对控制是不利的。特别是当对象的调节通道存在滞后时，如果被控变量有偏差，但由此产生的控制作用却不能及时克服干扰作用对被控变量的影响，偏差往往会越来越大，得不到及时的克服，以至整个系统的稳定性和控制指标都会受到严重的影响。所以，在设计和安装控制系统时，都应当尽量把滞后时间减到最小。

滞后时间 τ 和时间常数 T 都是用来表征对象受到输入作用后，被控变量是如何变化的，也就是反映系统过渡过程中的变化规律的，因此，它们是反映对象动态特性的参数。

目前常见的化工对象的滞后时间和时间常数大致情况如下。

被控变量为压力的对象：τ 不大，T 也属中等。

被控变量为液位的对象：τ 很小，而 T 稍大。

被控变量为流量的对象：τ 和 T 都较小，数量级往往在几秒至几十秒。

被控变量为温度的对象：τ 和 T 都较大，约几分钟至几十分钟。

2.2　过程动态数学模型

2.2.1　数学模型

（1）数学模型的概念

过程特性的数学描述称为过程的数学模型。数学模型对于工艺设计与生产控制都是十分重要的。工艺人员在进行工艺流程和设备等设计时，必须用到过程的数学模型。数学模型不仅是分析和设计控制系统方案的需要，也是控制系统投运、控制器参数整定的需要．它在操作优化、故障检测和诊断、操作方案制定等方面也是极其重要的。

与工业过程的动态和静态相对应，工业过程的数学模型有静态和动态之分。静态数学模型描述的是工业过程的输入变量和输出变量达到平衡时的相互关系。动态数学模型描述的是工业过程的输出变量在输入变量影响下的变化过程。可以认为，静态数学模型是动态数学模型在达到平衡状态时的一个特例。过程控制中通常采用动态数学模型一般来说，对象的被控变量是它的输出变量，干扰作用和控制作用是它的输入变量，干扰作用和控制作用都是引起被控变量变化的因素。

（2）数学模型的主要形式

数学模型主要有两类形式，一类是非参量形式，就是用曲线或数据表格来表示，另一类是参量形式，就是用数学方程式来表示。

非参量模型可以是实验测试的直接结果，也可以由计算得出。其特点是简单、形象，较易看出其定性的特征。但是，它们缺乏数学方程的解析性质，要按照它们来进行系统的综合与设计，往往是比较困难的。

参量模型的形式很多。静态数学模型比较简单，一般可用代数方程式表示。动态数学模型的形式主要有微分方程、传递函数、差分方程及状态方程等。

（3）数学模型建立的方法

根据数学模型建立的途径不同，可分机理建模、实测建模两类方法，也可将两者结合起来。从机理出发，也就是从对象内在的物理和化学规律出发，可以建立描述对象输入输出特性的对象的输入、输出量数学模型，这样的模型一般称为机理模型。对于已经投产的生产过程，也可以通过实验测试或依据积累的操作数据，对系统的输入输出数据，通过数学回归方法进行处理，这样得到的数学模型称为经验模型。机理建模可以在设备投产之前，充分利用已知的过程知识，从本质上去了解对象的特性。但是由于化工对象较为复杂，某些物理、化学变化的机理还不完全了解，而且线性的并不多，分布参数元件又特别多（即变量同时是位置和时间的函数），因此在现场实测建模尽管可以不去分析系统的内在机理，但必须在设备投产后进行，实施中也有一定的难处。把两种途径结合起来，可兼采两者之长，补各自之短。其主要方法是通过机理分析，得出模型的结构或函数形式，而对其中的部分参数通过实测得到，这样得到的模型称为混合模型。

2.2.2 传递函数

传递函数是经典控制理论中广泛采用的一种数学模型。利用传递函数，不必求解微分方程就可分析系统的动态性能，以及系统参数或结构变化对动态性能的影响。

（1）传递函数的定义

在初始条件为零时，系统输出量的拉氏变换与输入量的拉氏变换之比称为系统的传递函数。通常用 $G(s)$ 或 $\Phi(s)$ 表示。

n 阶系统微分方程的一般形式：

$$a_0\frac{\mathrm{d}^n}{\mathrm{d}t^n}c(t)+a_1\frac{\mathrm{d}^{n-1}}{\mathrm{d}t^{n-1}}c(t)+\cdots+a_nc(t)=b_0\frac{\mathrm{d}^m}{\mathrm{d}t^m}r(t)+b_1\frac{\mathrm{d}^{m-1}}{\mathrm{d}t^{m-1}}r(t)+\cdots+b_nr(t) \quad (2\text{-}1)$$

其中，$r(t)$ 为系统输入量，$c(t)$ 为系统输出量。

在零初始条件下，两端进行拉氏变换：

$$(a_0s^n+a_1s^{n-1}+\cdots+a_n)C(s)=(b_0s^m+b_1s^{m-1}+\cdots+b_m)R(s)$$

由定义得系统的传递函数：

$$G(s)=\frac{C(s)}{R(s)}=\frac{b_0s^m+b_1s^{m-1}+\cdots+b_m}{a_0s^n+a_1s^{n-1}+\cdots+a_n} \quad (2\text{-}2)$$

（2）传递函数的性质

① 传递函数的系数和阶数均为实数，只与系统内部结构参数有关，而与输入量初始条件等外部因素无关。

② 实际系统的传递函数是 s 的有理分式，$n\geqslant m$（因为系统或元件具有的惯性以及能源有限的缘故）。

③ 传递函数是物理系统的数学模型，但不能反映物理系统的性质，不同的物理系统可有相同的传递函数。

④ 单位脉冲响应是传递函数的拉氏反变换。

⑤ 传递函数只适用于线性定常系统。

（3）典型环节的传递函数

控制系统是由若干元件有机组合而成的。从结构上及作用原理上来看，有各种各样不同的元件，但从动态性能或数学模型来看，却可分成为数不多的基本环节，也就是典型环节。不管元件是机械式、电气式或液压式等，只要它们的数学模型一样，它们就是同一种环节。这样划分为系统的分析和研究带来很多方便，对理解各种元件对系统动态性能的影响也很有帮助。以下列举几种典型环节及其传递函数。这些环节是构成系统的基本环节。

① 比例环节　比例环节是指系统的输出量与输入量成比例关系的环节。比例环节的微分方程为

$$c(t)=Kr(t)$$

式中，K 为常数，称为放大系数或增益。

在零初始条件下进行拉氏变化，得比例环节的传递函数为

$$G(s)=\frac{C(s)}{R(s)}=K$$

在一定的频率范围内，放大器、减速器、解调器和调制器都可以看成比例环节。

② 积分环节　积分环节是指输出量是输入量对时间的积分，其微分方程为

$$c(t)=\frac{1}{T}\int r(t)\,\mathrm{d}t$$

在零初始条件下进行拉氏变化，得其传递函数为

$$G(s)=\frac{C(s)}{R(s)}=\frac{1}{Ts}$$

其中 T 为时间常数。

模拟机的积分器以及电动机角速度和转角间的传递函数都是积分环节的实例。

③ 理想微分环节　理想的微分环节的输出量与输入量的一阶导数成正比，其微分方程为

$$c(t)=T\frac{\mathrm{d}r(t)}{\mathrm{d}t}$$

其传递函数为

$$G(s)=\frac{C(s)}{R(s)}=Ts$$

式中，T 为时间常数。

测速发电机可看成理想微分环节。

④ 惯性环节　惯性环节的微分方程为

$$T\frac{\mathrm{d}c(t)}{\mathrm{d}t}+c(t)=Kr(t)$$

惯性环节的传递函数为

$$G(s)=\frac{C(s)}{R(s)}=\frac{K}{Ts+1}$$

包含惯性环节的元部件很多，如 RC 网络以及常见的伺服电动机都包含此环节。

⑤ 一阶微分环节　一阶微分环节的微分方程为

$$c(t)=T\frac{\mathrm{d}r(t)}{\mathrm{d}t}+r(t)$$

式中，T 为时间常数。

一阶微分环节的传递函数为

$$G(s)=\frac{C(s)}{R(s)}=Ts+1$$

一般超前网络中就包含一阶微分环节。

⑥ 二阶振荡环节　二阶振荡环节的微分方程为

$$T^2\frac{\mathrm{d}^2c(t)}{\mathrm{d}t^2}+2\zeta T\frac{\mathrm{d}c(t)}{\mathrm{d}t}+c(t)=r(t)$$

其传递函数为

$$G(s)=\frac{C(s)}{R(s)}=\frac{1}{T^2s^2+2\zeta Ts+1}$$

RLC 网络、电动机位置随动系统均为这种环节的实例。

⑦ 纯滞后环节　纯滞后环节的微分方程为

$$c(t)=r(t-\tau)$$

其传递函数为

$$G(s)=\frac{C(s)}{R(s)}=e^{-\tau s}$$

物料传输系统为这种环节的实例。

(4) 典型元部件传递函数的建立

系统或环节的传递函数可以通过以下三种方法建立。

① 首先求出系统的微分方程，在零初始条件下对微分方程两边进行拉氏变化，输出量的拉氏变换与输入量的拉氏变换之比就是系统的传递函数。其中，建立系统或环节微分方程的步骤如下。

- 确定输入输出变量。
- 根据相应的物理定律列写能量或物料平衡关系式，得到系统各个元部件的运动方程。
- 消除中间变量，这里的中间量是指方程组中除输入、输出量以及已知量外的所有量。
- 写成标准形式：输出在方程的左边，输入在方程的右边，并且按降次幂排列。

② 列出控制系统输入输出及内部各中间变量的微分方程组，将微分方程组经拉氏变化为代数方程组，消去中间变量得到系统的传递函数。

③ 对于电网络系统，可以将时域的元件模型化为复域的元件模型，然后根据电网络的约束关系式列出代数方程，消去中间变量得到系统的传递函数。

【例 2-1】 建立如图 2-9 所示无源网络的传递函数（一阶电气系统）。

解： 设回路电流为 $i(t)$，根据基尔霍夫定律及各元器件的输入输出关系列出微分方程

$$u_i(t)=u_{R_1}(t)+u_o(t)$$

$$u_{R_1}(t)=Ri(t)$$

$$i(t)=C\frac{du_o(t)}{dt}$$

消去中间变量 $u_{R_1}(t)$ 及 $i(t)$，得到描述网络输入输出关系的微分方程

$$RC\frac{du_o(t)}{dt}+u_o(t)=u_i(t) \tag{2-3}$$

零初始条件下，对式(2-3) 进行拉氏变换

$$RCsU_o(s)+U_o(s)=U_i(s)$$

则网络传递函数为

$$G(s)=\frac{U_o(s)}{U_i(s)}=\frac{1}{RCs+1} \tag{2-4}$$

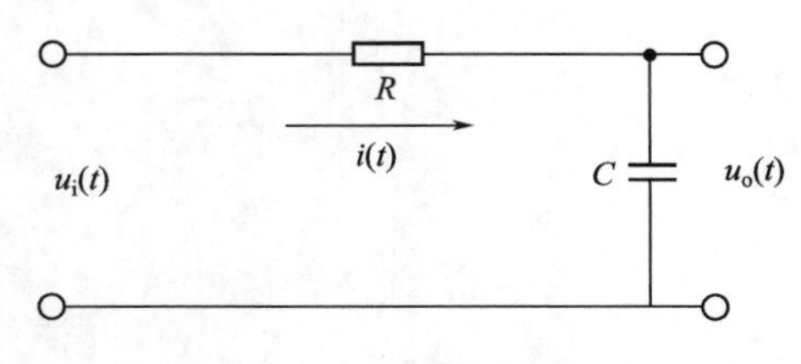

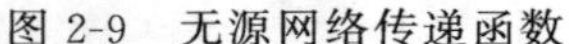

图 2-9 无源网络传递函数

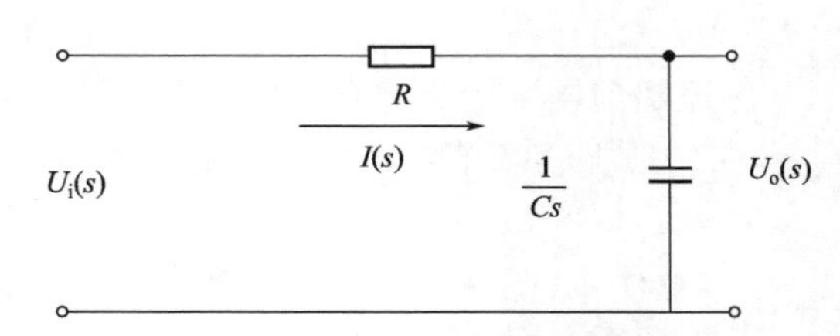

图 2-10 传递函数的复域模型

此系统传递函数还可利用上述第三种方法建立，其对应的复域模型如图 2-10 所示。

根据基尔霍夫定律

$$U_o(s)=\frac{U_i(s)}{R+\frac{1}{Cs}}\times\frac{1}{Cs}$$

则网络传递函数为

$$G(s)=\frac{U_o(s)}{U_i(s)}=\frac{1}{RCs+1}$$

【例 2-2】 如图 2-11 所示的单容水槽，已知：流入量 f_i 由调节阀开度加以控制，流出量 f_o，根据需要通过负载阀来改变。被调量为液位 l，水槽的横截面积为 A，流出端负载阀的液阻为 R，求系统传递函数。

解： 根据物料平衡关系

流入量与流出量之差为

$$(f_i-f_o)\mathrm{d}t=A\mathrm{d}l$$

$$A\frac{\mathrm{d}l}{\mathrm{d}t}=f_i-f_o \tag{2-5}$$

据流量公式，流出量与液位高度的关系经线性化处理后为

$$f_o=\frac{l}{R} \tag{2-6}$$

消去中间变量为 f_o，得到系统输入输出关系的微分方程

$$A\frac{\mathrm{d}l}{\mathrm{d}t}+\frac{l}{R}=f_i \tag{2-7}$$

零初始条件下，对式(2-7) 进行拉氏变换，得到系统的传递函数

$$AsL(s)+\frac{L(s)}{R}=F_i(s)$$

$$G(s)=\frac{L(s)}{F_i(s)}=\frac{R}{ARs+1} \tag{2-8}$$

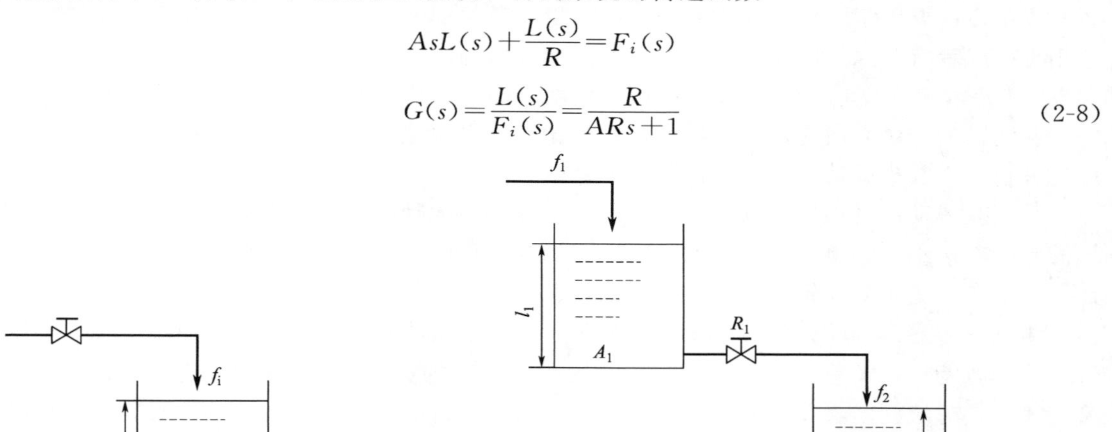

图 2-11　单容水槽　　图 2-12　双容水槽

【例 2-3】 两个串联的水槽（双容水槽）如图 2-12 所示，其输入量为进水流量 f_1，输出变量为水槽 2 的液位高度 l_2。假设水槽 1 和水槽 2 近似为线性对象，两水槽的液阻 R_1、R_2 近似为常数，试确定其传递函数。

解： 在水流量、液位以及液阻之间，经线性化后，可导出以下关系式：

$$A_1\frac{\mathrm{d}l_1}{\mathrm{d}t}=f_1-f_2$$

$$f_2=\frac{l_1}{R_1}$$

$$A_2\frac{\mathrm{d}l_2}{\mathrm{d}t}=f_2-f_3$$

$$f_3=\frac{l_2}{R_2}$$

消除中间变量，得其微分方程

$$A_1R_1A_2R_2\frac{d^2l_2}{dt^2}+(A_1R_1+A_2R_2)\frac{dl_2}{dt}+l_2=R_2f_1$$

即
$$T_1T_2\frac{d^2l_2}{dt^2}+(T_1+T_2)\frac{dl_2}{dt}+l_2=R_2f_1 \tag{2-9}$$

其中 $T_1=A_1R_1$，$T_2=A_2R_2$。

零初始条件下，对式(2-9) 进行拉氏变换，有

$$T_1T_2s^2L_2(s)+(T_1+T_2)sL_2(s)+L_2(s)=R_2F_1(s)$$

则其传递函数

$$G(s)=\frac{L_2(s)}{F_1(s)}=\frac{R_2}{T_1T_2s^2+(T_1+T_2)s+1} \tag{2-10}$$

2.2.3 过程动态模型的实验测取

前面已经介绍了数学模型的建立有机理建模、实测建模两种方法。机理建模虽然具有较大的普遍性，然而在化工生产中，许多对象的特性很复杂，往往很难通过内在机理的分析直接得到描述对象特性的数学表达式；另一方面，在机理推导的过程中，往往作了许多假设，忽略了很多次要因素。但是在实际工作中，由于条件的变化，可能某些假设与实际情况不完全相符，或者有些原来次要的因素上升为不能忽略的因素，因此，要直接利用理论推导建立起来的数学模型作为合理设计自动控制系统的依据，往往是不可靠的。在实际工作中，常常用实验测试的方法来研究对象的特性，它能比较可靠地建立对象的数学模型，也可以对通过机理分析建立起来的数学模型加以验证或修改。

为了获得动态特性，必须使被研究的过程处于被激励的状态。根据加入的激励信号和结果的分析方法不同，测试动态特性的实验方法也不相同，常用的方法有时域法、频率法和统计相关法。这里主要介绍时域法。

测试信号通常选阶跃信号或矩形脉冲信号，由于被测对象的阶跃响应曲线比较直观地反映了其动态特性，实验也比较简单，且易从响应曲线直接求出其对应的传递函数，因此阶跃输入信号是时域测定法首选的输入测试信号。但是，有时受现场运行条件的限制，正常运行不容许被控对象的参数发生较大幅度的变化，或运行时间小于阶跃响应时间，则可改用矩形脉冲作为输入测试信号。

在测试过程中必须注意以下几点。

① 加测试信号之前，对象的输入量和输出量应尽可能稳定一段时间，不然会影响测试结果的准确度。当然在生产现场测试时，要求各个变量都绝对稳定是不可能的，只能是相对稳定，不超过一定的波动范围即可。

② 扰动测试信号的幅值应足够大，以减少随机扰动对测量误差的相对影响；但扰动量又不能过大，否则被控对象的非线性影响因素增大，有时还会影响被测对象正常运行。通常，扰动量取为额定值的 8%～10%。

③ 对于具有时滞的对象，当输入量开始作阶跃变化时，为准确起见，也可用秒表单独测取时滞时间。

④ 为保证测试精度，排除测试过程中其他干扰的影响，测试曲线应是平滑无突变的。最好在相同条件下，重复测试 2～3 次，如几次所得曲线比较接近就认为可以了。且应进行

正反向的实验，以检验被测对象的非线性特性。

⑤ 加试测试信号后，要密切注视各干扰变量和被控变量的变化，尽可能把与测试无关的干扰排除。被控变量的变化应在工艺允许范围内，一旦有异常现象，便及时采取措施。如在作阶跃法测试时，发现被控变量快要超出工艺允许指标，可马上撤消阶跃作用，继续记录被控变量，可得到一条矩形脉冲反应曲线，否则测试就会前功尽弃。

⑥ 测试和记录工作应该持续进行到输出量达到新稳定值基本不变时为止。

⑦ 在反应曲线测试工作中，要特别注意工作点的选取。因为多数工业对象不是真正线性的，由于非线性关系，对象的放大系数是可变的。所以，作为测试对象特性的工作点，应该选择在正常的工作状态，也就是在额定负荷、被控变量在给定值的情况下，因为整个控制系统的控制过程将在此工作点附近进行，这样测得的放大系数较符合实际情况。

当给对象输入端施加一个扰动信号后，对象的输出就会出现一条完整的记录曲线，在响应曲线测定后，为了分析和设计控制系统，需要将响应曲线转化为传递函数。在转化过程中，首要问题是选定模型的结构。对工业过程而言，典型传递函数有如下几种常见形式。

对于有自衡的工业对象常用一阶或一阶带纯滞后环节的传递函数来近似

$$G(s)=\frac{K}{Ts+1} \qquad G(s)=\frac{K}{Ts+1}e^{-\tau s}$$

对于无自衡的工业对象常用积分环节或具有纯滞后的积分环节的传递函数来近似

$$G(s)=\frac{1}{T_i s} \qquad G(s)=\frac{1}{T_i s}e^{-\tau s}$$

当测取到对象的反应曲线之后，由此便可求取对象的特征参数（K，T，T_i，τ）即得到对象的传递函数。下面介绍有自衡对象在阶跃法测取特性时求取特征参数的方法。

（1）由阶跃反应曲线确定一阶对象的特征参数

当对象在阶跃信号作用下，其反应曲线如图 2-13 所示。此对象传递函数可用一阶特性来近似，即 $G(s)=\frac{K}{Ts+1}$。为此，需确定对象的放大系数 K 与时间常数 T。

① 设阶跃输入幅值 Δx 为 A，则放大系数 K 可由阶跃反应曲线的稳态值增量除以阶跃作用的幅值求得，即

$$K=\frac{\Delta y}{\Delta x}=\frac{y(\infty)-y(0)}{A}$$

② 时间常数 T

作图求时间常数 T 可在反应曲线的 0 点处作切线，它与 $y(\infty)$ 的渐近线 $y(\infty)=KA$ 相交于 n 点，过 n 点向时间轴 t 作垂线，交于 t_1 点，则时间常数 $T=t_1$，如图 2-13 所示。时间常数不仅可以从反应曲线的原点作它的切线求得，也可在反应曲线的任一点作它的切线，在这切线与 $y(\infty)$ 的交点作垂直于时间轴的垂线，则这切点到这垂线的距离即为时间常数 T，如图 2-13 所示。

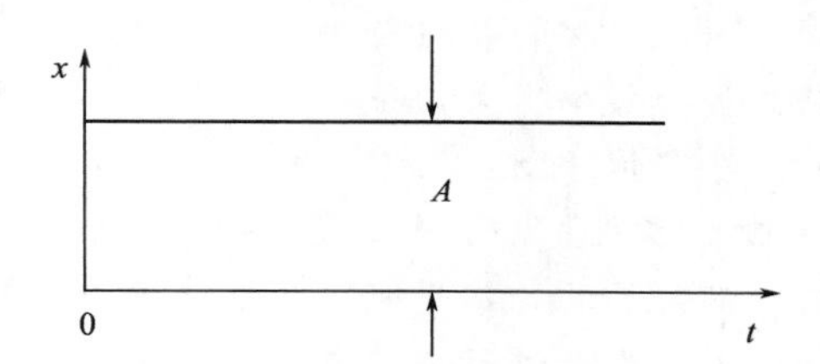

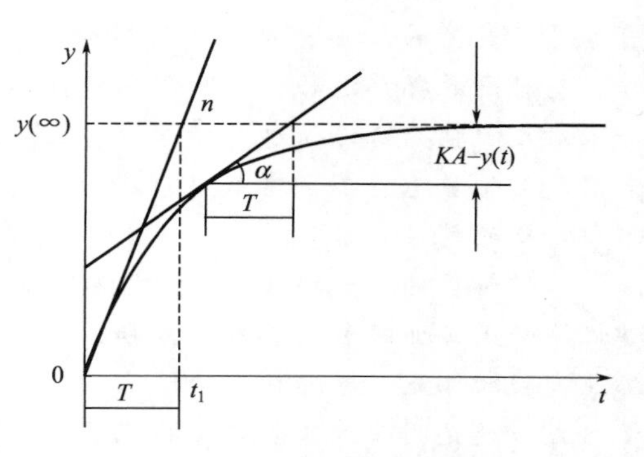

图 2-13　一阶过程时间常数求取

另外还可以用解析的方法求时间常数 T。因

为一阶特性所描述的对象其微分方程式为

$$T\frac{\mathrm{d}y}{\mathrm{d}t}+y=kx$$

在幅度为 A 的阶跃扰动作用下，上式可写成

$$T\frac{\mathrm{d}y}{\mathrm{d}t}+y=kA=y(\infty)$$

或

$$\frac{\mathrm{d}y}{\mathrm{d}t}=\frac{y(\infty)-y(t)}{T}$$

因为$\frac{\mathrm{d}y}{\mathrm{d}t}$在几何上表示曲线 $y=y(t)$ 的切线斜率，故

$$\frac{\mathrm{d}y}{\mathrm{d}t}=\tan\alpha=\frac{y(\infty)-y(t)}{T}$$

$$T=\frac{y(\infty)-y(t)}{\tan\alpha}$$

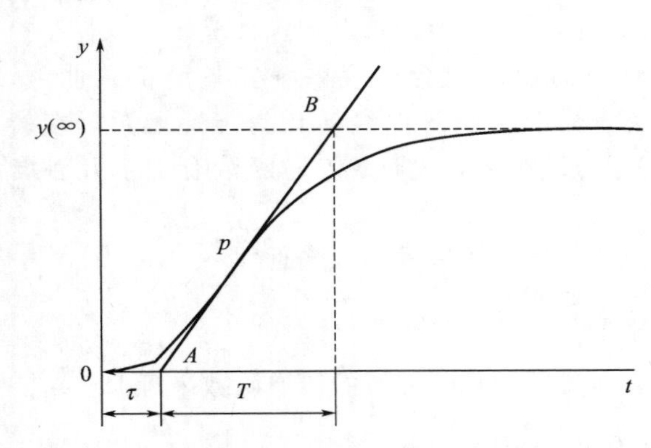

图 2-14 带纯滞后的一阶过程时间常数求取

（2）带纯滞后的一阶环节拟合的近似法

常见的一种阶跃响应曲线为 s 形的单调曲线，如图 2-14 所示，设阶跃输入幅值 Δx 为 A，则放大系数

$$K=\frac{\Delta y}{\Delta x}=\frac{y(\infty)-y(0)}{A}$$

时间常数及延迟时间可用作图法确定：在响应曲线的拐点处作切线，切线与时间轴交于 A 点，而与响应曲线稳态值的渐近线交于 B 点，延迟时间 τ 与时间常数 T 分别如图 2-14所示。

章后小结

自动控制系统是由被控对象（过程）、测量变送装置、控制器和控制阀（或执行器）组成。系统的控制品质与组成系统的每一个环节的特性都有关系，特别是被控对象的特性对控制品质的影响很大，往往是确定控制方案的重要依据。

在定值控制系统中，将被控变量不随时间而变化的平衡状态称为系统的静态（稳态），而把被控变量随时间而变化的不平衡状态称为系统的动态。平衡（静态）是暂时的、相对的、有条件的，不平衡（动态）才是普遍的、绝对的、无条件的。

工业生产过程中常采用阶跃输入信号作用下过程的响应表示过程的动态特性。以阶跃响应分类，典型的工业过程动态特性分为下列四类：自衡的非振荡过程、无自衡的非振荡过程、有自衡的振荡过程、具有反向特性的过程。

对象的特性可以通过其数学模型来描述，但是为了研究问题方便起见，在实际工作中，常用放大系数 K、时间常数 T、滞后时间 τ 这三个物理量来表示对象的特性。这些物理量，称为对象的特性参数。

过程特性的数学描述就称为过程的数学模型。数学模型有静态和动态之分。静态数学模型描述的是工业过程的输入变量和输出变量达到平衡时的相互关系。动态数学模型描述的是工业过程的输出变量在输入变量影响下的变化过程。数学模型主要有两类形式，一类是非参量形式，就是用曲线或数据表格来表示，另一类是参量形式，就是用数学方程式来表示。根据数学模型建立的途径不同，可分机理建模、实测建模两类方法，也可将两者结合起来。

传递函数是经典控制理论中广泛采用的一种数学模型。利用传递函数，不必求解微分方程就可分析系统的动态性能，以及系统参数或结构变化对动态性能的影响。在初始条件为零时，系统输出量的拉氏变换与输入量的拉氏变换之比称为系统的传递函数。通常用 $G(s)$ 或 $\Phi(s)$ 表示。需要掌握几种典型环节及其传递函数。

系统或环节的传递函数可以通过三种方法建立。①首先求出系统的微分方程，在零初始条件下对微分方程两边进行拉氏变化，输出量的拉氏变换与输入量的拉氏变换之比就是系统的传递函数。②列出控制系统输入输出及内部各中间变量的微分方程组，将微分方程组经拉氏变化为代数方程组，消去中间变量得到系统的传递函数。③对于电网络系统，可以将时域的元件模型转化为复域的元件模型，然后根据电网络的约束关系式列些代数方程，消去中间变量得到系统的传递函数。

用实验测试的方法来研究对象的特性，它能比较可靠地建立对象的数学模型，也可以对通过机理分析建立起来的数学模型加以验证或修改。为了获得动态特性，必须使被研究的过程处于被激励的状态。根据加入的激励信号和结果的分析方法不同，测试动态特性的实验方法也不相同，常用的方法有时域法、频率法和统计相关法。测试信号通常选阶跃信号或矩形脉冲信号，由于被测对象的阶跃响应曲线比较直观地反映了其动态特性，实验也比较简单，且易从响应曲线直接求出其对应的传递函数，因此阶跃输入信号是时域测定法首选的输入测试信号。

习　　题

2-1. 什么是过程特性？为什么要研究过程特性？

2-2. 如何理解系统静态是暂时的、相对的、有条件的？

2-3. 什么是过程的自衡特性？

2-4. 过程动态数学模型的形式有哪几种？

2-5. 传递函数具有哪些性质？试写出一阶过程及时滞过程的微分方程、传递函数。

2-6. 实验测取过程动态模型有什么意义？测试时应注意哪些问题？

2-7. 已知一个对象是具有时滞的一阶特性，其时间常数为 10，放大系数为 1，时滞为 2，试写出描述该对象特性的微分方程式和传递函数。

2-8. 反映对象特性的参数有哪些？各有什么物理意义？它们对自动控制系统有什么影响？

2-9. 为什么说放大系数是对象的静态特性？而时间常数和滞后时间是对象的动态特性？

2-10. 对象的时滞和容量滞后各是什么原因造成的？对控制过程有什么影响？

第 3 章　控制器的控制规律

从过程控制系统的组成和工作过程可知，为了使某个被控变量按照人们的意愿工作（稳定或者变化），必须正确选择测量变送仪表、控制器和执行器分别对被控变量进行测量变送、计算和调节，它们相当于人工完成一件事情时的眼看、脑想和手动三个环节。其中，控制器的作用是对测量变送仪表送来的“测量值”和其内部或外部设置的“设定值”进行比较（将二者相减）得到偏差，然后按照一定的控制规律进行运算，产生符合系统要求的信号去驱动执行器工作，以达到调节被控变量的目的。图 3-1 是一些常用控制器的外形图。

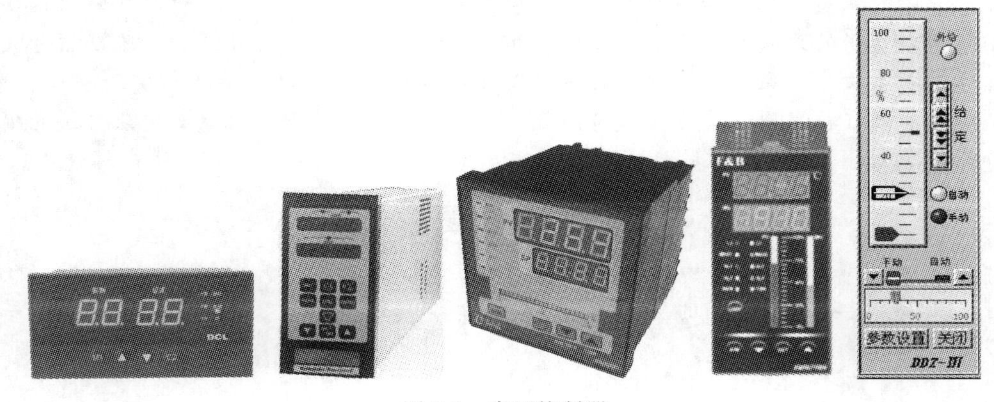

图 3-1　常用控制器

在系统硬件部分确定后，设计人员对控制系统的影响和调节主要通过改变控制规律来实现。对外而言，控制器的输入信号有两个，即测量输入和设定输入，但因使用和分析控制器时，主要用到后面的控制规律部分，所以也经常说控制器的输入信号是偏差输入；控制器的输出信号是经运算后送给执行器并驱使其动作的控制信号。所谓控制规律是指控制器输入偏差信号与输出信号之间的数学关系，可表示为

$$u=f(e) \tag{3-1}$$

式中　u——控制器输出信号；

　　　e——控制器输入偏差信号。

尽管各种品牌的控制器型号、结构、原理各异，但基本控制规律只有四种，即双位控制规律、比例（P）控制规律、积分（I）控制规律和微分（D）控制规律，后三种控制规律通常合称为常规 PID 控制，是绝大多数过程控制系统采用的形式。本章主要讨论这些控制规律的特点、实现方法及应用场合。

3.1　双位控制

双位控制是指控制器输入偏差连续变化时，其输出信号只产生两个值，相应的执行机构也只在两个位置工作。可表示为

$$u=\begin{cases}u_{min}, e>0\\u_{max}, e<0\end{cases} \quad 或 \quad u=\begin{cases}u_{min}, e<0\\u_{max}, e>0\end{cases} \tag{3-2}$$

式中，u_{min}和u_{max}分别是控制器输出信号的最小值和最大值。

图 3-2 是一个贮槽的液位双位控制示意图。它是利用电极式液位传感器，通过继电器 J 和电磁阀，实现液位的双位控制。当液位 L 低于设定值 L_0 时，电极与导电的液体断开，继电器无电流流过，电磁阀全开，物料流入贮槽。由于流进贮槽的物料量多于流出的物料量，故液面不断上升。当液面上升至 L_0 时，电路接通，继电器得电，吸合电磁阀全关，贮槽的液体只出不进，液面又开始下降。于是再次出现上述过程。如此循环往复，贮槽的液位就被维持在 L_0 附件的一个小范围内。

上述液位的双位控制，若按照上面的方式工作，势必使得系统的各可动部件动作过于频繁，尤其是阀门的频繁打开与关闭，会加速其磨损，缩短其使用寿命。因此，实际中的双位控制大都设置一个中间区域。

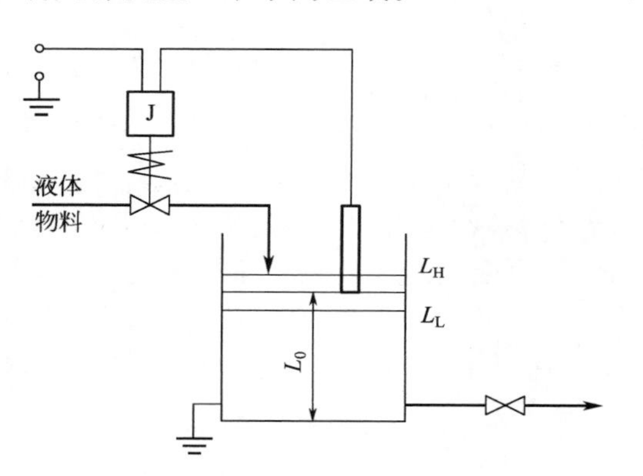

图 3-2　贮槽液位双位控制系统

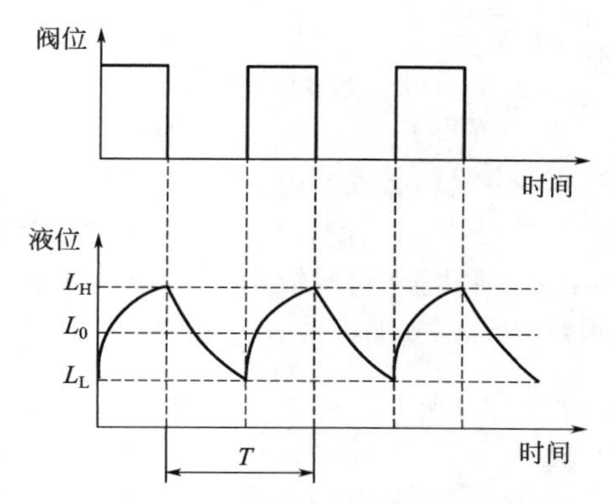

图 3-3　具有中间区的液位双位控制过程

具有中间区的液位双位控制过程如图 3-3 所示。其工作过程区别在于，当液位 L 低于设定值L_0 时，电磁阀并不马上打开，而是经过延迟电路延迟一小段时间后才打开，从而让液体流入贮槽，此时实际液位已经达到 L_L；同样，当液位 L 高于设定值L_0 时，电磁阀也并不马上关闭，而是经过一小段时间延迟后才关闭阻止液体流入贮槽，此时实际液位已经达到L_H。这种设置使得控制系统的各可动部件动过频率大大降低，但被控变量的变化范围会稍大。中间区（延迟时间）的大小应根据实际情况设定。

双位控制系统结构简单、成本低、易于实现，但控制质量较差，只能应用于允许被控变量在一个小范围内波动的场合，如空调、电冰箱、加热炉、恒温箱的温度控制，气动仪表气源气罐的压力控制等。

3.2　比例控制

3.2.1　比例控制规律

比例（P）控制规律指控制器输出信号 u 随输入偏差信号 e 按一定比例关系变化的控制规律。用数学式表示为

$$u=K_p e \tag{3-3}$$

式中，K_p叫做比例放大倍数，也称比例增益或比例系数。当控制器输入信号一定时，

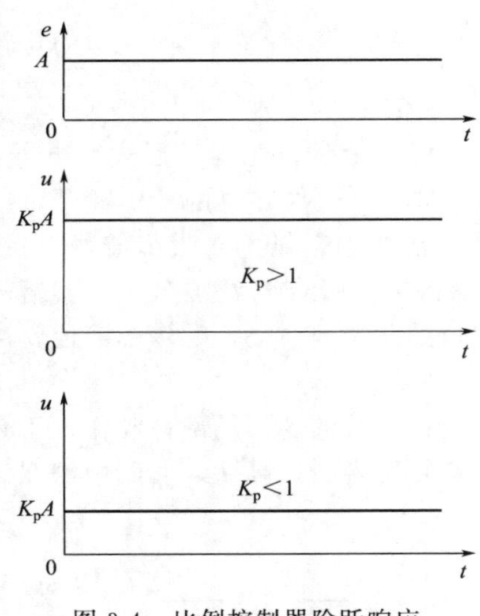

图 3-4 比例控制器阶跃响应

K_p值越大，其输出信号越大，即控制作用越强。所以，K_p是决定控制器比例控制作用强弱的参数，且K_p越大比例作用越强；反之，K_p越小则比例作用越弱。

当控制器中只有比例控制规律起作用时，称之为纯比例控制器。若 $K_p>1$，则该控制器就是一台信号放大的仪表；若 $K_p<1$，则该控制器就是一台信号缩小的仪表。图 3-4 表示出了比例控制器在幅度为 A 的阶跃偏差输入作用下的控制特性。

3.2.2 比例度

在过程控制仪表中，用来实现比例控制作用的参数并不是比例放大倍数 K_p，而是比例度 δ。比例度 δ 定义为

$$\delta=\frac{e/(e_{max}-e_{min})}{u/(u_{max}-u_{min})}\times 100\% \tag{3-4}$$

式中，$(e_{max}-e_{min})$ 和 $(u_{max}-u_{min})$ 分别为控制器偏差输入（当系统设定值一定时也可视为测量输入）信号和输出信号的变化范围即各信号量程。该式表明，比例度表示的是控制器输入、输出信号在各自范围内变化百分数的关系。如 $\delta=50\%$是指控制器输出信号在整个范围（100%）内变化时，其输入偏差只能在输入信号量程的 50%范围内变化。若令

$$k=\frac{u_{max}-u_{min}}{e_{max}-e_{min}} \tag{3-5}$$

则有

$$\delta=\frac{e}{u}\times\frac{u_{max}-u_{min}}{e_{max}-e_{min}}\times 100\%=\frac{1}{K_p}\times k\times 100\%\propto\frac{1}{K_p} \tag{3-6}$$

可以看出，比例度和比例放大倍数成反比。当要增强系统的比例控制作用时，应增大控制器的放大倍数，即减小比例度。对于单元组合仪表，控制器输入、输出信号都是统一的标准信号，如 DDZ-Ⅲ型仪表的信号范围是 4～20mA，QDZ 仪表的信号范围是 20～100kPa，此时 k 也是固定的。

【例 3-1】 已知一台 DDZ-Ⅲ型温度控制器的温度刻度范围是 200～1000℃。若被测温度从 500℃变化到 600℃时，控制器输出信号从 8mA 变化到 12mA，求该控制器的比例度是多少？

解： 依题意可知，控制器的输入偏差 $e=600-500=100℃$

输入信号量程 $e_{max}-e_{min}=1000-200=800℃$

输出实际变化 $u=12-8=4\text{mA}$

输出信号量程 $u_{max}-u_{min}=20-4=16\text{mA}$

所以比例度应为

$$\delta=\frac{e/(e_{max}-e_{min})}{u/(u_{max}-u_{min})}\times 100\%=\frac{e}{u}\times\frac{u_{max}-u_{min}}{e_{max}-e_{min}}\times 100\%=\frac{100}{4}\times\frac{16}{800}\times 100\%=50\%$$

在控制器上，比例度可通过旋动旋钮或在相应栏填入数字来实现或者更改。比例度的范围一般从百分之几到百分之几百。

3.2.3 比例度对系统的影响

为了讨论比例度变化对系统稳定性、准确性和快速性各方面的影响，可以对具体系统进

行机理分析或实验测试，图 3-5 是对一个液位控制系统进行实验测试的结果。测试时，系统的积分时间取最大值，微分时间取最小值，比例度从大到小变化。

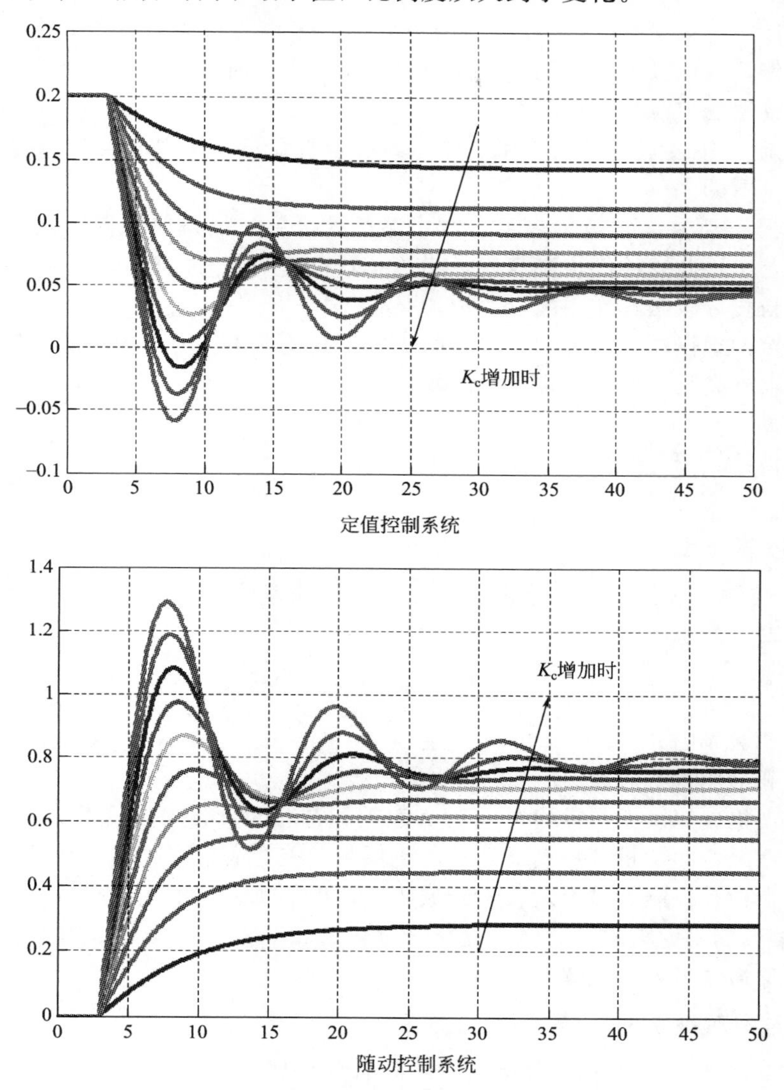

图 3-5　比例度对系统控制质量的影响

由图 3-5 计算系统部分质量指标得到它们的变化规律如表 3-1 所示。

表 3-1　比例度变化对系统的影响

比例度 δ 由大→小(放大倍数由小→大,比例控制作用由弱→强)			
性　能	性能指标		影　　响
稳定性	最大偏差 A	小→大	比例度减小使系统振荡加剧,稳定性变差或下降
	超调量 σ	小→大	
	衰减比 n	大→小	
准确性	余差 C	先变小后变大	比例度减小使系统准确性先变好后变差
快速性	上升时间 t_r	大→小	比例度减小让系统变快,一定范围内系统质量变好,但太快容易损坏可动部件
	峰值时间 t_p	大→小	
	振荡周期 T	大→小	

从上述数据和分析过程总结出比例控制作用的特点如下。

① 比例度越小，系统的控制作用越强。

② 纯粹的比例控制作用可使系统在检测到偏差出现的瞬间马上产生相应的输出控制信号让执行器动作，因而具有动作迅速、反应灵敏的特点。所以比例控制规律也是所有控制系统最基本、最普遍的控制规律。

③ 比例控制作用过强会使系统振荡剧烈，稳定性急剧下降甚至无法重新回复到原先的状态，也是不可取的。

④ 比例作用增强在一定范围内可以减小系统的余差，但是单纯使用比例控制作用并不能完全消除余差。因此，比例控制规律也叫"有差控制规律"。当系统控制质量要求较高时，比例作用还要与积分、微分作用配合使用。

根据比例控制规律的特点可知，单纯的比例控制适用于扰动不大，滞后较小，负荷变化较小，工艺要求不高且允许有一定余差的场合。

3.3 比例积分控制

3.3.1 积分控制规律

积分（I）控制规律指控制器输出信号 u 与输入偏差信号 e 的积分成正比变化的控制规律。用数学式表示为

$$u = K_i\int_0^t e\mathrm{d}t = \frac{1}{T_i}\int_0^t e\mathrm{d}t \tag{3-7}$$

式中 K_i——积分增益；

T_i——积分时间。

上式表明，积分控制器的输出 u 与输入偏差 e 对时间 t 的积分成正比。这里的"积分"是"累积"的意思，即，积分控制器的输出不仅与偏差的大小有关，还与偏差存在的时间有关，只要偏差存在，控制器输出就会不断累积（输出值越来越大或越来越小，最后可稳定在任意值上），直至偏差为零它才会停止变化，意味着积分控制作用可以消除余差。所以，积分控制作用又称为"无差控制规律"。

3.3.2 积分时间对系统的影响

K_i和 T_i都能表示积分作用变化的快慢，二者成反比。实用中采用积分时间 T_i实现积分控制作用。在控制器上，积分时间可通过旋动旋钮或在相应栏填入数字来实现或者更改，积分时间的范围一般从几秒到几百秒。

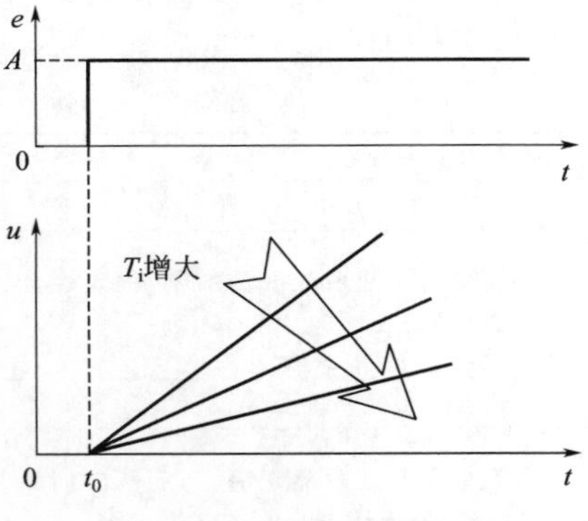

由上式还可以知道，当控制器输入偏差信号一定时，T_i值越大，其输出信号越小，即控制作用越弱；反之，T_i值越小，其输出信号却越大，即控制作用越强。

如果输入偏差 e 为阶跃信号，设其为常数 A，则积分控制器的输出为

$$u = \frac{1}{T_i}\int_0^t e\mathrm{d}t = \frac{1}{T_i}At \tag{3-8}$$

该式说明，此时积分控制器的输出是一条随时间变化的斜线，斜率为$\frac{A}{T_i}$。这种特性也可用图 3-6 表示。从

图 3-6 积分控制的阶跃响应

图中可以很明显地看出，T_i较小时，积分曲线上升得较快，意味着积分控制作用越强；反之，T_i较大时，积分曲线上升得较慢，说明积分控制作用越弱。需要注意的是，当T_i调得过大时，积分控制就会不起作用；另一方面，T_i也并非越小越好，过小的T_i会让控制器输出在极其微小的偏差出现时就迅速变化，过于敏感，导致系统振荡频繁，从而降低系统的稳定性。

图 3-6 还表明，单纯采用积分控制规律的话，控制器输出在起始段信号很小，即控制作用很弱，远不如比例控制作用来得及时和迅速，所以积分规律不会单独使用，而是经常与比例规律合用，组成比例积分（PI）控制器。

同样采用实验方法测试积分时间变化对系统的影响，图 3-7 是对上述液位控制系统进行测试的结果。测试时，系统的比例度取合适值后固定，积分时间从大到小变化。

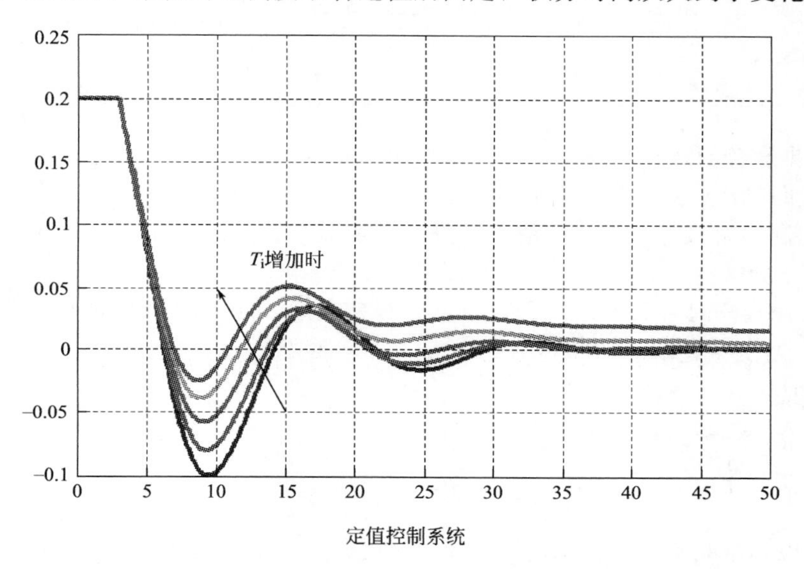

定值控制系统

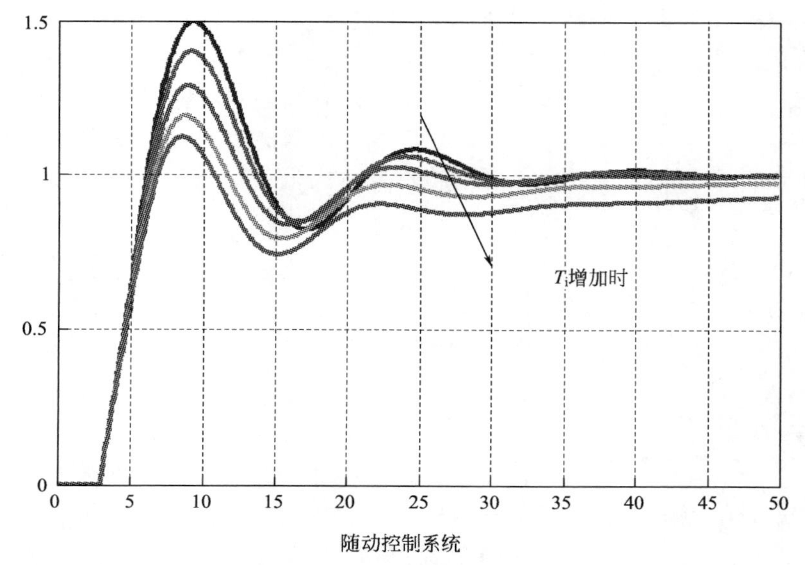

随动控制系统

图 3-7　积分时间对系统控制质量的影响

由图 3-7 计算系统部分质量指标得到它们的变化规律如表 3-2 所示。

表 3-2 积分时间变化对系统的影响

积分时间 T_i由大→小（积分控制作用由弱→强）			
性　能	性能指标		影　　响
稳定性	最大偏差 A	大→小	积分时间减小使系统振荡加剧，稳定性变差或下降
	超调量 σ	小→大	
	衰减比 n	大→小	
准确性	余差 C	为 0（积分作用很弱时，短时间效果不明显）	积分时间减小能消除余差，充分保证系统的准确性
快速性	上升时间 t_r	大→小	积分时间减小让系统变快，一定范围内系统质量变好，但太快容易损坏可动部件
	峰值时间 t_p	大→小	
	振荡周期 T	大→小	

从上述数据和分析过程总结出积分控制作用的特点如下。

① 积分时间越小，系统的控制作用越强。

② 积分控制作用只要稍微加强就能很好地消除余差，对于保证系统的准确性起到了不可替代的作用，所以也是非常重要的控制规律。

③ 积分控制作用过强会使系统振荡剧烈，稳定性急剧下降甚至发散，这是正常系统不允许的。

3.3.3 比例积分控制规律

比例积分（PI）控制规律的数学表达式为

$$u = K_p\left(e + \frac{1}{T_i}\int_0^t e\mathrm{d}t\right) \tag{3-9}$$

比例积分控制器既有比例作用能调节及时、迅速，又有积分作用能消除余差，合理配置比例度 δ 和积分时间 T_i 两个参数，就能满足很多工艺生产场合的要求，所以，比例积分控制器是目前应用最广泛的一种常规控制器，多用于工业生产中扰动较大、滞后较小、惯性不大、工艺不允许有余差的液位、压力、流量等控制系统。

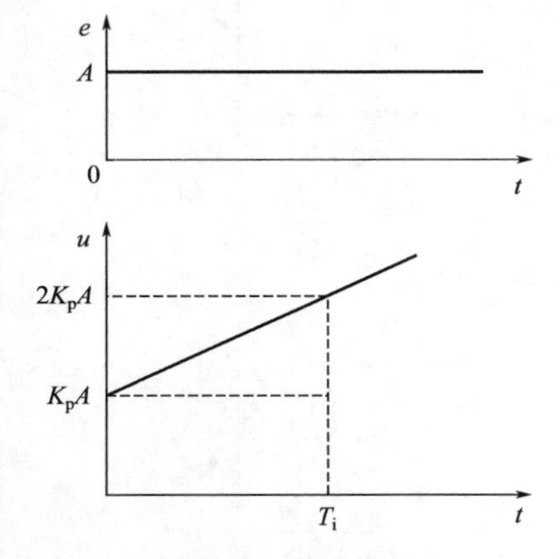

图 3-8 比例积分控制阶跃响应

给比例积分控制器施加一个幅度为 A 的阶跃偏差后，其开环特性表达式为

$$u = K_pA + \frac{K_p}{T_i}At \tag{3-10}$$

作成曲线如图 3-8 所示。图中曲线垂直上升段 K_pA 为比例作用的输出；缓慢斜着上升部分 $\frac{K_p}{T_i}At$ 是积分作用的输出。

上式中，若令 $t=T_i$ 时，则有 $u=2K_pA$。利用这种数值关系，可以设计实验测定控制器的积分时间 T_i 和比例放大倍数 K_p。具体做法是：给 PI 控制器输入一个幅值为 A 的阶跃信号后，立即记录下输出的跃变值 K_pA，同时启动秒表记录时间，当输出上升至 K_pA 的两倍时停止计时，所记下的时间就是积分时间；跃变值 K_pA 除以 A 就是 K_p 值。

3.4 比例微分控制

3.4.1 微分控制规律

微分（D）控制规律指控制器输出信号 u 与输入偏差信号 e 对时间的导数成正比。理想的微分控制规律数学表达式为

$$u=T_{\mathrm{d}}\frac{\mathrm{d}e}{\mathrm{d}t} \tag{3-11}$$

式中，T_{d}为微分时间，表示微分控制作用的速度。

根据数学知识可知，这种控制器在阶跃信号作用后会产生如图 3-9(a) 所示的响应。可见，在微分规律作用下，控制器输出信号的大小与偏差的变化速度有关，而与偏差的数值无关。特别需要指出的是，在偏差出现的瞬间，控制器输出是一个非常大（理论上为无穷大）的信号，该信号在系统中传递时，将引起系统的可变物理量和可动部件快速反应、变化，从而快速克服干扰对系统的影响。微分规律的这种控制作用被称为“超前”控制。但是实际上这种瞬间达到无穷大的理想信号是无法实现的，所以实际应用的是图 3-9(b) 所示的微分控制特性。

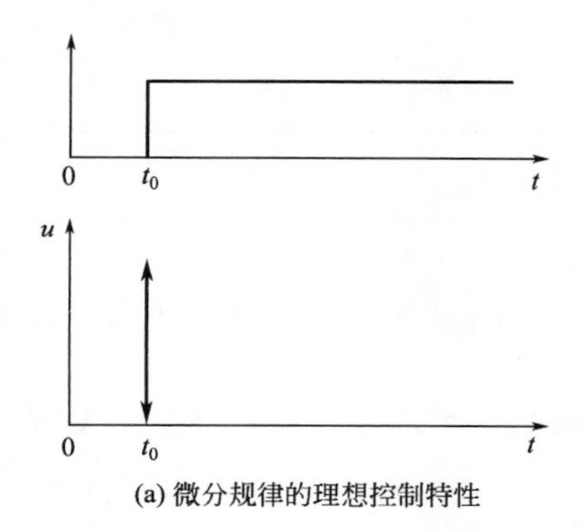

(a) 微分规律的理想控制特性

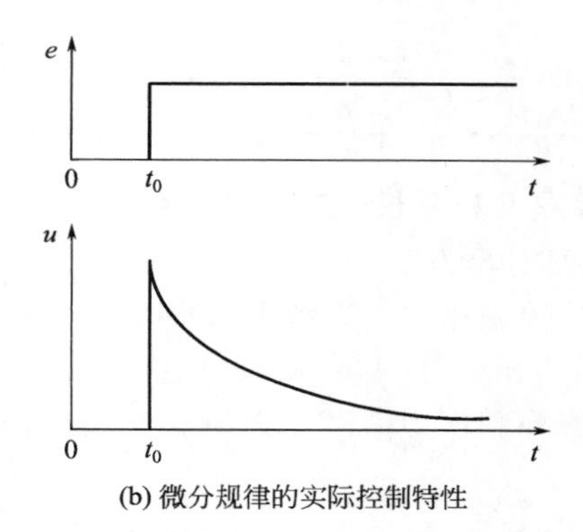

(b) 微分规律的实际控制特性

图 3-9　微分规律的控制特性

如果采用单纯的微分规律进行控制，在偏差变化的瞬间，控制器会输出一个很大的信号（偏差变化速度越快，该信号越大），这就是微分规律的超前控制作用；但是当偏差不变时，虽然偏差也很大，控制器却没有信号输出，表明此时没有控制作用，对于系统来说，这是很不正常的情况。这也说明，微分控制作用只对动态偏差有效，而对静态偏差无效。所以，微分规律也不能单独使用，而是会和比例或者比例、积分一起使用，组成比例微分（PI）控制器或者比例积分微分（PID）控制器，后者也叫三作用控制器，在控制系统中更为常用。

3.4.2 微分时间对系统的影响

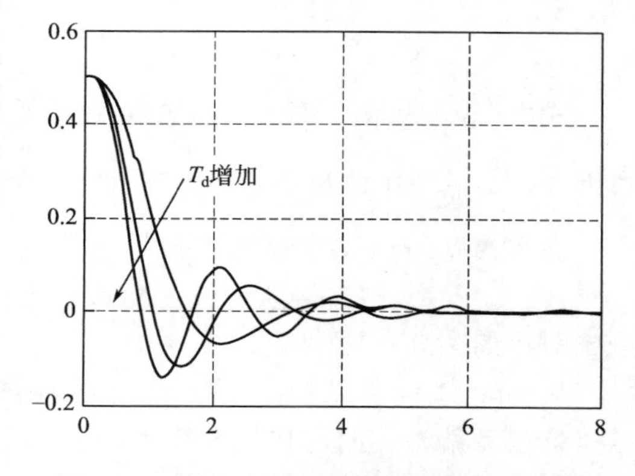

图 3-10　微分时间对系统控制质量的影响

调节微分时间 T_{d}可改变微分控制作用的强弱。在控制器上，微分时间可通过旋动旋钮或在相应栏填入数字来实现或者更改。微分时间的范围一般从几秒到几十秒，比积分时间要小

很多。

从式(3-11)可以看出，当输入偏差变化的速度$\frac{de}{dt}$一定时，微分时间T_d越大则控制器输出信号u越大，说明控制作用越强；反之，T_d越小则控制器输出信号u越小，说明控制作用越弱。

同样可以通过实验测试的方法来验证该结论。将比例度和积分时间取合适值，将微分时间从小到大调节，对上述液位控制系统重新进行测试，测试结果如图 3-10 所示。

由图 3-10 计算系统部分质量指标得到它们的变化规律如表 3-3。

表 3-3 微分时间变化对系统的影响

微分时间 T_i 由小→大(微分控制作用由弱→强)			
性 能	性能指标		影 响
稳定性	最大偏差 A	大→小	微分时间增大在小范围内使系统稳定性变好，但极易引起振荡
	超调量 σ	小→大	
	衰减比 n	大→小	
准确性	余差 C	无明显影响	微分时间变化对系统准确性没有太大影响
快速性	上升时间 t_r	大→小	微分时间增大让系统反应显著变快，一定范围内系统质量变好，但不应过大
	峰值时间 t_p	大→小	
	振荡周期 T	大→小	

从上述数据和分析过程总结出微分控制作用的特点如下。

① 微分时间越大，系统的微分控制作用越强。

② 微分控制作用令系统反应极其迅速，所以应使用在信号变化较慢或具有较大滞后的系统中，而不应该使用在本身就反应灵敏的系统中。

③ 微分控制作用稍微加强便会使系统振荡剧烈，稳定性急剧下降甚至发散，使用时应特别小心。

3.4.3 比例微分（PD）控制规律

理想的比例微分控制规律的数学表达式是

$$u=K_p\left(e+T_d\frac{de}{dt}\right) \tag{3-12}$$

因为理想的比例微分控制器制造困难，所以实际应用的比例微分控制规律改为

$$\frac{T_d}{K_d}\times\frac{du}{dt}+u=K_p\left(e+T_d\frac{de}{dt}\right) \tag{3-13}$$

式中，K_d为微分放大倍数或微分增益。微分增益是与具体类型仪表有关的固定常数。当K_d较大，$\frac{T_d}{K_d}$比值较小时，上式即可近似为理想的比例微分控制规律。

当有幅度为A的阶跃偏差信号输入时，实际比例微分控制器的输出为

$$u=K_pA+K_pA(K_d-1)e^{-t/(T_d/K_d)} \tag{3-14}$$

绘成图形如图 3-11 所示。

从图 3-11 中可以看出，比例微分控制规律工作的过程中，先是由微分规律的超强作用迅速抑制动偏差，同时比例规律也马上动作消除偏差并持续起作用，系统快速稳定。但由于没有积分规律，系统一般会有残余偏差存在。

比例微分控制规律适用于容量滞后较大、惯性较大的场合，系统对快速性和稳定性要求较高，但对准确性没有太高要求。

3.4.4　比例积分微分控制规律

理想的比例积分微分（PID）控制规律的数学表达式是

$$u=K_{\mathrm{p}}\left(e+\frac{1}{T_{\mathrm{i}}}\int_{0}^{t}e\mathrm{d}t+T_{\mathrm{d}}\frac{\mathrm{d}e}{\mathrm{d}t}\right) \tag{3-15}$$

当 PID 控制器输入端出现阶跃偏差 A 时，其输出端的信号为

$$u=K_{\mathrm{p}}\left[A+\frac{A}{T_{\mathrm{i}}}t+A(K_{\mathrm{d}}-1)e^{-t/(T_{\mathrm{d}}/K_{\mathrm{d}})}\right] \tag{3-16}$$

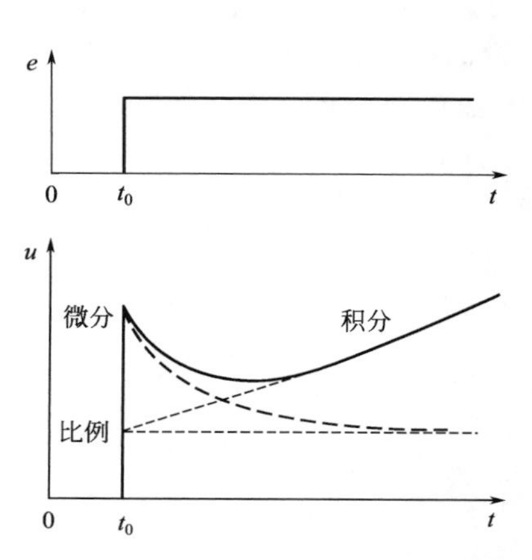

图 3-11　实际比例微分控制器的阶跃输出

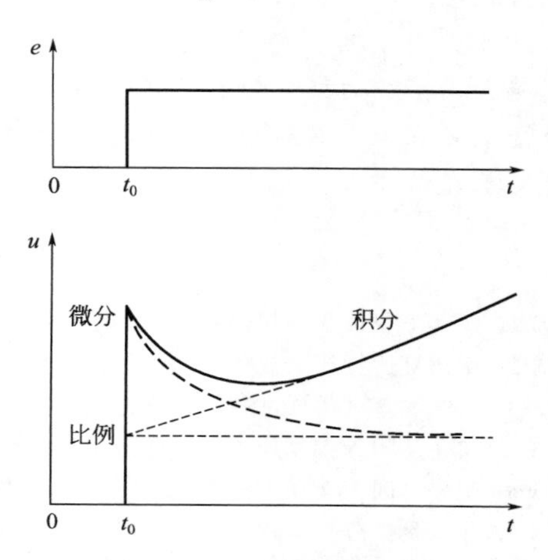

图 3-12　PID 控制阶跃响应

可以看成是三种控制作用产生的结果的叠加，绘成曲线如图 3-12 所示。整个控制过程可理解为：在阶跃偏差出现的瞬间，微分作用便依据偏差的变化速度产生一个大幅度的超前控制信号以压制偏差的变化，同时比例作用产生与偏差成比例的信号以持续调节系统减小偏差，而积分作用则慢慢把余差克服掉。

PID 控制器既有比例作用的及时迅速的优势，又有积分作用的消除余差能力，还有微分作用的超前控制功能，所以是各种控制规律组合中功能最全、效果最好的一种。只要合理匹配三个控制器参数 δ、T_{i}、T_{d}，便可以充分发挥三种控制规律的优点，获得理想的控制效果。三作用控制器常用于有信号响应缓慢的过程，如加热炉、精馏塔、化学反应器等设备的温度、成分的控制。

章后小结

控制器的输入信号有两个即测量输入和设定输入，但因使用和分析控制器时，主要用到后面的控制规律部分，所以也经常说控制器的输入信号是偏差输入；控制器的输出信号是经运算后送给执行器并驱使其动作的控制信号。所谓控制规律是指控制器输入偏差信号与输出信号之间的数学关系。

基本控制规律只有四种即双位控制规律、比例（P）控制规律、积分（I）控制规律和微分（D）控制规律，后三种控制规律通常合称为常规 PID 控制，是绝大多数过程控制系统采用的形式。

比例控制规律的特点是反应速度快、控制作用及时，但控制结果存在余差。比例度 δ 表

示的是控制器输入、输出信号在各自范围内变化百分数的关系，其取值大小会影响系统的控制质量。比例度δ减小，则比例作用就越强。

积分（I）控制规律指控制器输出信号u与输入偏差信号e的积分成正比变化的控制规律。积分控制器的输出u与输入偏差e对时间t的积分成正比，积分控制作用可以消除余差。用积分时间T_i来表征积分控制作用的强弱。积分时间T_i越大，作用越弱，反之越强。积分控制作用只要稍微加强就能很好地消除余差，积分控制作用过强会使系统振荡剧烈，稳定性急剧下降甚至发散。

微分（D）控制规律指控制器输出信号u与输入偏差信号e对时间的导数成正比。在微分规律作用下，控制器输出信号的大小与偏差的变化速度有关，而与偏差的数值无关。微分（D）控制规律具有“超前”控制作用。调节微分时间T_d可改变微分控制作用的强弱。微分时间越大，系统的微分控制作用越强。微分控制作用令系统反应极其迅速，常使用在信号变化较慢或具有较大滞后的系统中。微分控制作用稍微加强便会使系统振荡剧烈，稳定性急剧下降甚至发散。

习　题

3-1. 什么是双位控制规律？简述其适用场合。

3-2. 什么是比例控制规律？简述其适用场合。

3-3. 比例度δ对系统过渡过程有什么影响？

3-4. 什么是积分控制规律？简述其适用场合。

3-5. 积分时间T_i对系统过渡过程有什么影响？

3-6. 什么是微分控制规律？简述其适用场合。

3-7. 为什么微分控制规律一般不单独使用？

3-8. 微分时间T_d对系统过渡过程有什么影响？

第 4 章　单回路控制系统

4.1　简单控制系统

单回路控制系统，指仅由一个被控过程（或称被控对象）、一个测量变送装置、一个控制器（或称调节器）和一个执行器（如调节阀）所组成的单闭环负反馈控制系统，也称简单控制系统。

简单控制系统是工业生产过程中最基本的控制系统，约占工业控制系统的 80%。即使是复杂控制系统也是以简单控制系统为基础发展起来的。因此，学习和掌握简单控制系统的分析、设计是过程控制工程方案分析和设计的基础。

4.1.1　单回路控制系统的结构

图 4-1 是工业生产中常用的工业换热器，其工作过程是冷物料与热蒸汽进行换热，工艺要求冷物料被加热到一定温度范围后送下一工序进行生产，如果温度偏离允许温度范围较远，可能会严重影响后序生产过程的质量或造成较大的能源浪费。要管理好这一换热过程，希望控制好换热后的物料温度，即建立一套能控制换热器出口温度的控制系统。

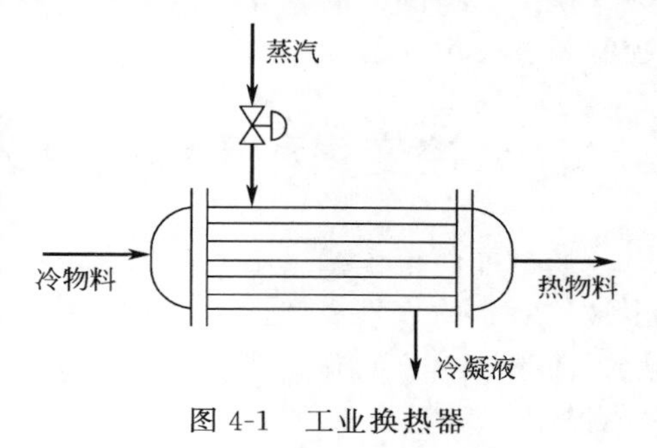

图 4-1　工业换热器

要建立温度控制系统，应考虑如何选择控制系统被控制变量？操纵变量？选择现场的测量变送仪表和控制仪表，分析控制系统扰动情况等问题。通过前面第 1 章绪论的学习，可以知道单回路控制系统方块图如图 4-2 所示。

在建立一套单回路控制系统时，应对被控对象特性分析后选择测量变送装置、执行器和控制器控制规律，并对所组建的控制系统进行控制品质分析，在满足生产过程的需要的情况下才能投运到生产过程中。

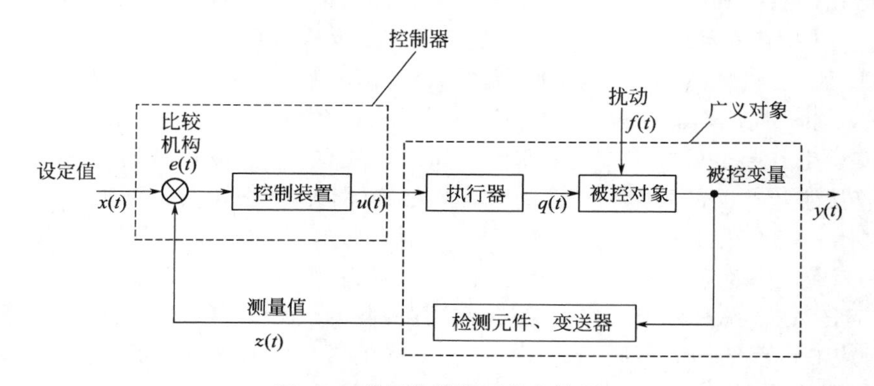

图 4-2　单回路控制系统方块图

4.1.2 控制过程分析

对控制过程的分析，首先应了解生产过程对控制提出的要求是什么，才能根据生产过程的需要建立控制系统。在这里以图 4-1 工业换热器生产过程为例，分析其控制过程。我们知道工业换热器是希望能控制好换热器的出口温度，要控制好换热器出口温度，则应分析哪些物质量的改变对换热器出口温度有影响。通过对换热器工作过程分析，对换热器出口温度影响的因素有：①进入换热器的蒸汽热量的变化对出口温度有影响，即蒸汽温度变化、流量变化、压力变化（蒸汽流量变化可由蒸汽压力变化引起）对温度的影响；②冷物料热量变化对温度影响，即冷物料的温度变化、流量变化对温度的影响；③外界环境温度变化。

在这些因素中，除外界环境温度变化不可控外，可通过对蒸汽量的调节或对冷物料量的调节控制换热器出口温度。究竟是选调蒸汽量还是选调冷物料量控制换热器出口温度，这是在过程控制系统设计时要重点研究讨论的问题。

4.1.3 单回路控制系统设计基础

过程控制系统设计是过程工艺、仪表或计算机和控制理论等多学科的综合。由图 4-2 自动控制系统方框图可知，要建立一套单回路控制系统，首先要确定单回路控制系统的四个基本环节，即被控对象、控制器、执行器及测量变送环节。在采用常规控制器的简单控制系统设计中，系统设计的主要任务是：被控变量和操作（或控制）变量的选择、建立被控对象的数学模型、控制器的设计、测量变送装置和执行器的选型。下面就以这些问题展开讲述简单控制系统的设计基础。

4.2 被控变量和操纵变量选择

通过前面第 1 章、第 2 章的学习可以知道，对任何一个需要控制的生产过程，首先要找出被控对象的数学模型，了解其被控对象的特性才能根据其需要设计出质量保证的控制系统。而被控对象的确定就是要确定好被控对象的输入与输出，即控制系统的被控变量和操作（或控制）变量。

4.2.1 被控变量的选择

选择被控变量时首先应搞明白生产过程对自动控制有什么要求，通常生产过程希望自动控制系统能将工艺要求的重要工艺参数稳定在工艺生产要求的范围内。在化工生产过程中一般有如下重要参数。

① 对产品的数量和质量起决定作用的参数，如精馏塔的塔顶或塔底温度；加热炉出口温度对后序工艺生产有影响；化学反应器反应温度对反应过程的影响。

② 有些工艺变量虽然不直接影响产品的数量和质量，但保持其平稳对生产过程有十分重要的意义，如蒸汽加热器或再沸器的蒸汽总管压力；中间贮槽的液位高度、气柜压力等。

③ 对安全生产起重要决定作用的因素，如锅炉汽泡水位、受压容器的压力等；

④ 能直接鉴定产品的质量的工艺参数，如某些混合气体的组分、溶液浓度和酸碱度等。

对于这样一些参数，生产过程总希望把它们控制好，如果把它们都控制好了，那生产过程就是在人们期望的状态下生产。因此总地来说，被控变量的选择应按生产工艺过程的需要进行选择，当然在选择过程中，根据对过程参数检测的仪器仪表或检测手段的差异，或不同过程参数对应的过程结构的不同，选择方法是不同的。具体的被控变量选择原则如下。

① 被控变量的直接选择方法：对生产过程中希望控制好的重要工艺参数，其参数反应

灵敏、对其检测有较成熟的手段和仪器仪表并且检测迅速，则可考虑直接将这类参数作为被控变量。如化工生产过程中的液位、压力、流量、温度等参数，便可直接选作被控变量。如前分析，图 4-3 是工业换热器选择换热器出口温度为被控变量的方案图。

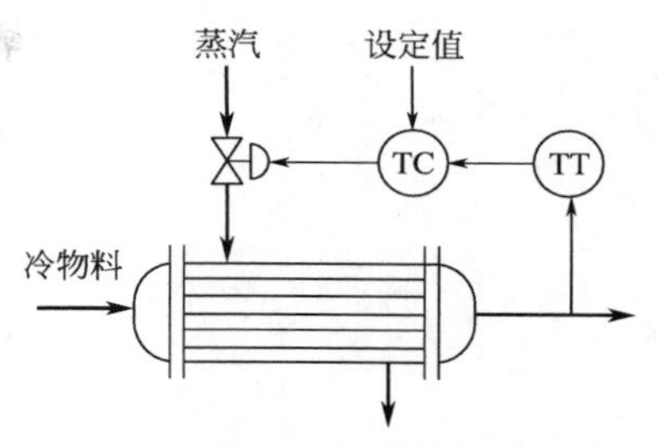

图 4-3　换热器温度控制系统

② 被控变量的间接选择方法：对生产过程中希望控制好的重要工艺参数，虽有较成熟的检测手段，但其检测过程滞后大或检测出的信号微弱，这时应考虑选择与这些参数有一一对应关系的易于检测和变化大的参数作为被控变量，这种选择方式，是被控变量的间接选择方法。如化工生产过程中直接指标为浓度、酸碱度等指标参数时，就选取与这些浓度、酸碱度有关的温度、压力为间接指标作为被控变量 。

③ 被控变量的选择应考虑是否符合工艺上的合理性和生产过程对自动化水平的要求。

4.2.2　被控变量的选择举例

直接被控变量选择如图 4-3 的工业换热器，直接选择换热后的物料温度为被控变量。下面重点对间接被控变量的选择举几个例子。

【例 4-1】　氨合成塔中，N_2、H_2 气体在催化剂作用下的合成反应，其合成塔中 NH_3 合成率是生产过程的直接指标，但对它的检测需要成分分析，成分分析滞后大，不宜直接作为被控变量。因合成反应是放热反应，故其反应温度能间接反映合成率的大小，则选反应温度作为被控变量。但要注意，选择被控温度检测点时应以最能反映合成率变化的层床温度为准。

【例 4-2】　某生产厂要对其生产的饱和蒸汽质量进行控制，提出下面三种方案：

① 将压力 P 和温度 T 皆选为被控变量；

② 将压力 P 选为被控变量；

③ 将温度 T 选为被控变量。

正确的答案是：方案②或③可行。若是对过热蒸汽质量的控制，则应选择①。这个可由物理化学中的相律关系说明。物理化学中的相律关系：

$$F=C-P+2 \tag{4-1}$$

式中　F——自由度（即独立变量数）；

C——组分数（各混合物总类）；

P——相数（物质的相数）。

对于饱和蒸汽：C—1，P—2，F—1 ，说明独立变量数为 1。因为饱和蒸汽是汽、液共存，蒸汽压力和温度之间有一一对应关系，所以上面的方案②或③可行。即对饱和蒸汽质量的控制，由于其压力和温度之间有一一对应关系，选择方案②压力控制好后，温度也就控制好了。同理选择方案③温度控制好后，压力也就控制好了。

对过热蒸汽而言，过热蒸汽是汽泡出来的饱和蒸汽继续加热得到的，加热程度不同，过热蒸汽的温度不同，因此，压力与温度之间不再有一一对应关系。在相律公式中，C—1，P—1，F—2，说明独立变量数为 2，所以要控制好过热蒸汽质量，必须既要控制好温度又要控制好压力才能把蒸汽质量控制好。

【例 4-3】　图 4-4 是苯-甲苯二元体系精馏过程，它是利用被分离物各组分挥发程度的不

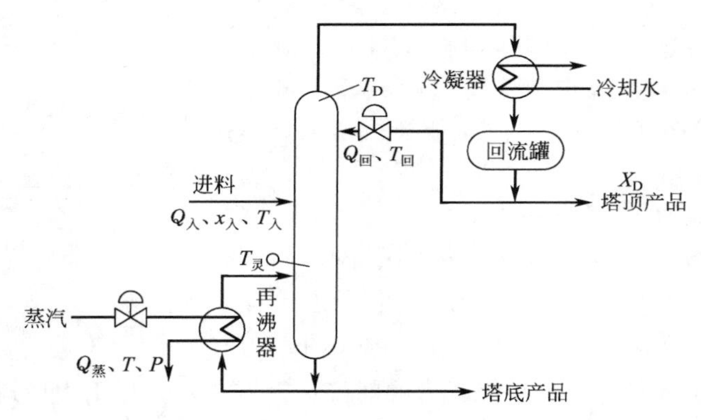

图 4-4 苯-甲苯二元体系精馏过程

同，把混合物分离成较纯的产品。当塔内气液相并存时，塔顶易挥发组分苯的浓度 X_D 与塔顶温度 T_D、塔压 P_D 三者之间的关系可表示为：

$$X_D = f(T_D, P_D) \tag{4-2}$$

用相律关系分析，精馏塔中存在气、液两相，相数 $P=2$，组分数 $C=2$，则 $F=2-2+2=2$，表明在苯的浓度 X_D 与塔顶温度 T_D、塔压 P_D 三个参数中有两个是独立变量。苯的浓度 X_D 是工艺直接质量指标，应考虑作为被控变量，但是工业用色谱仪测量信号滞后严重，在线分析过程时间较长，选择被控变量时，不能直接以苯的浓度 X_D 为被控变量，而应考虑和 X_D 有关系的间接变量 T_D 和 P_D 作为被控变量。

由图 4-5 可见，当 P_D 恒定时，塔顶温度 T_D 与苯的浓度 X_D 存在着单值关系，温度越低，产品的浓度越高，反之亦然。当 T_D 恒定时，X_D 与 P_D 之间也存在着单值关系，如图 4-6 所示，压力越高，产品浓度越高，反之亦然。因此，只要固定 T_D 和 P_D 中的任一变量，另一个变量就与 X_D 存在单值对应关系。在精馏塔操作中，压力通常是固定的。固定了塔压，就相当于减少了体系中的一个自由度，所以选择塔顶温度 T_D 作为被控变量比较合适。选择塔顶温度 T_D 作为被控变量，当 X_D 变化时，温度的变化必须比较灵敏，所以常常把测温点下移几块塔板，把精馏塔灵敏板的温度作为被控变量，建立塔顶温度控制系统。

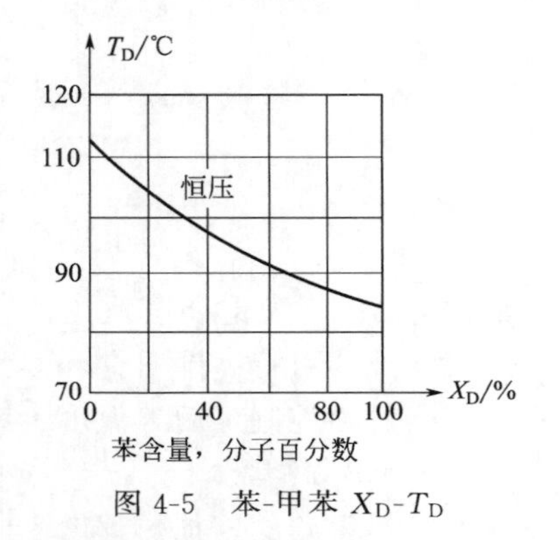

图 4-5 苯-甲苯 X_D-T_D

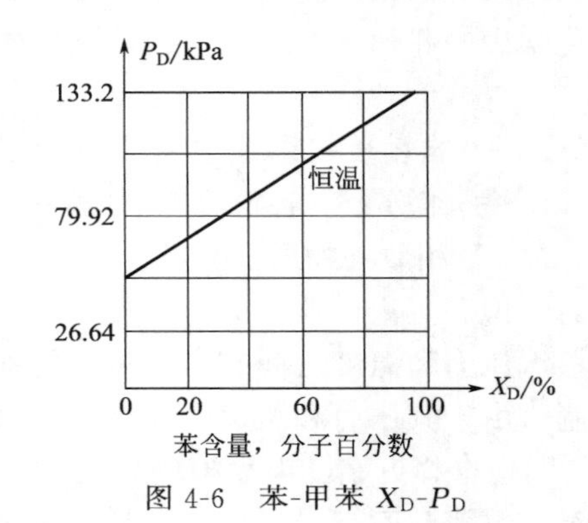

图 4-6 苯-甲苯 X_D-P_D

4.2.3 操纵变量的选择

确定被控变量之后，下一步是如何构成一个简单控制回路，选择一个合适的操纵变量去克服扰动对被控变量的影响。在生产过程中，能影响被控变量变化的因素往往有若干个而不是唯一的。在这些因素中，有些是可控（可以调节）的，有些是不可控的，但并不是任何一个因素都可选为操纵变量组成可控性良好的控制系统。因此，设计人员要在熟悉和掌握生产工艺机理的基础上，认真分析生产过程中有哪些因素会影响被控变量发生变化，在诸多影响被控变量的因素中选择一个对被控变量影响显著而且可控性良好的输入变量作为操纵变量，而其他未被选中的所有输入变量则统视为系统的扰动。如果用 U 来表示操纵变量，而用 F 来表示扰动，那么，被控对象的输入、输出之间的关系就可以用图 4-7 所示表示出来。

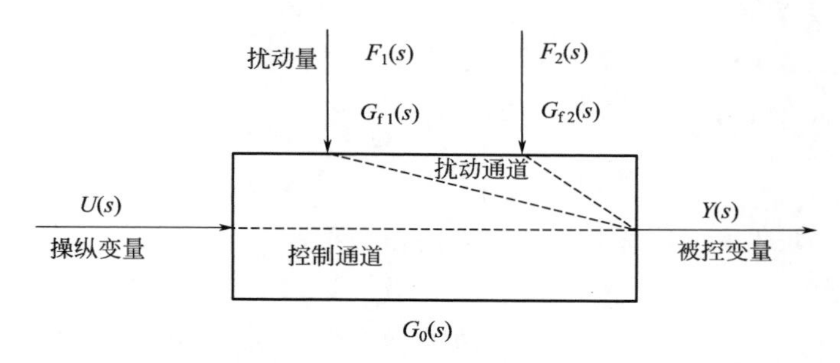

图 4-7　被控对象的控制通道和扰动通道

在生产过程中，干扰是客观存在的，它是影响系统平稳操作的因素，而操纵变量是克服干扰的影响，使控制系统重新稳定运行的因素。因此，正确选择一个可控性良好的操纵变量，可使控制系统有效克服干扰的影响，以保证生产过程平稳操作。在石油、化工生产过程中，遇到的最多的操纵变量是工艺介质的流量。

操纵变量的选择应从下面几个方面考虑：①操纵变量选择要考虑工艺上的合理性，除物料平衡调节外，一般避免主物料流量为操纵变量；②操纵变量的选择要从静态和动态两方面进行考虑，即控制通道克服干扰的校正能力要强，控制通道的动态响应要较干扰通道动态响应快。

下面分别从 K、T、τ 三个方面分析对象特性对控制质量的影响。

4.2.3.1　静态特性参数 K_0、K_f 对控制系统质量的影响

设某简单控制系统方块图如图 4-8 所示，$G_C(s)=K_C$；

已知：

$$G_0(s)=\frac{K_0}{T_0 s+1};\tag{4-3}$$

$$G_f(s)=\frac{K_f}{T_f s+1}$$

则定值控制系统传递函数为

$$\frac{Y(s)}{F(s)}=\frac{G_f(s)}{1+G_0(s)G_C(s)}=\frac{K_f(T_0 s+1)}{(T_0 s+1)(T_f s+1)+K_C K_0(T_f s+1)}\tag{4-4}$$

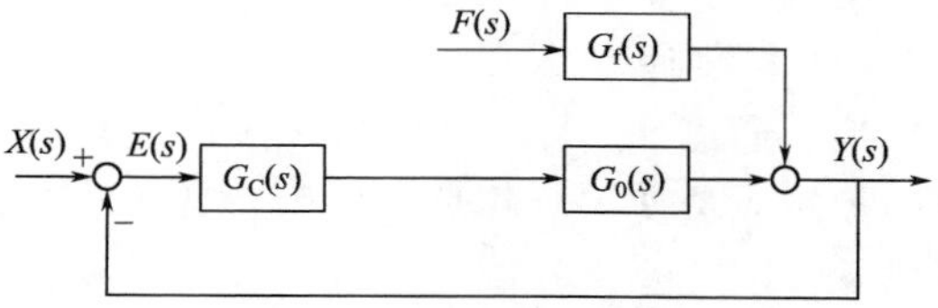

图 4-8　简单控制系统方框图

随动控制系统传递函数为

$$\frac{Y(s)}{X(s)}=\frac{G_0(s)G_C(s)}{1+G_0(s)G_C(s)}=\frac{K_C K_0}{T_0 s+1+K_C K_0}\tag{4-5}$$

控制系统偏差为：$E(s)=X(s)-Y(s)$，对定值控制系统，$X(s)=0$，在干扰作单位阶跃变化的，即 $F(s)=\frac{1}{S}$ 时，定值控制系统的余差为

$$E(s)=-\frac{G_f(s)F(s)}{1+G_0(s)G_C(s)},\quad e(\infty)=\lim_{t\to\infty}e(t)=\lim_{s\to 0}sE(s)=\frac{-K_f}{1+K_C K_0} \tag{4-6}$$

从式(4-6) 可知，控制系统的余差与 K_f、K_0 关系是：K_0 大，控制系统余差小，K_f 小，控制系统余差小。因此，操纵变量的选择从静态考虑：希望控制通道静态放大倍数 K_0 大些好，这样控制通道抗干扰能力强调；扰动通道静态放大倍数 K_f 小些好，这样扰动对控制系统静态影响小。

4.2.3.2 动态特性参数 T、τ 对控制系统质量的影响

(1) 干扰通道 T_f、τ_f 对控制系统质量的影响

① 时间常数 T_f 的影响 扰动通道的传递函数一般为

$$G_f(s)=\frac{K_f}{(T_{f1}s+1)(T_{f2}s+1)\cdots(T_{fm}s+1)} \tag{4-7}$$

式中，T_f 为扰动通道的时间常数，m 为过程的阶数。

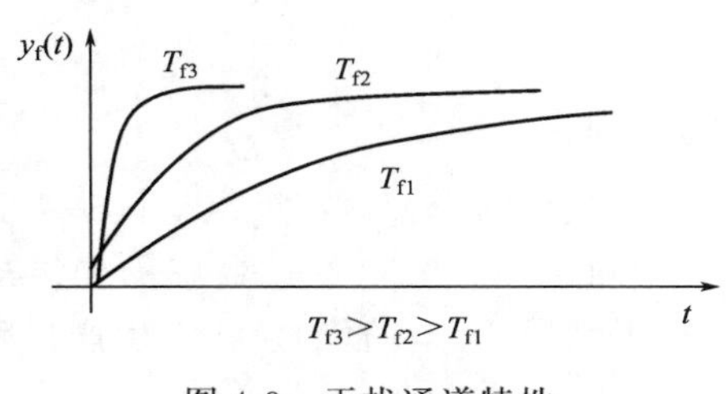

图 4-9 干扰通道特性

如图 4-9 所示，为单位阶跃扰动作用于不同扰动通道特性时，过程扰动通道的输出和系统输出的响应曲线。从图可知，T_f 越大，曲线 $y_f(t)$ 图越平滑，扰动通道滤波作用越强，干扰对被控变量的影响越缓和。

因此，从动态特性看，在放大系数 K_f 相同的情况下，扰动通道的时间常数 T_f 越大，或过程扰动通道的阶数越多（即 m 越大），则扰动对被控变量的影响越缓慢，即过程对扰动作用的抑制能力就越强，扰动对被控变量的影响也就越小，这是有利于控制的。

由以上分析也可知扰动从不同位置进入系统时对系统质量的影响。如图 4-10(a) 所示，扰动 F_1、F_2 及 F_3 从不同位置进入系统，如果扰动的幅值和形式都是相同的，显然，它们对被控变量的影响程度依次为 F_1 最大，F_2 次之，而 F_3 为最小。图 (b) 是图 (a) 的等效方框图。

② 纯滞后时间 τ_f 对系统质量的影响 在上面分析扰动通道时间常数对被控变量的影响时，没有考虑到扰动通道具有纯滞后的问题，图 4-11 是扰动通道有、无纯滞后时的阶跃响应曲线比较。

由图 4-11 分析可知，当干扰通道存在时滞时，干扰通道的时滞不会影响控制系统质量，只是使被控变量的过渡过程在时间上平移了 τ_f 距离。

(2) 控制通道 T_o、τ_o 对控制系统质量的影响

控制通道 T_o 大，则控制作用的反应速度慢，容易产生大的超调，且过渡过程时间延长，控制质量变差。相反，时间常数过小，反应过于灵敏，容易引起过度的振荡，也降低控制质量，因此要求控制通道的时间常数要适当。

τ_o 的产生有两方面的原因，一是来自于测量变送方面，二是被控对象本身存在纯滞后。不论是哪一方面的原因造成的纯滞后，τ_o 的存在总是不利于控制的。测量方面存在纯滞后，将使控制器无法及时发现被控变量的变化情况；被控对象存在纯滞后，会使控制作用不能及时产生效果。

通常对控制通道来说，取 τ_o 与过程通道常数 T_o 的相对值 τ_o/T_o 衡量纯滞后影响对控制系统质量的影响。τ_o/T_o 是一个无量纲的值，反映了纯滞后的相对影响，一般认为，$\tau_o/$

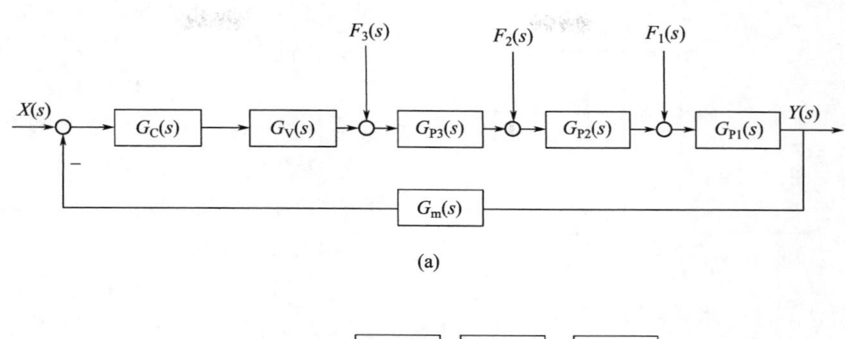

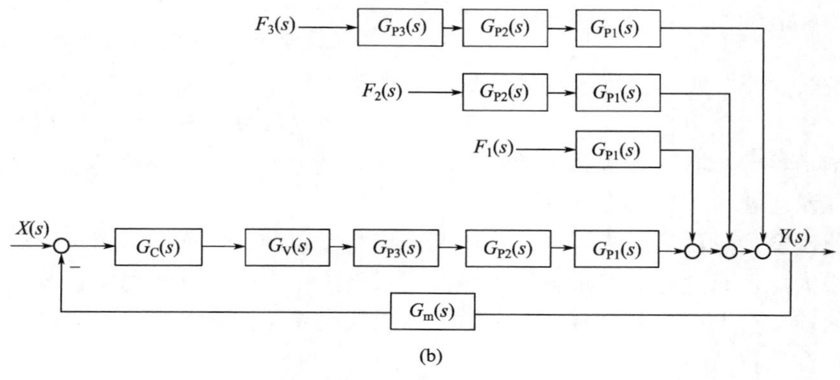

图 4-10 干扰从不同位置进入系统

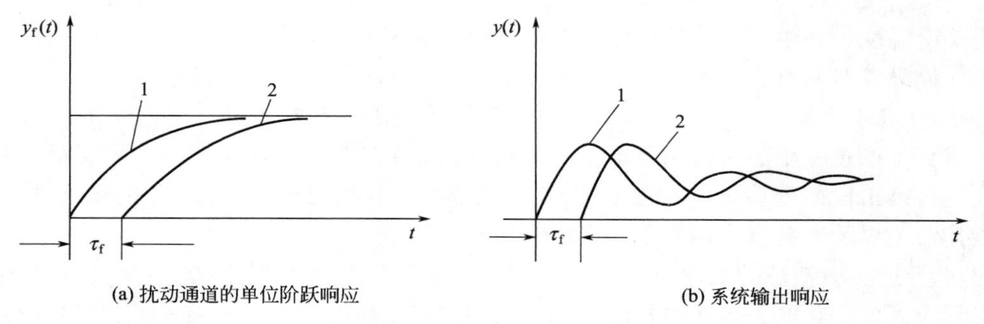

(a) 扰动通道的单位阶跃响应 (b) 系统输出响应

图 4-11 扰动通道有、无纯滞后时的阶跃响应曲线

1—扰动通道无纯滞后时的响应曲线；2—扰动通道有纯滞后时的响应曲线

$T_o<0.3$ 的过程较易控制，可用简单控制系统进行控制；当 $\tau_o/T_o>0.3$ 时，应采用其他复杂的控制方案对该过程进行控制。

综上所述，操纵变量的选取应遵循下列原则综合考虑。

① 首先应符合工艺上的合理性与生产上的经济性，所选出的操纵变量工艺上必须是允许调整的。一般除物料平衡调节外，工艺上的主要物料量应避免选作操纵变量。

② 从静态角度选择调节参数时，应考虑使调节通道 K_0 较干扰通道 K_f 大，从动态选择调节参数时，应使调节通道时间常数较干扰通道时间常数小，使调节通道响应比干扰通道响应快。

③ 应充分考虑时滞 τ_o 对系统质量的影响。

4.2.4 操纵变量的选择举例

图 4-12 是合成氨生产过程中一氧化碳变换过程流程图。变换炉的作用，是将一氧化碳

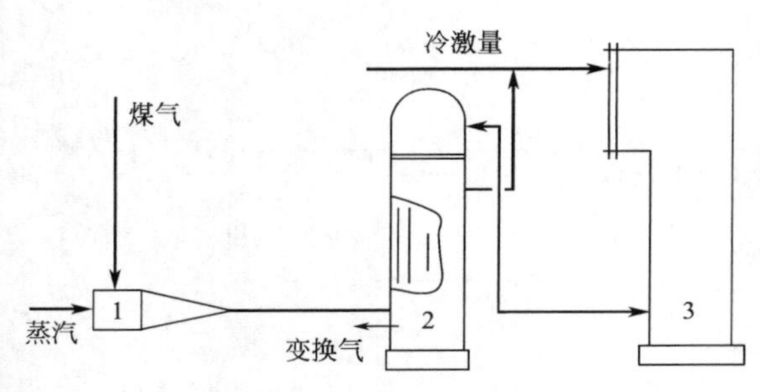

图 4-12 一氧化碳变换过程流程图

1—蒸汽喷射泵；2—换热器；3—变换炉

和水蒸气在催化剂作用下生成氢气和二氧化碳，同时放出热量。这一过程的目的有两个，一方面是利用CO进一步与水蒸气反应生成H_2，另一方面在氨合成塔中CO的存在会使合成塔催化剂中毒，失去活性，而CO_2可以通过水洗、铜洗及时除去以净化合成工段原料气。

工艺上一般要求变换后气体中CO含量低于0.3%，即CO变换率高，同时要求蒸汽耗量少，催化剂寿命长。因此，要控制好变换炉的转换率，工艺上常以变换炉反应温度为被控变量。影响变换炉反应温度的因素是很复杂的，如：煤气流量、煤气压力、煤气温度、煤气成分、蒸汽流量、蒸汽压力、冷激流量、催化剂活性等。其中，催化剂活性、煤气成分是渐变而不可控的参数，其余因素是可控的，操纵变量应在可控因素中选择。

对一氧化碳变换过程流程进行进一步的调查研究了解到：经饱和塔出口的煤气温度对反应温度影响很大，但只要饱和热水塔平稳操作，煤气温度变化可基本稳定；蒸汽与煤气压力可在变换塔之前进行调节使其稳定。于是除了以上这些变化因素外，可作操纵变量有冷激流量、煤气流量和蒸汽流量。

操纵变量的选择方案为

① 在这三者中，对冷激量来说，工艺上安排这一管线是在开、停车时用，以手动粗调变换炉反应温度，在生产平稳进行时冷激量阀门是关闭的。因此，结合工艺实际情况，选择冷激量作操纵变量不符合工艺上的合理性；

② 选择进入变换炉的煤气流量作为操纵变量又会怎样呢？因进入变换炉的煤气流量是整个合成氨生产过程中的负荷量（即主要的物料流量），若选择煤气量为操纵变量，对它的调节会使后续工段的处理量发生变化成为新的扰动，同时会影响产品的质量和产量。因此，煤气量作为主要的物料量，应避免选作操纵变量。

③ 选择进入变换炉的蒸汽流量为操纵变量，这时煤气量的变化是主要干扰，当干扰变化引起反应温度变化时，可通过控制蒸汽流量控制好反应温度。以下是一氧化碳变换过程中煤气流量、蒸汽流量对变换炉反应温度的影响（静态）。对某厂一氧化碳变换过程进行调查和测试，获得有关数据并求得各通道静态放大系数如下：

煤气量对反应温度：

$$K_{煤}=\frac{温度变化百分数}{煤气量变化百分数}=\frac{\frac{2.5}{500}}{\frac{100}{6250}}=0.31 \tag{4-8}$$

蒸汽量对反应温度：

$$K_{蒸}=\frac{温度变化百分数}{蒸汽量变化百分数}=\frac{\frac{14.5}{500}}{\frac{1}{16.5}}=0.48 \tag{4-9}$$

从式(4-8)、式(4-9)可知，干扰（煤气量）的变化对反应温度的静态影响比较小，而操纵变量（蒸汽量）具有足够的抗扰动的能力。因此，选择蒸汽流量为操纵变量可以有效地克服煤气流量等扰动对反应温度的影响。

由此可见，操纵变量的选择需要设计人员深入实际、调查研究，熟悉并了解化工工艺过程的内在机理，这样才能正确地选择出操纵变量。必须指出，操纵变量的选择原则只能是为选择操纵变量作一个方向指导，具体选择时应根据实际的工艺生产过程需要，分清主、次矛盾，按主、次、轻、重等实际需要合理选择操纵变量。

4.3　检测变送环节的选择

在选定被控变量和操纵变量后，被控对象特性便可已知，下面一起讨论如何选择测量变送环节。测量变送环节的作用是对工业生产过程的参数（流量、压力、温度、物位、成分等）的变化信息进行检测、并通过变送单元转换为标准信号。在模拟仪表中，标准信号通常采用 4～20mA DC、1～5V DC、0～10mA DC 的电流（电压）信号，或 20～100kPa 的气压信号；在现场总线仪表中，标准信号是数字信号。如图 4-13 所示，为测量变送环节的原理框图。

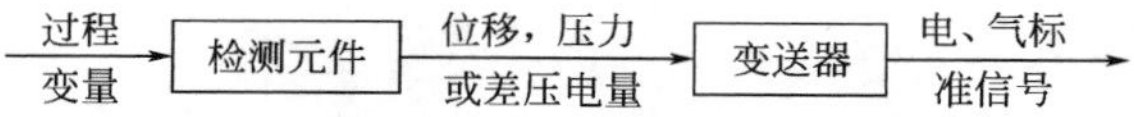

过程变量 → 检测元件 → 位移，压力或差压电量 → 变送器 → 电、气标准信号

图 4-13　过程参数测量

4.3.1　测量环节的性能分析

在化工过程中的被控变量有压力、流量、温度、液位及物性和成分变量等，而且有各式各样的测量范围和使用环境，因此检测元件和变送器的类型极为繁多。现场总线仪表的出现使检测变送器呈现模拟和数字并存的状态。但对其做线性化处理后，从它们的输入/输出关系来看，都可近似表示为具有纯滞后的一阶环节特性，即

$$G_{\mathrm{m}}(s)=\frac{K_{\mathrm{m}}}{T_{\mathrm{m}}s+1}e^{-\tau_{\mathrm{m}}s} \tag{4-10}$$

式中，K_{m}、T_{m}、τ_{m} 分别是检测变送器环节的放大系数、时间常数和纯滞后。

对检测元件和变送器的基本要求是迅速、准确和可靠。准确是指检测信号能准确反映被测变量的变化量大小，测量误差应满足工艺参数测量时的精度需要；迅速是指能及时反映被测变量的变化信息；可靠是指所选检测元件和变送器能在实际工况环境下长期稳定运行。具体选择要注意下面几个方面。

① 检测变送环节在所处环境条件下能长期正常工作。由于检测元件直接与被测介质接触，因此，在选择检测元件时应首先根据工业生产过程中的高低温、高低压、腐蚀性、粉尘和爆炸性等环境条件进行选择。即根据被测介质环境条件和物性选择检测元件。

② 根据工艺参数测量精度需要进行选择。仪表的精确度影响测量值的准确性，所以应以满足工艺检测和控制要求为原则，合理选择仪表的量程和精确等级。

③ 对被测变量的检测要迅速，测量过程动态特性要快。由于测量变送环节是广义对象的一部分，因此，减小 T_{m} 和 τ_{m} 对提高控制系统的品质是有益的。

4.3.2　测量动态滞后对控制系统质量的影响

在化工参数的测量过程中，测量纯滞后的产生主要是测量元件安装位置和测量仪表的在线分析造成，因此在检测元件安装和仪表选型时，要力求减小测量纯滞后。而测量动态滞后是由测量元件时间常数 T_{m} 引起的，它除由测量元件本身特性引起外，也与安装位置选择

有关。

如图 4-14 所示，用一阶滤波单元说明测量动态滞后对系统质量的影响。通常测量变送环节的数模型是一阶特性，即一个滤波单元，如果 T_m 大则滤波作用强，动态响应慢，动态误差大。

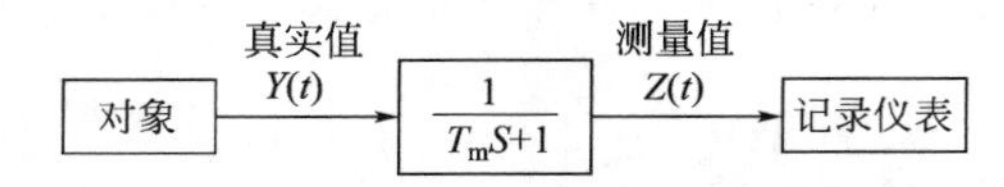

图 4-14　被测变量真实值与测量值之间的关系

以反应器温度控制系统的调节质量说明测量动态滞后对系统质量的影响。

图 4-15 是某反应器的温度控制系统，反应器内的反应温度用一温包作为测量元件，控制器选用的是 PI 控制规律，工艺要求反应温度的波动不能超过±3℃。

该控制系统经过一段时间的运行，发现产品合格率低，从所测的反应曲线看，如图 4-16(a)所示，反应温度波动较大，超过±3℃。曾经认为造成产品不合格的主要原因是由于控制通道滞后比较大。

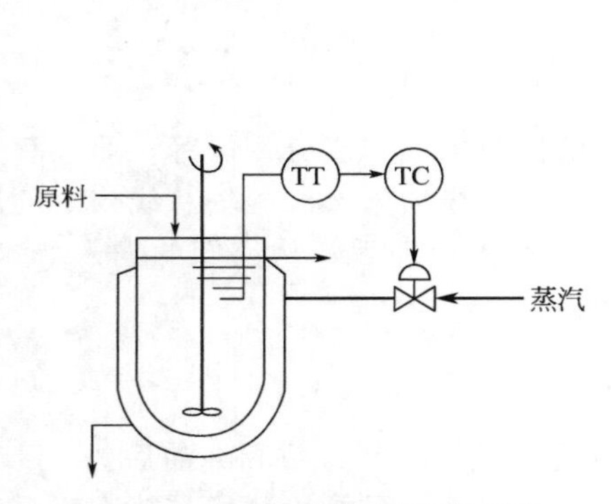

图 4-15　反应器的温度控制系统

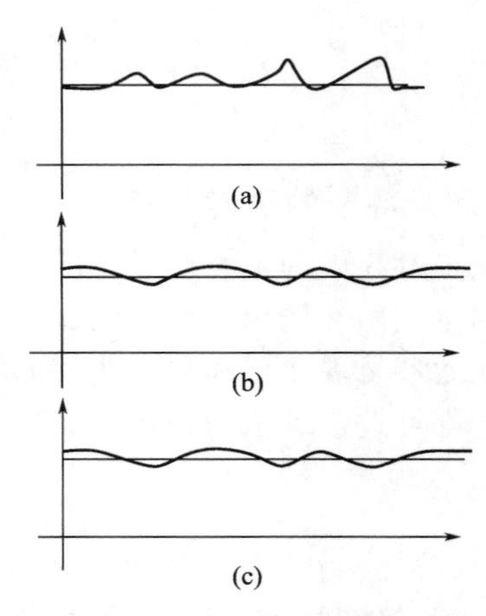

图 4-16　反应器温度曲线

考虑到控制通道滞后，在比例积分控制器的输出端加装了微分单元，系统重新投入运行，对控制参数多次整定后得到如图 4-16(b) 记录曲线。从记录曲线可看出，控制质量大有改善，温度波动范围约±2℃，但经质量检查产品仍不符合要求。经过进一步的分析研究，最后对测量元件进行了动态特性测试，发现温包表面结焦很厚，再加上温包时间常数本身滞后又较大，时间常数达 100s。用一只时间常数为 5s 的热电偶代替温包，系统重新投运并对控制参数重新整定，得到如图 4-16(c) 记录曲线，反应温度波动范围不超过±2℃。对产品质量检查完全符合要求。

比较曲线 (b) 和 (c)，它们的波动情况相差不大，为什么前者的产品不合格而后者产品合格了呢？这完全是由温包的滞后造成的。由于测量滞后大，指示出来的动态偏差比实际的小很多，造成了一种假象，实际上真实温度波动范围远大于±2℃。

根据以上分析，对检测元件选择要做到迅速、准确和可靠，克服测量滞后的措施如下。

① 选择快速测量元件，一般要求：$T_m<\frac{1}{10}T_0$，其中 T_0 是控制通道时间常数。

② 正确选择安装位置：检测点安装于参数变化灵敏点处，避免在死角、容易挂料、结

焦的地方安装检测元件。

③ 正确选择微分单元的安装位置：微分单元安装在调节器之后，对随动控制系统和定值控制系统均可起到微分作用。但对随动系统而言，设定值的变化不能过陡，否则超调现象较严重。

4.3.3　脉动信号的测量

在流体输送过程中，由于机械的往复运动，流体的压力和流量就会出现脉动性的周期变化，如果把这种脉动信号送到控制回路，控制阀也会随脉动信号周期性动作，这样控制阀频繁动作，控制阀的磨损严重，使用寿命会受影响。因此，对脉动信号的测量不能如前所述，选择快速测量元件，反而应加大阻尼想办法过滤掉脉动信号。

克服脉动信号可用以下办法解决。

① 调整测量仪表本身的阻尼时间常数，或选择时间常数大的测量环节。

② 在变送器输出端外置阻尼环节，滤去脉动信号，如图 4-17 所示。其中图 4-17(a) 在使用电动变送器时，可在电动变送器输出端直接阻尼器；图 4-17(b) 使用气动变送器输出时，在信号传输管线上加气阻、气容。

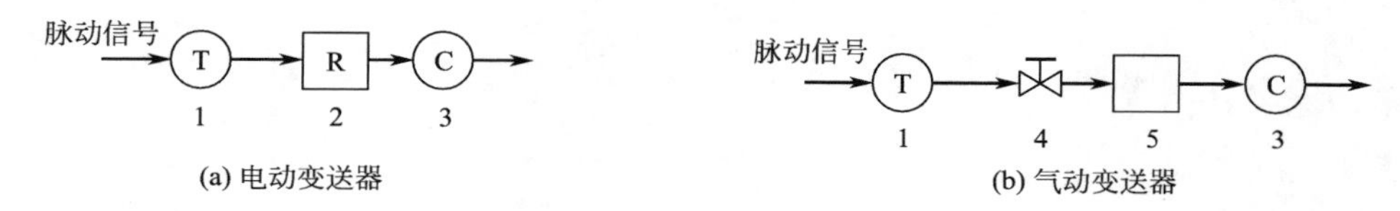

图 4-17　变送器输出外置阻尼环节图

1—变送器；2—阻尼器；3—控制器；4—气阻阀；5—气容

③ 在调节器输出端加反微分单元。

4.4　控制阀的选择

在过程控制系统中，最常用的执行器是控制阀，也称调节阀。控制阀总是安装在工艺管道上的，以气动控制阀为例，其信号联系如图 4-18 所示。

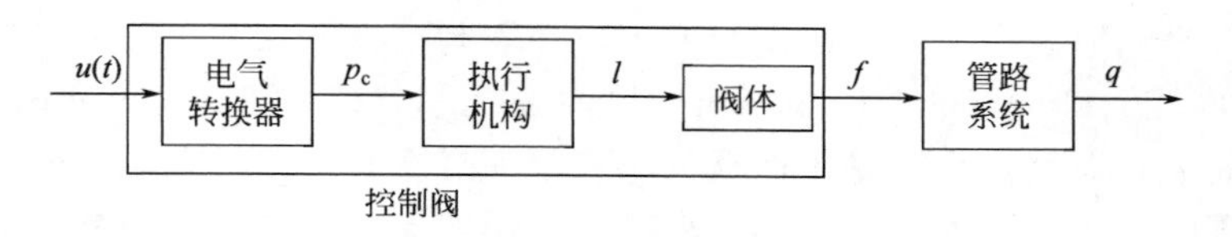

图 4-18　控制阀信号联系图

$u(t)$—控制器输出（4～20mA 或 0～10mA DC）；p_c—控制阀气动控制信号（20～100kPa）；

l—阀杆相对位置；f—相对流通面积；q—受控制阀影响的管路相对流量

控制阀按其所用能源可分为气动、电动和液动三类，它们各有优缺点和适用场合。液动控制阀推力最大，但较笨重，现已很少使用。电动控制阀的能源取用方便，信号传递迅速，但结构复杂、防爆性能差。气动控制阀采用压缩空气作为能源，其特点是结构简单、动作可靠、平稳、输出推力较大、维修方便、防火防爆，而且价格较低，因此广泛地应用于化工、造纸、炼油等生产过程中。

气动控制阀可以方便地与电动仪表配套使用。即使是采用电动仪表或计算机控制时，只要经过电-气转换器或电-气阀门定位器将电信号转换为 20～100kPa 的标准气压信号，仍然可以采用气动控制阀。在此主要以气动薄膜控制阀为例介绍其工作原理及选择方法。

气动控制阀由执行机构和阀（或称阀体组件）两部分组成。图 4-19 是气动薄膜控制阀的结构原理图。执行机构按照控制信号的大小产生相应的输出力，带动阀杆移动。阀直接与介质接触，通过改变阀芯与阀座间的节流面积调节流体介质的流量。有时为改善控制阀的性能，在其执行机构上装有阀门定位器，如图 4-19 左边部分。阀门定位器与控制阀配套使用，组成闭环系统，利用反馈原理提高阀的灵敏度，并实现阀的准确定位。

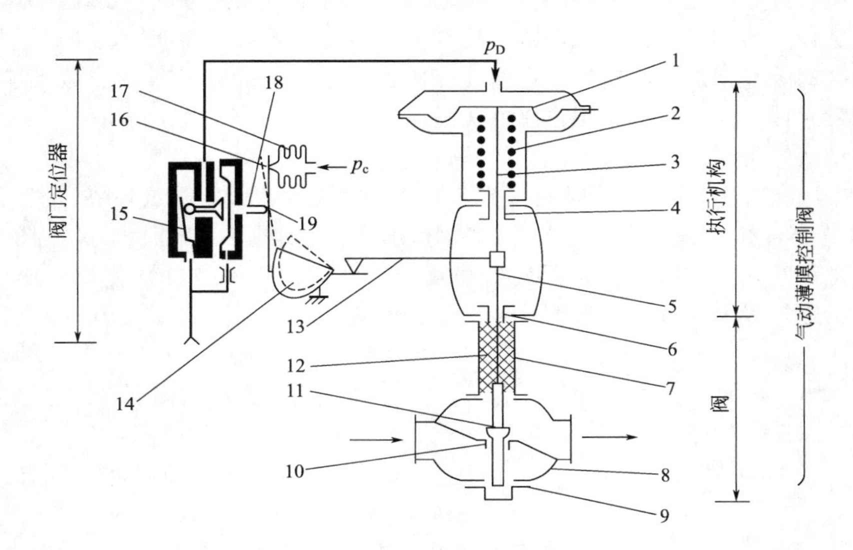

图 4-19 气动薄膜控制阀结构简图

1—波纹膜片；2—压缩弹簧；3—推杆；4—调节件；5—阀杆；6—压板；7—上阀盖；8—阀体；9—下阀盖；10—阀座；11—阀芯；12—填料；13—反馈连杆；14—反馈凸轮；15—气动放大器；16—托板；17—波纹管；18—喷嘴；19—挡板

4.4.1 控制阀的阀体结构及选择

选用控制阀的结构类型时，要根据操纵介质的工艺条件（如温度、压力、流量等）、介质的物理和化学性质（如黏度、腐蚀性、毒性、介质状态形式等）、控制系统的不同要求及安装地点等因素来选取。根据不同的使用要求，控制阀结构形式和使用条件如下。

① 直通单座控制阀。直通单座控制阀阀体内只有一个阀芯和阀座，如图 4-20(a) 所示。其特点是结构简单，泄漏量小，易于保证关闭甚至完全切断。但是在压差较大的时候，流体对阀芯上下作用的推力不平衡，这种不平衡推力会影响阀芯的移动。因此直通单座控制阀一般应用在小口径、低压差的场合。

② 直通双座控制阀。直通双座控制阀的阀体内有两个阀芯和阀座，如图 4-20(b) 所示。与同口径的单座阀相比，其流量系数增大 20%左右，流体流过时作用在上、下两个阀芯上的推力方向相反而大小近于相等，可以相互抵消，所以不平衡力小。但是由于加工的限制，上、下两个阀芯和阀座不易保证同时密闭，因此泄漏量较大。直通双座控制阀适用于阀两端压差较大、对泄漏量要求不高的场合，但由于流路复杂而不适用于高黏度和带有固体颗粒的液体。

③ 角型控制阀。角型控制阀的两个接管呈直角形，其他结构与单座阀相类似，如图 4-20(c)所示。角型阀的流向一般为底进侧出，此时其稳定性较好；在高压差场合，为了延长阀芯使用寿命而改用侧进底出的流向，但容易发生振荡。角型控制阀流路简单，阻力较

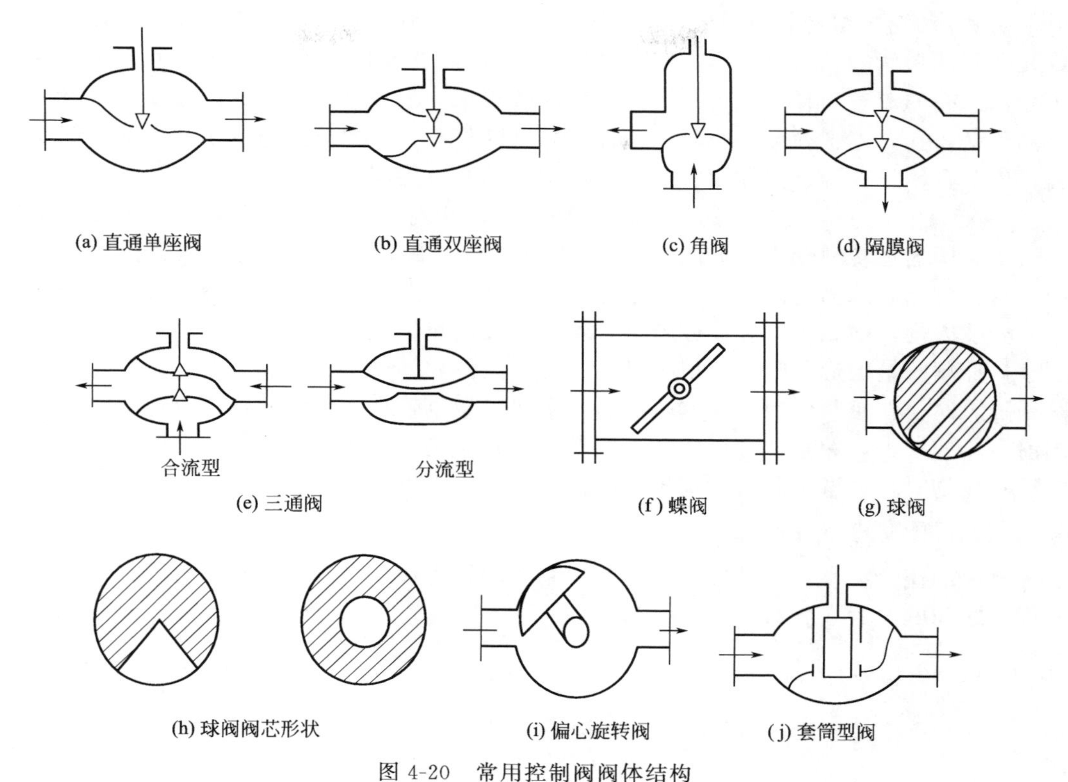

(a) 直通单座阀　(b) 直通双座阀　(c) 角阀　(d) 隔膜阀

(e) 三通阀　(f) 蝶阀　(g) 球阀

(h) 球阀阀芯形状　(i) 偏心旋转阀　(j) 套筒型阀

图 4-20　常用控制阀阀体结构

小，不易堵塞，适用于高压差、高黏度、含有悬浮物和颗粒物质流体的控制。

④ 隔膜控制阀。隔膜控制阀采用耐腐蚀衬里的阀体和耐腐蚀隔膜代替阀芯、阀座组件，由隔膜位移起控制作用，如图 4-20(d) 所示。由于介质用隔膜与外界隔离，故无填料，介质也不会泄漏，所以隔膜控制阀无泄漏量。隔膜控制阀耐腐蚀性强，适用于强酸、强碱、强腐蚀性介质的控制，也适用于高黏度及悬浮颗粒状介质的控制。但由于受隔膜和衬里材料性质的限制，这种阀耐压、耐温较低，一般只能在压力低于 1MPa、温度低于 150℃的情况下使用。

⑤ 三通控制阀。三通控制阀共有三个出入口与工艺管道相连接。其流通方式有合流型和分流型两种，前者是将两种介质混合成一路，后者是将一种介质分为两路，如图 4-20(e) 所示。三通控制阀可以用来代替两个直通阀，适用于配比控制与旁路控制。与直通阀相比，组成同样的系统时，三通控制阀可节省一个二通阀和一个三通接管。

⑥ 蝶阀。蝶阀又名翻板阀，如图 4-20(f) 所示。蝶阀具有结构简单、重量轻、价格便宜、流阻极小的优点，但泄漏量大，适用于大口径、大流量、低压差的场合，也可以用于含少量纤维或悬浮颗粒状介质的控制。

⑦ 球阀。球阀的阀芯与阀体都呈球形体，转动阀芯使之处于不同的相对位置时，就具有不同的流通面积，以达到流量控制的目的，如图 4-20(g) 所示。球阀阀芯有“V”形和“O”形两种开口形式，如图 4-20(h) 所示。O 形球阀的节流元件是带圆孔的球形体，转动球形体可起控制和切断的作用，常用于双位式控制。V 形球阀的节流元件是带 V 形缺口的球形体，转动球形体使 V 形缺口起节流和剪切的作用，适用于高黏度和脏污介质的控制。

⑧ 套筒型控制阀。套筒型控制阀又名笼式阀，其阀体与一般的直通单座阀相似，如图

4-20(j) 所示。它的结构特点是在单座阀体内装有一个圆柱形套筒（笼子）。套筒壁上有一个或几个不同形状的孔（窗口），利用套筒导向，阀芯在套筒内上下移动，由于这种移动改变了套筒开孔的流通面积，就形成了各种特性并实现流量控制。套筒阀的主要特点是：阀塞上有均压平衡孔，不平衡推力小，稳定性很高且噪声小。因此特别适用于高压差、低噪声等场合，但不宜用于高温、高黏度、含颗粒和结晶的介质控制。

⑨ 偏心旋转阀。偏心旋转阀又名凸轮挠曲阀，其阀芯呈扇形球面状，与挠曲臂及轴套一起铸成，固定在转动轴上，如图 4-20(i) 所示。偏心旋转阀的挠曲臂在压力作用下能产生挠曲变形，使阀芯球面与阀座密封圈紧密接触，密封性好。同时，偏心旋转阀的重量轻、体积小、安装方便，适用于高黏度或带有悬浮物的介质流量控制。

选择控制阀结构形式时，可根据具体的工艺条件和要求进行选择。例如，强腐蚀性介质可采用隔膜阀；在控制阀前后压差较小、要求泄漏量也较小的场合应选用直通单座阀；在控制阀前后压差较大，并且允许有较大泄漏量的场合应选用直通双座阀；当介质为高黏度、含有悬浮颗粒物时，为避免黏结堵塞现象、便于清洗应选用角型控制阀。

4.4.2 控制阀流量特性选择

控制阀的流量特性是指被控介质流过控制阀的相对流量与阀杆的相对行程（即阀门的相对开度）之间的关系。其数学表达式为

$$\frac{q}{q_{\max}}=f\left(\frac{l}{L}\right) \tag{4-11}$$

式中 $\frac{q}{q_{\max}}$——相对流量，指某一开度下流量与最大流量之比。

$\frac{l}{L}$——相对开度，控制阀在某一开度下的行程与全行程之比。

控制阀对被控介质流量调节时，改变控制阀阀芯与阀座间的流通截面积，便可控制流量，但实际上还有多种因素的影响。例如，在节流面积改变的同时还发生控制阀前后压差的变化，而这又将引起流量的变化等。为了便于分析控制阀的流量特性，先以控制阀前后的压差固定不变，分析控制阀的流量特性，然后再引申到实际工作情况进行分析，于是就有理想流量特性与工作流量特性之分。

理想特性，即在控制阀两端压差固定的条件下，流量与阀杆位移之间的关系，叫控制阀的理想流量特性，它完全取决于阀的结构参数。工作特性，是指在工作条件下，阀门两端压差变化时，流量与阀杆位移之间的关系。阀门是整个管路系统中的一部分。在不同流量下，管路系统的阻力不一样，因此分配给阀门的压降也不同。工作流量特性不仅取决于阀本身的结构参数，也与配管情况有关。

(1) 理想流量特性

理想流量特性，又称固有流量特性，阀门制造厂所提供的流量特性即指理想流量特性。

理想流量特性可分为多种类型，国内常用的理想流量特性主要有线性、等百分比（对数）、快开等几种。这些特性的不同，完全取决于阀芯的形状，不同的阀芯曲面可得到不同的理想流量特性，如图 4-21 所示。

① 线性流量特性。线性流量特性是指控制阀的相对流量与相对开度成直线关系，即阀杆单位行程变化所引起的流量变化是常数。其数学表达式为

$$\frac{\mathrm{d}\left(\frac{q}{q_{\max}}\right)}{\mathrm{d}\left(\frac{l}{L}\right)}=K \tag{4-12}$$

将式(4-12) 积分得

$$\frac{q}{q_{\max}}=K\frac{l}{L}+C \tag{4-13}$$

根据已知边界条件（$l=0$ 时，$q=q_{\min}$；$l=L$ 时，$q=q_{\max}$）可解得：$C=q_{\min}/q_{\max}$，$K=1-C=1-(1/R)$。其中 $R=q_{\max}/q_{\min}$，称为控制阀的可调范围或可调比，它反映了控制阀调节能力的大小。国产控制阀的可调比 $R=30$。将 K 和 C 值代入式(4-13) 可得

$$\frac{q}{q_{\max}}=\left(1-\frac{1}{R}\right)\frac{l}{L}+\frac{1}{R} \tag{4-14}$$

由式(4-14) 可计算流过阀门的相对流量与阀杆的相对行程是直线关系。当 $l/L=100\%$ 时，$q/q_{\max}=100\%$；当 $l/L=0$ 时，流量 $q/q_{\max}=3.3\%$，它反映出控制阀的最小流量 $q_{\min}$ 是其所能控制的最小流量。注意，这里的 $q_{\min}$ 不等同于控制阀全关时的泄漏量。线性控制阀的流量特性如图 4-22 中直线 1。如从式(4-14) 可计算出：当开度 l/L 变化 10%时，所引起的相对流量的增量总是 9.67%，但相对流量的变化量却不同，下面以 10%、50%、80%三点为例分析。

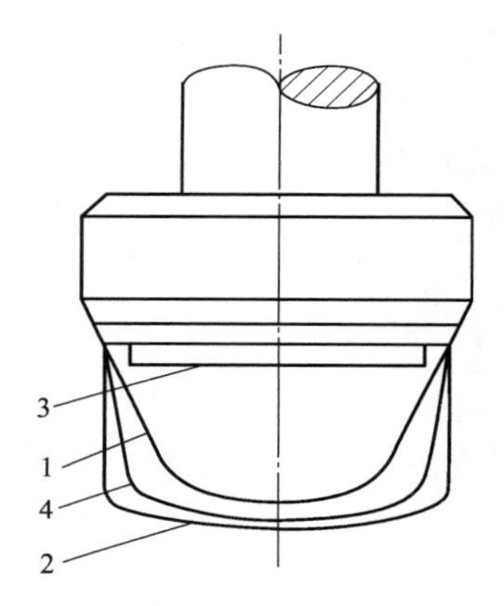

图 4-21　不同流量特性的阀芯曲面形状

1—自绞型；2—抛物绞型；3—快开型；4—等百分比型

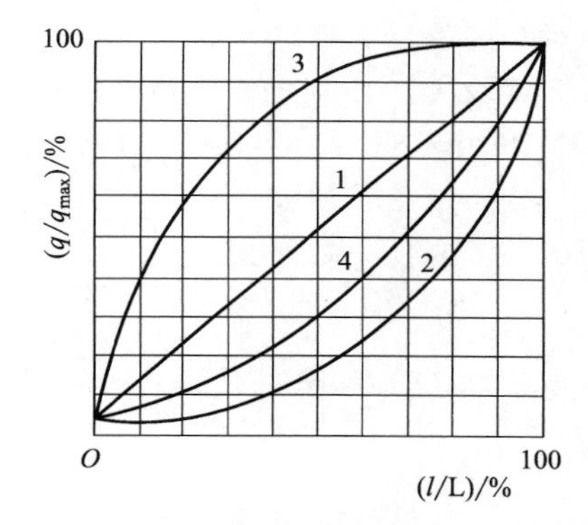

图 4-22　控制阀的理想流量特性（$R=30$）

1—线性；2—等百分比；3—快开；4—抛物线

10%开度时，流量的相对变化值为

$$\frac{22.7-13}{13}\times 100\%=75\%$$

50%开度时，流量的相对变化值为

$$\frac{61.3-51.7}{51.7}\times 100\%=19\%$$

80%开度时，流量的相对变化值为

$$\frac{90.3-80.6}{80.6}\times 100\%=11\%$$

由此可见，由于线性控制阀的放大系数 K_V 是一个常数，在阀杆做相同行程变化时，引起流量变化量是相同的，但引起流量的相对变化值是不一样的。由以上计算可知，在小开度调节流量时，阀变化相同行程，所引起的流量的相对变化值大，这时灵敏度高，控制作用强，容易产生振荡；在开度较大时所引起的流量相对变化值小，这时灵敏度小，控制缓慢，控制作用弱和不及时。因此当线性控制阀工作在小开度或大开度的情况下，控制性能都较差，不宜在负荷变化大的场合使用。

② 等百分比流量特性（也称对数流量特性）。等百分比流量特性是指单位相对行程变化所引起的相对流量变化与该点的相对流量成正比关系，即控制阀的放大系数 K_V 是变化的，它随相对流量的增加而增加，其数学表达式为

$$\frac{d\left(\frac{q}{q_{max}}\right)}{d\left(\frac{l}{L}\right)}=K\frac{q}{q_{max}} \tag{4-15}$$

将式(4-15) 积分得

$$\ln\left(\frac{q}{q_{max}}\right)=K\left(\frac{l}{L}\right)+C \tag{4-16}$$

已知：$C=\ln(1/R)=-\ln R$，$K=\ln R=\ln 30=3.4$

则

$$\frac{q}{q_{max}}=R^{\left(\frac{l}{L}-1\right)} \tag{4-17}$$

因阀杆位移每增加 1%，流量均在原来的基础上约增加 3.4%，所以称为等百分比流量特性。式(4-17) 表明相对行程与相对流量成对数关系，在直角坐标上得到的对数曲线见图 4-22 中曲线 2，故等百分比流量特性又称为对数流量特性。由于等百分比阀的放大系数 K_V 随相对开度的增大而增大，在小开度时等百分比阀的放大系数小，控制平稳缓和；在大开度时放大系数大，控制灵敏有效。因此，等百分比流量特性阀在过程控制系统中被广泛使用。

③ 快开流量特性。快开流量特性的数学表达式为

$$\frac{d\left(\frac{q}{q_{max}}\right)}{d\left(\frac{l}{L}\right)}=K\left(\frac{q}{q_{max}}\right)^{-1} \tag{4-18}$$

将式(4-18) 积分并代入边界条件，同样可求得其流量特性方程式为

$$\frac{q}{q_{max}}=\frac{1}{R}\left[1+(R^2-1)\frac{l}{L_{max}}\right]^{\frac{1}{2}} \tag{4-19}$$

快开流量特性在开度较小时就有较大的流量，随着开度的增大，流量很快就达到最大，随后再增加开度时流量的变化甚小，故称为快开特性，其特性曲线见图 4-22 中的曲线 3。设阀座直径为 D，则其行程一般在 $D/4$ 以内，若行程再增大时，阀的流通面积不再增大而失去控制作用。因此，快开特性控制阀主要适用于迅速启闭的切断阀或双位控制系统。

④ 抛物线流量特性。q/q_{max} 与 l/L 之间成抛物线关系，在直角坐标上为一条抛物线。其流量特性曲线见图 4-22 中的曲线 4。

数学表达式为

$$\frac{q}{q_{max}}=\frac{1}{R}\left[1+(\sqrt{R}-1)\frac{l}{L}\right]^2 \tag{4-20}$$

抛物线流量特性介于线性流量特性与等百分比流量特性之间，主要用于三通控制阀及其他特殊场合。

从图 4-21 不同流量特性的阀芯曲面形状可知，快开式控制阀为平板结构，线性流量特性控制阀和等百分比流量特性控制阀都为曲面形状，线性流量特性控制阀阀芯曲面的形状较“瘦”，等百分比阀的形状较“胖”。因此，当被控介质含有固体悬浮物、容易造成磨损、影响控制阀的使用寿命时，宜选择线性流量特性控制阀。

(2) 工作流量特性

理想流量特性是在控制阀两端压差不变的情况下得到的，而在实际生产中，控制阀

两端的压差总是变化的。这是因为控制阀总是与工艺设备、阀门、管道等阻力元件串联或并联安装。因此要说明控制阀的工作流量特性，必须说明控制阀所在工艺系统的配管情况。

① 控制阀串联在管道中的工作流量特性。当控制阀串联安装于工艺管道时，除控制阀外，还有管道、装置、设备等存在着阻力。设串联管路系统的总压差为 $\Delta p_{总}$，控制阀上的压差为 Δp_{V}，管路系统的压差为 Δp_{f}。

则
$$\Delta p_{总}=\Delta p_{V}+\Delta p_{f} \tag{4-21}$$

串联管路系统的总压差 $\Delta p_{总}$ 是指与调节阀前后相连的两设备恒压点之差。图 4-23 表示串联管路系统的总压差 $\Delta p_{总}$ 等于管路系统的压差 Δp_{f} 与控制阀的压差 Δp_{V} 之和。

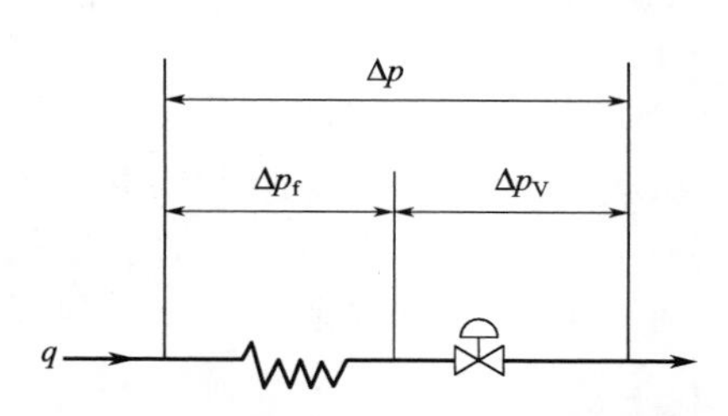

图 4-23　控制阀与管道串联工作示意图

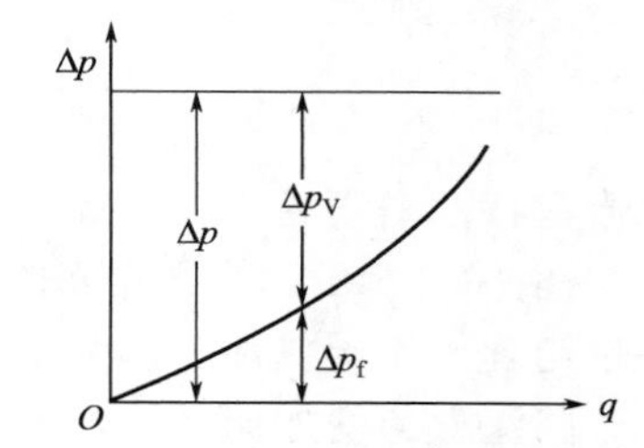

图 4-24　串联管道控制阀压差的变化

由图 4-24 可知，在管路系统压差一定的情况下，串联于管道控制阀压差随管路系统的压差 Δp_{f} 的变化而变化。为了说明工艺配管对控制阀流量特性的影响，习惯上用阻尼比系数 S 表示控制阀串联于管路时流量特性的畸变程度。

阻力比系数 S 定义：控制阀全开时，阀两端压降占系统总压降的比值。即

$$S=\frac{\Delta p_{阀全开时}}{\Delta p_{总}} \tag{4-22}$$

图 4-25(a)、(b) 分别表示了线性阀和等百分比阀在不同 S 值下的工作流量特性。当 $S=1$ 时，管道阻力损失为 0，工作流量特性就是理想流量特性；当 $S<1$ 时，管道阻力有损失，S 越小管道损失越大，理想流量特性会发生畸变，畸变后的流量特性称为工作流量特性；在 S 较小时，直线阀畸变为快开特性；等百分比阀畸变为直线阀。

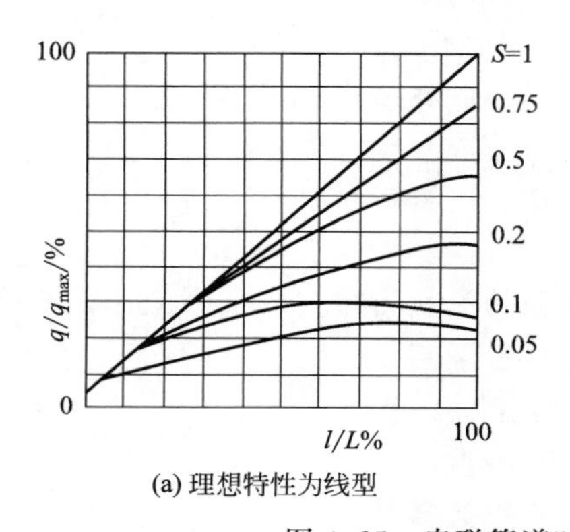

(a) 理想特性为线型

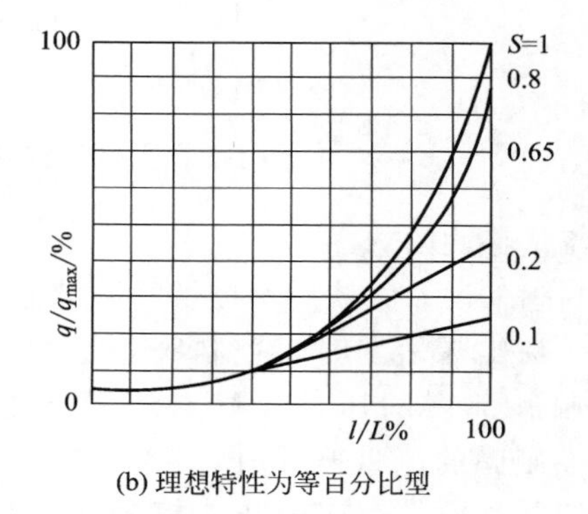

(b) 理想特性为等百分比型

图 4-25　串联管道时控制阀的工作流量特性

在实际使用中，S 值不应过大或过小。S 过大，在流量相同的情况下，管路阻力损耗不变，但是阀上的压降很大，对阀操作时要消耗的能量大；S 过小，则控制阀流量特性畸变严重，对控制不利。因此，设计中的 S 通常为 0.3～0.6，S 值一般希望最小不低

于 0.3。

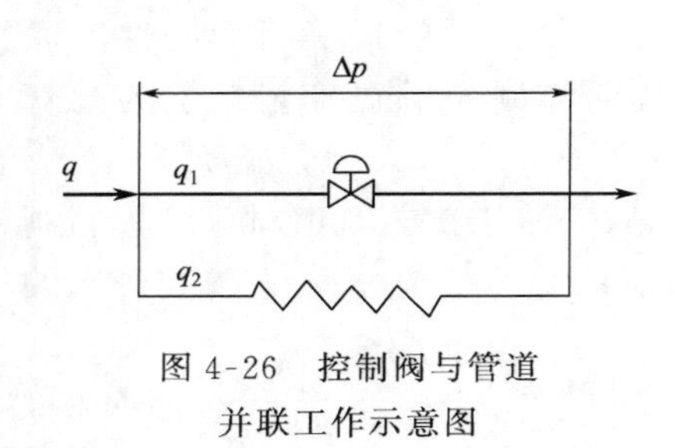

图 4-26 控制阀与管道并联工作示意图

② 并联管道中的工作流量特性。控制阀一般都装有旁路，设置旁路的目的有两个：一是当控制系统失灵或控制阀出现故障时，可用它作手动控制之用，以保证生产的继续进行；二是当生产量提高或控制阀过小时，可将旁路阀打开一些，此时控制阀的工作流量特性除与串联管路有关外还与旁路流量大小有关。

并联管道时的情况如图 4-26 所示，管路总流量 q 是通过控制阀的流量 q_1 与旁路流量 q_2 之和，即 $q=q_1+q_2$。

若以 X 代表并联管道中控制阀全开时的流量 $q_{1\max}$ 与总管最大流量 $q_{\max}$ 之比，即

$$X=\frac{q_{1\max}}{q_{\max}} \tag{4-23}$$

理想流量特性是线性特性和等百分比特性时，在压差 ΔP 一定时，不同 X 值下的工作流量特性如图 4-27 所示。从图中可看出：①当旁路阀完全关闭时，$X=1$，这时控制阀的工作流量特性与理想流量特性一致。②随着 X 值逐渐减小，即旁路阀逐渐打开，控制阀上的压差会随旁路流量的增加而降低，虽然控制阀本身的流量特性变化不大，但流量的实际可调范围却大大减小了。由于有旁路，使控制阀上的压差随旁路流量的增加而降低，控制阀在工作过程中所能控制的流量变化范围很小，严重时甚至不能起控制作用。所以，采用打开旁路阀的控制方案是不好的。根据实践经验，一般认为旁路流量最多只能是量的百分之十几，即要求最小值不低于 0.8。

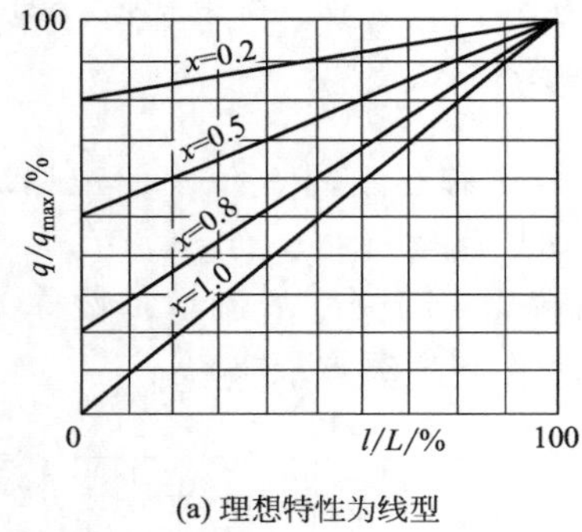

(a) 理想特性为线型

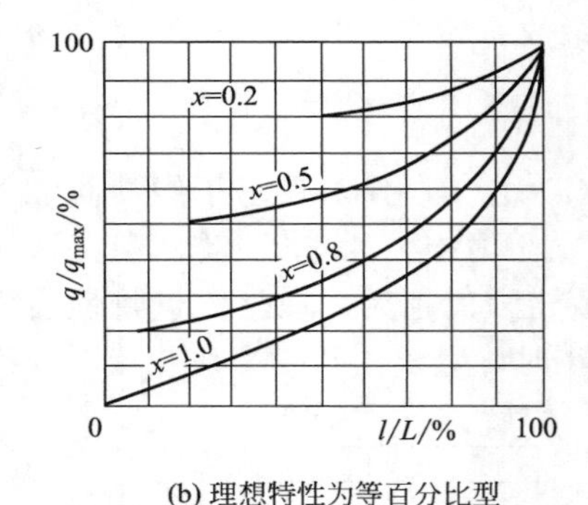

(b) 理想特性为等百分比型

图 4-27 并联管道时控制阀的工作流量特性

(3) 流量特性的选择

对控制阀来说，制造厂所提供的流量特性是理想流量特性，而实际应用需要的则是工作流量特性。在实际使用时，控制阀总是安装在工艺管路系统中，控制阀前后的压差是随管路系统阻力变化的。因此，选择控制阀的流量特性时，不但要依据过程特性，还应结合系统的配管情况来考虑。控制阀选择正确的选择步骤如下。

① 按过程特性选择工作流量特性：当负荷变化时，通过所选控制阀的特性变化对对象特性的变化予以补偿，使广义对象特性近似不变，如图 4-28 所示。

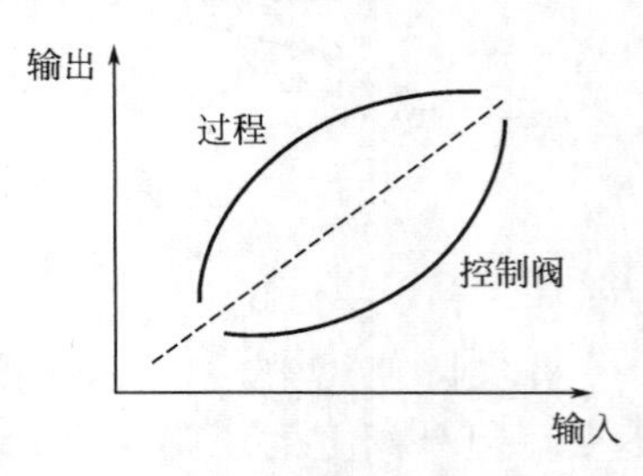

图 4-28 控制阀特性补偿示意图

② 按工艺配管情况选择流量特性，如表 4-1。

表 4-1　按工艺配管情况选择流量特性

<table>
<tr><td>配管状态</td><td colspan="2">$S>0.6$</td><td colspan="3">$0.3<S<0.6$</td><td>$S<0.3$</td></tr>
<tr><td>所需工作流量特性</td><td>线性</td><td>等百分比</td><td>线性</td><td>等百分比</td><td>快开</td><td rowspan="2">宜选用低 S 控制阀</td></tr>
<tr><td>应选理想流量特性</td><td>线性</td><td>等百分比</td><td colspan="2">等百分比</td><td>线性</td></tr>
</table>

③ 特殊情况考虑：负荷变化较大时，阀的开度变化较大，对工艺参数不能确定的新工艺装置，或控制阀计算数据过于保守的场合，选用等百分比特性具有较强的适应性。

当调节介质中含固体悬浮物等，易造成阀芯、阀座磨损而影响控制阀的使用寿命时，或在负荷变化不太大，控制阀阀位变化很小时，可选用直线阀。

4.4.3　控制阀开、闭形式的选择

（1）控制阀的气开、气关形式

控制阀气开阀形式是指有信号时阀开启，信号越大，阀开启越大（即阀芯、阀座间的流通空间大），没有信号时阀处于关闭状态；控制阀气关形式是指有信号时阀关闭，信号越大，阀关的越大（即阀开启的越小，阀芯、阀座间的流通空间小），没有信号时阀处于全开状态。控制阀的气开、气关形式是由执行器（如气动薄膜控制阀）的执行机构和调节机构作用方式的不同组合实现的。

图 4-29 是气动薄膜执行机构的正作用和反作用两种方式。国产正作用式执行机构称为 ZMA 型，反作用式执行机构称为 ZMB 型，通常较大口径的控制阀都是采用正作用式的执行机构。控制阀的阀芯与阀杆之间用销钉连接，这种连接形式使阀芯根据需要可以正装（正作用），也可以反装（反作用），如图 4-30 所示。在图 4-31 中可看出，将正作用和反作用执行机构与正装阀和反装阀结合在一起，可以组成气开和气关两类控制阀。

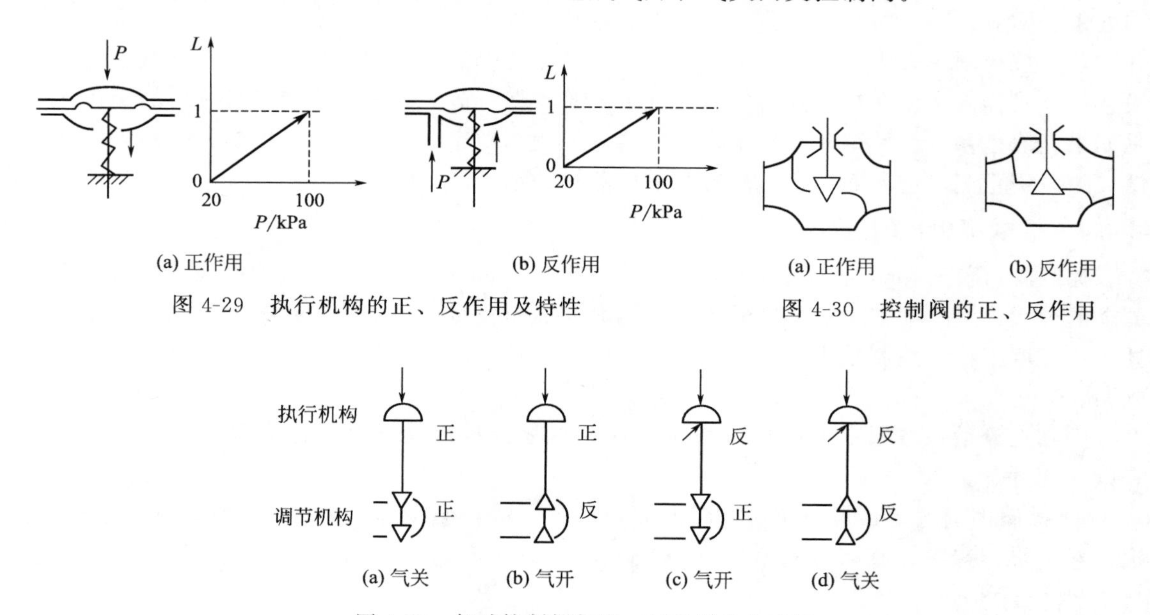

图 4-29　执行机构的正、反作用及特性

图 4-30　控制阀的正、反作用

图 4-31　气动控制阀气开、气关组合方式图

（2）控制阀气开、气关形式的选择

控制阀气开、气关形式选择一般从下列两方面考虑（参考表 4-2）。

表 4-2 控制阀理想流量特性选择的经验方法

被控变量	对象特性		选用的控制阀理想流量特性
液位	Δp_v 恒定或 $0.2\Delta p_v/q_{min}<\Delta p_v/q_{min}<2\Delta p_v/q_{min}$		线性
	$\Delta p_v/q_{max}<0.2\Delta p_v/q_{min}$		等百分比
	$\Delta p_v/q_{max}>2\Delta p_v/q_{min}$		快开
压力	快过程		等百分比
	慢过程	Δp_v 恒定	线性
		$\Delta p_v/q_{max}<0.2\Delta p_v/q_{min}$	等百分比
流量(变送器输出与流量成线性关系)	设定值变化		线性
	负荷变化		等百分比
流量(变送器输出与流量平方成线性关系)	串接	设定值变化	线性
		负荷变化	等百分比
	旁路连接		等百分比
温度			等百分比

① 首先要从生产安全出发选择。当控制阀上信号中断或控制阀出现故障时，控制阀阀芯回复到无能源的初始状态，即气开阀回复到全关，气关阀回复到全开时，能确保生产过程和设备的安全而不致发生事故。例如，中小型锅炉的汽包液位控制系统中的给水控制阀应选用气关式，这样，一旦气源中断，也不致使锅炉内的水蒸干；而安装在燃料管线上的控制阀大多选用气开式，一旦气源中断，则切断燃料，避免发生因燃料过多而出现事故。

② 在安全不是首要问题时，应从保证产品质量、介质的特点和降低原料、成品、动力能耗等方面考虑阀开、闭形式选择。例如，精馏塔的回流控制阀应在出现故障时打开，使生产处于全回流状态，防止不合格产品产出，选择气关阀；控制精馏塔进料的控制阀常采用气开式，一旦控制阀失去能源就不再给塔进料，以免造成浪费；精馏塔塔釜加热蒸汽控制阀一般选气开式，以保证在控制阀失气时能处于全关状态，避免蒸汽的浪费和影响塔的操作。但是如果釜液是易凝、易结晶、易聚合的物料，控制阀则应选择气关式，以防控制阀失气时阀门关闭，停止蒸汽进入而导致再沸器和塔内液体的结晶和凝聚。

4.4.4 控制阀口径的选择

控制阀口径选择是否合适直接影响控制效果，口径过小，会使流过控制阀的介质达不到要求的最大流量，如果干扰幅度较大，会因介质流量不足而失控；口径过大，会因控制阀常处于小开度工作使控制效果变差。因此，控制阀口径的选择也是控制阀选择非常重要的一个方面。

国际上流量系数通常用符号 C 表示。目前国际上对流量系数 C 的定义略有不同，主要有以下两种定义。

① 按照中国法规计量单位，流量系数 C 的定义为：温度为5～40℃，密度为 $1g/cm^3$ 的水，在给定行程下，阀两端压差为100kPa时，每小时流经控制阀水量的立方米数，常以符号 K_v 表示。

② 有些国家使用英制单位，此时流量系数 C 的定义为：温度为60℉的水，在给定行程下，阀两端压差为1psi（1psi=6894.76Pa），密度为 $1g/cm^3$ 时，每分钟流经控制阀水量的加仑数，以符号 C_V 表示。

由于采用的单位制有公制和英制之分，国际上通用两种不同的流量系数 K_V 和 C_V 之间可用公式变换它们的关系：$C_V=1.167K_V$

调节阀口径的选择步骤如下。

① 根据工艺的生产能力，确定计算控制阀流通能力的最大流量、常用流量、最小流量、计算压差等参数。

② 根据被控介质及其工作条件选用计算公式，然后代入公式计算出流通能力 K_V。按阀的流通能力应大于计算流通能力的原则，查阅生产厂提供的资料，选取控制阀的口径。例如一般液体的 K_v 值计算公式如表 4-3。

表 4-3　一般液体的 K_v 值计算

流动工况	非阻塞流	阻塞流
判别式	$\Delta p<F_L^2(p_1-F_F p_V)$	$\Delta p \geqslant F_L^2(p_1-F_F p_V)$
计算公式	$K_V=10Q_L\sqrt{\dfrac{\rho}{p_1-p_2}}$	$K_V=10Q_L\sqrt{\dfrac{\rho}{F_L{}^2(p_1-F_F p_V)}}$
备注	$F_F=0.96-0.28\sqrt{p_V/p_C}$	

式中　p_1——阀入口绝对压力，kPa；

p_2——阀出口绝对压力，kPa；

Q_L——液体流量，m^3/h；

ρ——液体密度，g/cm^3；

F_L——压力恢复系数，与调节阀阀型有关；

F_F——流体临界压力比系数，$F_F=0.96-0.28\sqrt{p_V/p_C}$；

p_V——阀入口温度下，介质的饱和蒸汽压（绝对压力 kPa）；

p_C——物质热力学临界压力（绝对压力 kPa）。

③ 根据需要验算开度或开度范围、可调比 R 等，一般要求实际可调比应大于 10。阀口径选择如表 4-4。阀全开时的流量系数称为额定流量系数，以 C_{100} 表示。圆整后的流量系数应使调节阀最小和最大流量系数时的相对行程处于下列范围：

直线流量特性：　　　　10%～80%

等百分比流量特性：　　30%～90%或者 30%～80%

表 4-4　调节阀口径选择

公称直径 D_g/mm		19.15(3/4″)						20				25
阀座直径 d_g/mm		3	4	5	6	7	8	10	12	15	20	25
额定流量系数 C_{100}	单座阀	0.08	0.12	0.20	0.32	0.50	0.80	1.2	2.0	3.2	5.0	8
	双座阀											10
公称直径 D_g/mm		32	40	50	65	80	100	125	150	200	250	300
阀座直径 d_g/mm		32	40	50	60	80	100	125	150	200	250	300
额定流量系数 C_{100}	单座阀	12	20	32	56	80	120	200	280	450		
	双座阀	16	25	40	63	100	160	250	400	630	1000	1600

④ 上述验算合格，所选阀口径合格。若不合格，需重定口径（及 K_v 值），或另选其他阀，再验算至合格。

4.4.5 阀门定位器

阀门定位器是气动控制阀的主要附件，它与气动控制阀配套使用。采用阀门定位器，能够增加执行机构的输出功率，改善控制阀的性能，克服阀杆的摩擦力和介质不平衡影响。阀门定位器按结构形式可分为电-气阀门定位器、气动阀门定位器和智能式阀门定位器等。一般在以下情况采用阀门定位器。

① 需要对阀门作精确调整的场合。

② 管道口径较大或阀门前后压差较大等会产生较大不平衡的场合。

③ 为防止泄漏而需要将填料压得很紧，如高压、高温或低温的场合。

④ 调节介质黏滞较高的情况。

(1) 电-气阀门定位器

电-气阀门定位器具有电-气转换和气动阀门定位器的双重作用。一方面可用电动控制器输出的 0～10mA DC 或 4～20mA DC 信号去操纵气动执行机构；另一方面还可以使阀门位置按控制器送来的信号准确定位。

如图 4-32 是电-气阀门定位器动作原理图，从图中看出电-气阀门定位器是按力矩平衡原理工作的。输入的信号电流通入力矩马达的线圈，它与永久磁钢 1 作用后，对主杠杆 3 产生一个电磁力矩，主杠杆 3 绕支点 16 做逆时针转动，于是挡板 14 靠近喷嘴 15，使喷嘴背压升高，经放大器 17 放大后，送入控制阀的薄膜气室（执行机构）9，推动阀杆向下移动，并带动反馈杆 10 绕支点 5 转动，连在同一轴上的反馈凸轮 6 也跟着做逆时针转动，通过滚轮 11 使副杠杆 7 绕其支点 8 偏转，并将反馈弹簧 12 拉伸，对主杠杆 3 产生反馈力矩。当反馈力矩与电磁力矩相平衡时，阀杆就稳定在某一位置，从而使阀杆位移与输入电流成比例关系。

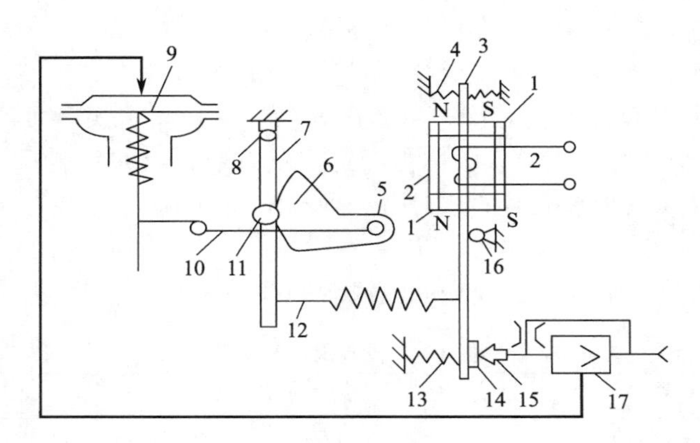

图 4-32 电-气阀门定位器动作原理

1—永久磁钢；2—导磁体；3—主杠杆（衔铁）；4—平衡弹簧；5—反馈凸轮支点；6—反馈凸轮；7—副杠杆；8—副杠杆支点；9—薄膜执行机构；10—反馈杆；11—滚轮；12—反馈弹簧；13—调零弹簧；14—挡板；15—喷嘴；16—主杠杆支点；17—放大器

(2) 智能阀门定位器

智能定位器以微处理器为核心，利用了新型的压电阀代替传统定位器中的喷嘴、挡板调压系统来实现对输出压力的调节。图 4-33 是智能阀门定位器原理图，智能定位器主要有以下特点。

① 安装简易，组态简便、灵活，可以非常方便地设定阀门正反作用、流量特性、行程

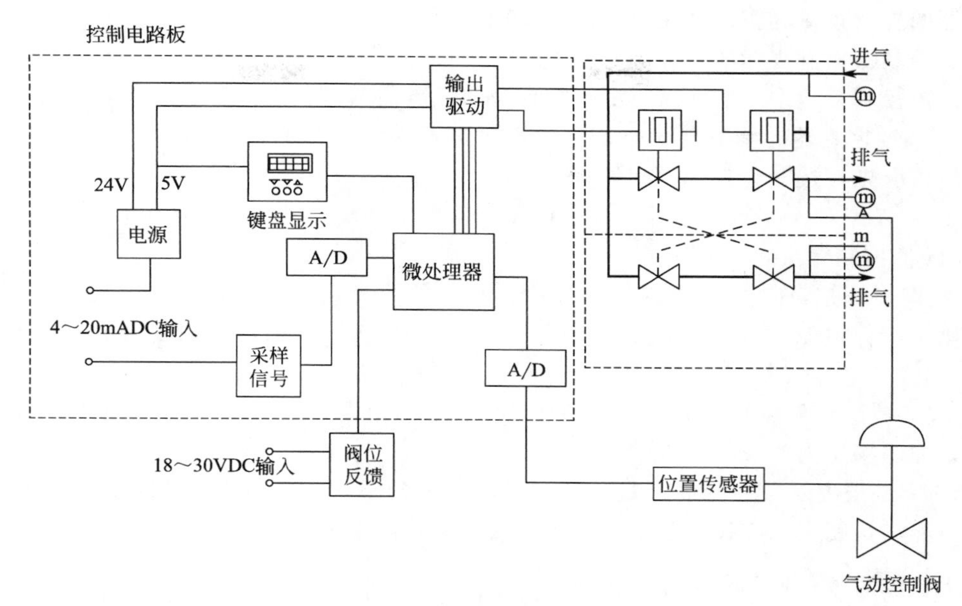

图 4-33 智能阀门定位器原理图

限定或分程操作等功能，也可以进行自动调校。

② 定位器的耗气量极小。由于智能定位器采用脉冲压电阀替代了传统定位器的喷嘴、挡板系统，可实现阀门的快速、精确定位，其总耗气量为 20L/h，相对于传统定位器来说可以忽略不计。

③ 具有智能通信和现场显示功能，便于维修人员对定位器工作情况进行检查维修。

④ 定位器与阀门可以采用分离式安装方式。将行程位置检测装置在执行机构上，定位器安装在离执行器一定距离的地方。

智能阀门定位器与普通阀门定位器的性能、性能价格比等方面的比较如表 4-5。

表 4-5 两阀门定位器的比较

类型	配用普通定位器的控制阀	配用智能定位器的控制阀
基本误差	小于全行程的 20%	小于全行程的 0.5%
阀门稳定性	稳定	极其稳定
调校	在现场手动调校	通过校验仪在现场、机柜或与 DCS 通信调校
信号源	4～20mA 或气动信号	模拟信号或数字信号
性能/价格比	低	高
PID	无	有
通信	无	HART 协议

4.5 控制器控制规律选择

4.5.1 控制器的选型

当被控对象、执行器和测量变送装置确定后，便可对控制器进行选型。控制器的选型包括控制器的控制规律和正反作用方式的选择两部分。

(1) 控制器控制规律的选择

在简单控制系统中，PID控制由于它自身的优点仍然是应用最广泛的基本控制方式。通常，选择PID控制器的调节规律时，应根据对象特性、负荷变化、主要扰动和系统控制要求等具体情况进行选择。具体原则如下。

① 广义被控对象控制通道时间常数较大或容积滞后较大时，应引入微分作用。如温度、成分、pH值控制等。

② 当广义被控对象控制通道时间常数较小，负荷变化也不大，而工艺要求无残差时，可选择比例积分控制。如管道压力和流量的控制，用P作粗调，比例度可设置大些，I作细调。

③ 广义被控对象控制通道时间常数较小，负荷变化较小，工艺要求不高时，可选择比例控制，如储罐压力、液位的控制。

④ 当广义被控对象控制通道时间常数或容积迟延很大，负荷变化亦很大时，简单控制系统已不能满足要求，应设计复杂控制系统或先进控制系统。

如果被控对象传递函数可用$G_{\mathrm{p}}(s)=\frac{Ke^{-\tau s}}{Ts+1}$近似，则可根据对象的可控比$\tau/T$选择调节器的控制规律。

① 当$\tau/T<0.2$时，选择比例或比例积分控制；

② 当$0.2<\tau/T\leqslant1.0$时，选择比例微分或比例积分微分控制；

③ 当$\tau/T>1.0$时，采用简单控制系统往往不能满足控制要求，应选用如串级、前馈等复杂控制系统。

常规控制系统控制规律的选择，也可根据工艺被控对象进行选择。如对液位对象一般选择比例控制规律，流量对象选择比例积分控制规律，温度、成分对象选择比例积分微分控制规律，压力对象视容器容积大小而定，即按上述情况根据广义被控对象控制通道时间常数大小进行选择，可以是P、PI、PID，视具体工艺过程而定。

(2) 控制器正、反作用方式的选择

为了说明控制器正、反作用方式，需要特别指出的是，在自动控制系统分析中，把系统偏差定义为$e=x-Z$。然而在仪表制造行业中却把偏差定义为$e'=Z-x$，两者尽管对偏差定义的符号恰好相反，但目的是相同的，都是为了说明测量信号偏离给定值的情况。控制器的正反作用是按仪表制造行业中的偏差定义的，即：控制器正作用时，测量值Z增加，控制器输出增加；控制器反作用时，测量值Z增加，控制器输出减小。而控制器正负特性是在控制原理中的偏差定义的，即：控制器正特性增益时，输入偏差e增加，控制器输出增加；控制器负特性增益时，输入偏差e增加，控制器输出减小，如图4-34所示。

为了能保证构成的控制系统是负反馈控制，控制器的正反作用选择原则是：系统中各环节特性增益的乘积必须为正。简单控制系统由控制器、控制阀、被控对象和测量变送装置四个环节组成，其各环节增益的正、负确定方法如下。

① 对象特性增益的确定：操纵变量增加，被控变量也增加，则对象特性增益为正；反之为负；

图4-34 控制器偏差特性

② 控制阀的特性增益：气开阀为正特性增益；气关阀为负特性增益；

③ 测量变送环节：测量变送环节总是正特性增益；

④ 控制器特性增益：控制器输入偏差 e 增大，输出也增大则为正特性增益；反之为负特性增益。

根据控制器的正、反作用选择原则，显然，只要事先知道了执行器、被控对象和测量变送装置增益的正负，就可以很容易地确定出控制器增益的正负，也就能确定出控制器的正、反作用。

在图 4-35 锅炉水位控制系统中，根据安全生产要求，控制阀选气关阀：液位对象特性：给水量（操纵变量）增加，汽包液位（被控变量）增加，对象特性增益是正；控制阀特性：控制阀是气关阀，则控制阀特性增益是负；液位测量变送特性：测量变送特性增益始终是正；按上述控制器的正、反作用选择原则，控制器特性增益应选择负特性增益，即控制器应为正作用。同理可判断图 4-36 换热器出口温度控制系统中，如果按安全生产要求控制阀选气开阀，则控制器应为反作用。

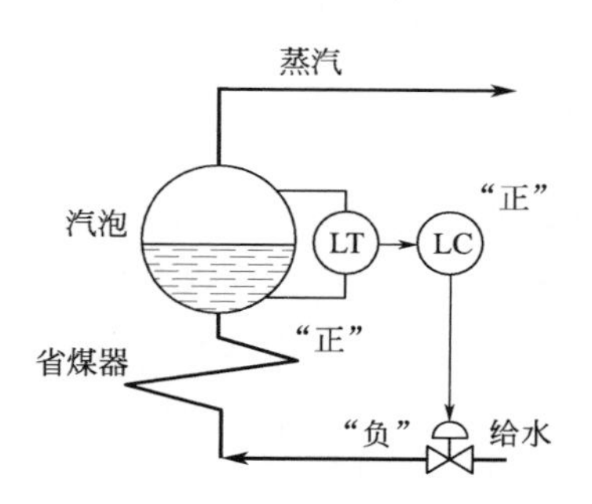

图 4-35　锅炉水位控制系统

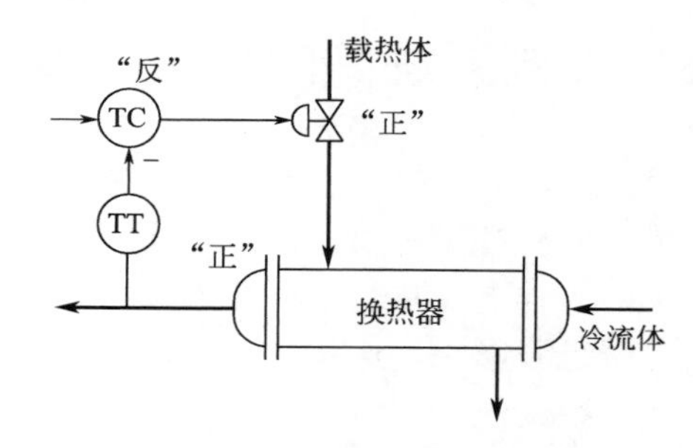

图 4-36　换热器出口温度控制系统

4.5.2　积分饱和及其防止

（1）积分饱和现象

具有积分作用的控制器，只要被控变量与设定值之间有偏差，在积分作用下其输出就会不停地变化，控制器输出可能小于或大于其输出信号的标准范围，当控制器输出小于或大于其输出信号的标准范围时，称这时系统处于积分饱和。当控制系统出现积分饱和，控制器输出变化但控制阀可能不执行使生产过程处于失控状态，对工业生产的危害是很大的。

在控制器输出标准信号为 4～20mA 信号时，对应控制阀行程变化为 0～100%。如图 4-37是控制器输出在积分作用下大于 20mA 的情况，若控制阀是气开阀，当控制器输出大于 20mA 时，无论信号怎样增大，控制阀开度最多只能在 100%行程。而当控制器输入由正偏差转为负偏差，控制器输出开始减小，在没有小于 20mA 时，控制阀不动作，只有控制器输出小于 20mA 时控制阀才反向动作（即减小阀位开度）。

因此，当控制器输出信号超出其标准范围时，控制器对控制阀就失去了控制作用。这种情况在生产过程中是非常危险的。造成积分饱和现象的内因是控制器包含积分作用，外因是控制器偏差长期存在。积分饱和现象常出现在自动启动间歇过程的控制系统、串级系统和选择性控制等复杂控制系统中，如图 4-37 所示。

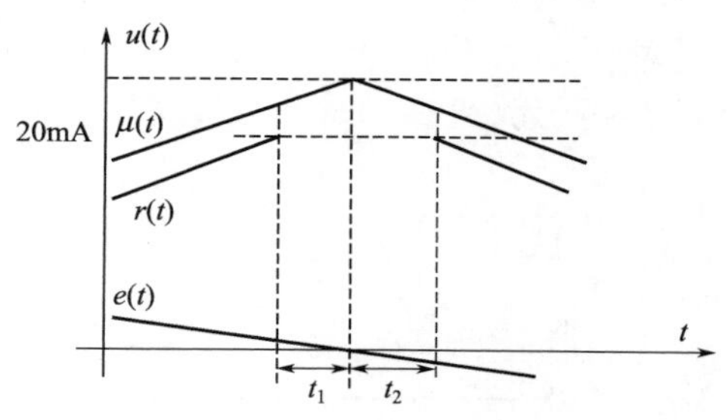

图 4-37　控制器输出的积分饱和

（2）抗积分饱和的措施

根据产生积分饱和的原因，可以有多种防止积分饱和的方法。由于偏差长期存在是外因，无法改变，因此防止积分饱和的设计策略是如何消除积分控制作用。一般采用下面几种方法。

① 限幅法。限制 PI 调节器的输出：$u_{PI}>$设定限值时，$u_{PI}=u_{max}$；$u_{PI}<$设定限值时，$u_{PI}=u_{min}$，用限幅法避免控制量停留在饱和区。

② 积分分离法。$e>$设定限值时，改用纯 P 调节，限制积分饱和的产生又能在小偏差时利用积分作用消除偏差。

③ 遇限削弱积分法：$u_{PI}>$或$<$上、下设定限值时，只累加其反向偏差。这种方法可避免控制量长时间停留在饱和区。

对串级、选择等复杂控制系统，也可用积分外反馈法。

4.6 控制系统间的相互关联

对连续、大规模的生产过程，为了要控制好每一个环节，需要建立的控制回路会很多，如果控制回路过于密集，控制系统间相互影响、相互关联就会增大。例如，在同一条管径不是很大的水管上安装若干个自来水龙头，当有人开大或关小所用的水龙头时，对相邻水龙头的水流量也有影响，这就是系统关联。

在自控系统设计时，如果只根据局部工艺生产过程要求制定自动控制方案，所制定出的控制方案可能会出现局部可行，而整体运行时相互影响严重，甚至出现相互矛盾和冲突的问题。因此，在控制方案设计时，要有全局观点，注意统筹兼顾，从整体方案上仔细审查，防止因系统间相互影响而使整个方案设计失败。

一般来说，控制系统间的相互关联的影响有两个方面，一是系统间相互影响是有益的，这样的影响则应保留或加以利用；二是系统间的相互影响是有害的，这样的影响就应想办法避开或削弱。

如图 4-38 所示的流量、压力控制方案就是相互关联的系统。在这两个控制系统中，任何一套系统单独投运都是可行的，但是，当两个控制系统同时运行时，控制阀 A 或 B 的开度变化，不仅对各自的控制系统有影响，也对另一个控制系统有影响。如压力控制系统由于压力偏低而开大阀 A 时，流量亦随之增大，流量控制系统将关小阀 B，结果又使管路的压力升高；反之，流量控制阀 B 的开度变化也引起压力变化，这样两个控制系统相互牵制，影响严重不能正常运行。这样的影响显然是有害的，应想办法避免和削弱。常用的改善和削弱关联的措施有以下几种。

① 减少控制回路法。即对过于密集而又有相互有害关联的控制系统进行分析，去掉一些不太重要的控制系统，或将它们改为手动。

② 工艺改造法。如果是新设计的生产线，可以通过加大工艺管径等方法减小管网压力间的关联影响。如前述在同一条水管上安装若干个自来水龙头，可用改造总管、加大管径方法减小水龙头间的相互影响。当然这样的改造必须是经济的，同时是生产过程允许的。

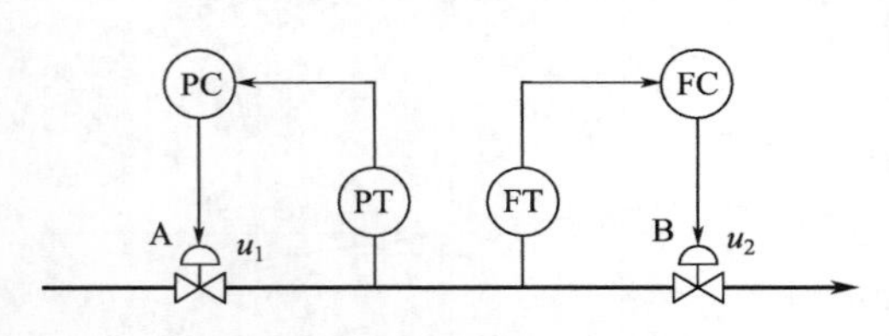

图 4-38 关联严重的压力和流量控制系统

③ 对控制系统采用均匀调节法。图 4-38 所示的流量和压力控制系统，系统间相互关联，

但关联是有害的。解决办法是去掉一套控制系统，对剩下的系统采用均匀控制的方法（具体方法在复杂控制系统中再讲述）。即通过均匀调节，使图 4-38 中流量和压力这对相互矛盾的参数均匀协调，彼此兼顾。

④ 采用解耦控制。计算出或测试出控制系统之间的相互关联传递函数，采用解耦控制。如图 4-39 所示为双输入-双输出控制系统的方框图。这种方法只能在计算机过程控制中实现，要求计算和测试出的传递函数较准确才行。

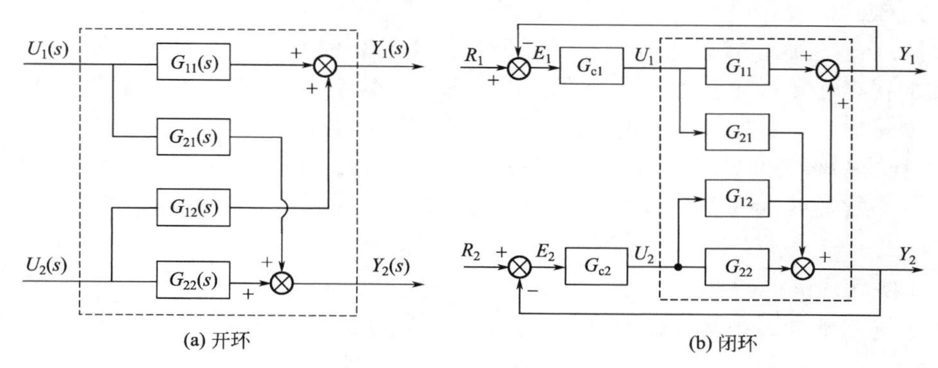

图 4-39　双输入-双输出控制系统方框图

如图 4-40 所示，某精馏塔提馏段同时设置了温度和液位两套控制系统，这两套系统的操纵变量分别为加热蒸汽量和塔底采出量。通过分析发现：当蒸汽量增大时，被蒸发走的物质增多，塔釜液面将会下降。反之，减少蒸汽量，液位将会上升。同样，温度符合要求时，可加大采出量，此时液位会下降，液位下降则液位控制系统减小蒸汽量。反之，温度不符合要求时，减小采出量，塔釜液位会上升，液位上升则液位控制系统加大蒸汽流量。

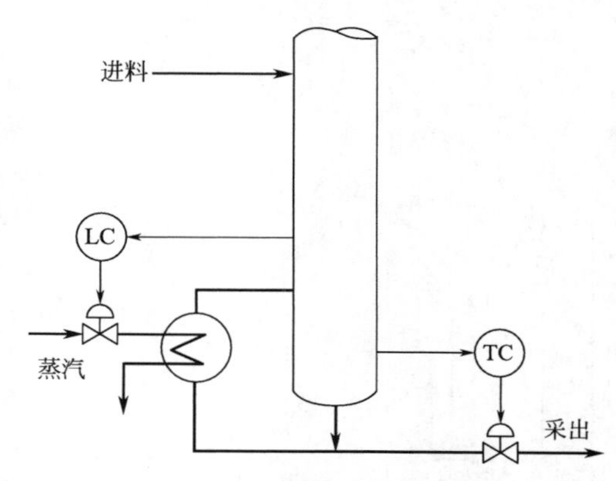

图 4-40　精馏塔提馏段温度、液位交叉控制

这两套控制系统就单个来看，其操纵变量选择是不妥的，但是采用这种液位、温度的交叉控制，可以保证塔底产品合格才采出，不合格继续分离。这种控制方式是对控制系统间的相互关联是有益影响的利用。

4.7　控制器的参数整定和系统投运

经过控制系统设计、仪表调校、安装后，接下去的工作是控制系统的投运。所谓控制系统的投运，就是将控制系统投入生产过程，且由手动工作状态切换到自动工作状态的过程。控制系统投运后，还应根据工艺过程的特点进行控制器参数的整定，寻找能满足工艺控制要求的控制器的 $\delta\%$、T_i、T_d 参数值。

4.7.1　简单控制系统的投运

由于在工业生产中普遍存在在高温、高压、易燃、易爆、有毒等工艺场合，所以在这些地方投运控制系统，自控人员会担一定的风险。因而控制系统投运工作往往是鉴别自控人员是否具有足够的实践经验和清晰的控制理论的一个重要标准。

4.7.1.1 投入运行前的准备工作

投运前，首先应熟悉工艺过程，了解主要工艺流程和对控制指标的要求，以及各种工艺参数之间的关系，熟悉控制方案，对测量元件、调节阀的位置、管线走向等都要做到心中有数。投运前的主要检查工作如下所述。

① 对组成控制系统的各组成部件，包括检测元件、变送器、控制器、显示仪表、控制阀等，进行校验检查并记录，保证其精确度要求，确保仪表能正常的使用。

② 对各连接管线、接线进行检查，保证连接正确。例如，孔板上下游导压管与变送器高低压端的正确连接；导压管和气动管线必须畅通，不得中间堵塞；热电偶正负极与补偿导线极性、变送器、显示仪表的正确连接；三线制或四线制热电阻的正确接线等。

③ 检查控制阀气开、气关形式的选择是否正确，设置好控制器的正反作用、内外设定开关等；并根据经验或估算，预置 $\delta\%$、T_i、T_d 参数，或者先将控制器设置为纯比例作用，比例度 $\delta\%$ 置于较大的位置。

4.7.1.2 控制系统的投运

合理、正确地掌握控制系统的投运，使系统无扰动地、迅速地进入闭环，是工艺过程平稳运行的必要条件。无扰动切换是指手、自动切换时阀上的信号基本不变。

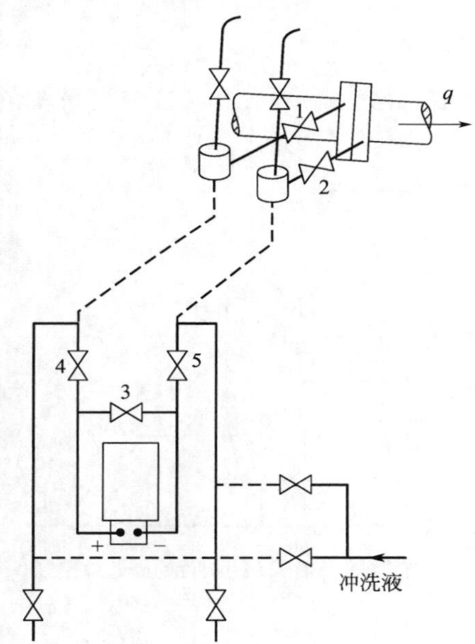

图 4-41 流量差压变送器

(1) 检测系统投运

温度、压力等检测系统的投运较为简单，可逐个开启仪表。对于采用差压变送器的流量或液位系统，系统投运要稍复杂些。以图 4-41 所示流量差压变送器为例说明差压变送器的投运过程。启动前，各阀都是关闭的，预先已充满了水或甘油等隔离液。启动时，注意不要使差压变送器的弹性元件单向受压。差压变送器投运按如下顺序开启：

① 打开节流装置出口阀（根部阀）1 和 2，使介质的差压传递到隔离液；

② 打开平衡阀组中的平衡阀 3，再慢慢开启高压侧引压阀 4，然后再关闭平衡阀 3，最后慢慢开启低压侧引压阀 5，这时差压变送器的二次仪表应该指示出相应的流量变化。

在运行中如发生事故、需要紧急停车时，停运的操作顺序应和上述的启动步骤相反。

(2) 控制系统投运

在开车时，先进行现场手动操作，在图 4-42 中控制阀前后的切断阀 1 和 2 处于关闭状态，通过旁路阀 3 现场手动控制，观察测量仪表能否正常工作。待工况稳定后，将被控变量稳定在设定值附近时，然后进行旁路阀-控制阀切换。其操作方式如下。

① 先通过手动遥控调整控制器信号 P 至控制阀全关，打开上游阀门 1，再逐步打开下游阀门 2。

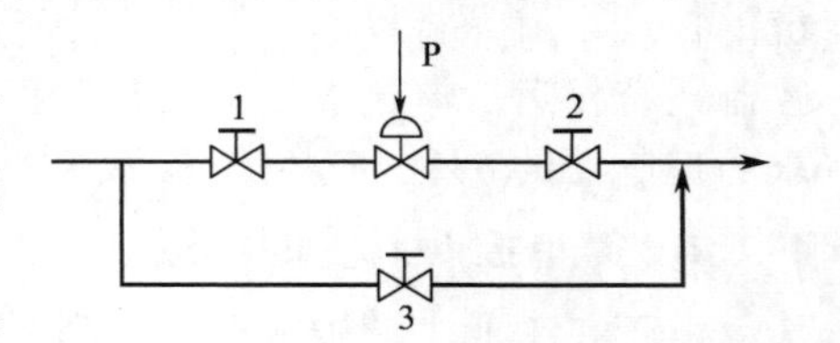

图 4-42 控制阀安装示意图

② 在逐渐关闭旁路阀 3 的同时，相应地手动遥控逐渐启动调节阀以保持工艺管路中总流量尽量不变化，实现旁路阀与自动阀的切换。

③ 换阀完成后，观察仪表的指示值，改变手操输出，使被控变量接近设定值，再由控制器手动切向自动，完成系统投运。

与控制系统的投运相反，当工艺生产过程受到较大扰动，被控变量控制不稳定需要将退出自动运行或停运时，其停运顺序与投运顺序刚好相反。

4.7.2　简单控制系统参数整定

控制系统的过渡过程或者控制质量，与被控对象特性、扰动的形式与大小、控制方案的确定及控制器参数的整定有着密切的关系。在控制方案、广义对象的特性、扰动位置、控制规律都已确定的情况下，系统的控制质量主要取决于控制系统的参数整定。控制器参数整定方法有很多，这里主要介绍工程整定法，这类方法不需要求取对象的数学模型，直接在系统中进行调试，方便简单，容易掌握。下面介绍几种常见的工程整定的方法。

(1) 经验法

经验法是工人、技术人员在长期生产实践中总结出来的一种整定方法，在现场得到广泛的应用，各种对象的参考整定参数如表 4-6 所示。

表 4-6　控制器参数的经验数据表

被控变量	被控对象特点	δ/%	T_i/min	T_d/min
液位	一般液位质量要求不高	20～80		
压力	对象时间常数一般较小，不用微分	30～70	0.4～3.0	
流量	对象时间常数小，参数有波动，并有噪声。比例度较大，积分较小，不使用微分	40～100	0.1～1	
温度	多容过程，对象容量滞后较大，比例度要小，T_i 要大，应加微分。	20～60	3～10	0.5～3.0

经验凑试法可根据经验先将控制器的参数设置在某一数值上，然后直接在闭环控制系统中，通过改变给定值施加干扰信号，在记录仪上观察被控变量的过渡过程曲线形状进行整定。若曲线不够理想，则以控制器参数 δ、T_i、T_d 对系统过渡过程的影响为理论依据，按“先 P 后 I 最后 D”的操作程序，逐个进行反复凑试，直到获得满意的控制质量。

(2) 临界比例度法

临界比例度法是一种比较成熟且常用的控制器参数整定方法，在大多数控制系统中能得到良好的控制品质。临界比例度法是在闭环的情况下进行的，首先让控制器在纯比例作用下，通过现场实验找到等幅振荡过程（即临界振荡过程），并得到此时的临界比例度 δ_K 和临界振荡周期 T_K，再通过简单的计算求出衰减振荡时控制器的参数。

临界比例度法简便而易于判断，整定质量较好，适用于一般的温度、压力、流量和液位控制系统；但对于临界比例度很小，或者工艺生产约束条件严格、对过渡过程不允许出现等幅振荡的控制系统不适用。

(3) 衰减曲线法

衰减曲线法是在临界比例度法的基础上提出来的，某些不允许或不能出现等幅振荡的系统，可考虑采用衰减曲线法。该方法是在纯比例作用下获取 4∶1 或 10∶1 的衰减振荡曲线时的比例度 δ_s 和振荡周期 T_s，再通过简单的计算（如表 4-7～表 4-9）求出在 PI、PID 时的控制参数。

表 4-7　临界比例度法整定控制器参数经验公式

控制规律	控制器参数		
	$\delta/\%$	T_i/min	T_d/min
P	$2\delta_K$		
PI	$2.2\delta_K$	$0.85T_K$	
PID	$1.7\delta_K$	$0.5T_K$	$0.125T_K$

表 4-8　4∶1 衰减曲线法整定控制器参数经验公式

控制规律	控制器参数		
	$\delta/\%$	T_i/min	T_d/min
P	δ_s		
PI	$1.2\delta_s$	$0.5T_s$	
PID	$0.8\delta_s$	$0.3T_s$	$0.1T_s$

表 4-9　10∶1 衰减曲线法整定控制器参数经验公式

控制规律	控制器参数		
	$\delta/\%$	T_i/min	T_d/min
P	$2\delta_s$		
PI	$1.2\delta_s$	$2T_s$	
PID	$0.8\delta_s$	$1.2T_s$	$0.4T_s$

衰减曲线法的优点是较为准确可靠，而且安全，整定质量较高，但对于外界扰动作用强烈而频繁的系统，或由于仪表、控制阀工艺上的某种原因而使记录曲线不规则，或难于从曲线上判断衰减比和衰减周期的控制系统不适用。

需要注意的是，以上几种经验公式只能帮助确定控制参数的大致范围，在实际整定时，需要根据曲线形状进一步地判断，根据计算出的参数在其附近反复调试，直到获得满意的控制质量。如图 4-43 所示为比例、积分、微分三种原因引起的振荡的比较。由经验可知，因积分时间过小引起的振荡，周期较大，如图 4-43 曲线 a 所示；因比例度过小引起的振荡，周期较短，如图中曲线 b 所示；因微分时间过大引起的振荡，周期最短，如图中曲线 c 所示。

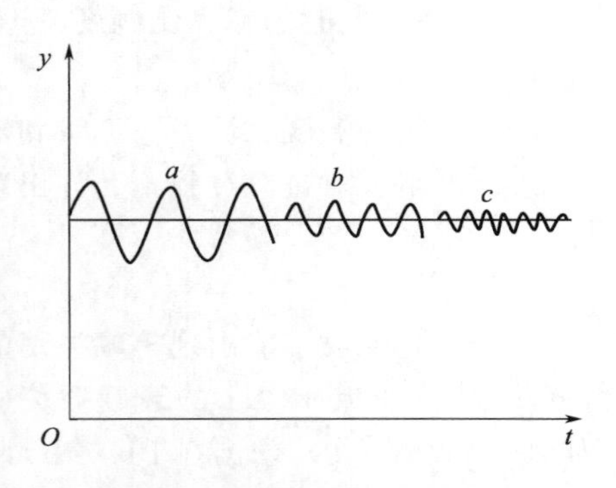

图 4-43　三种振荡曲线的比较

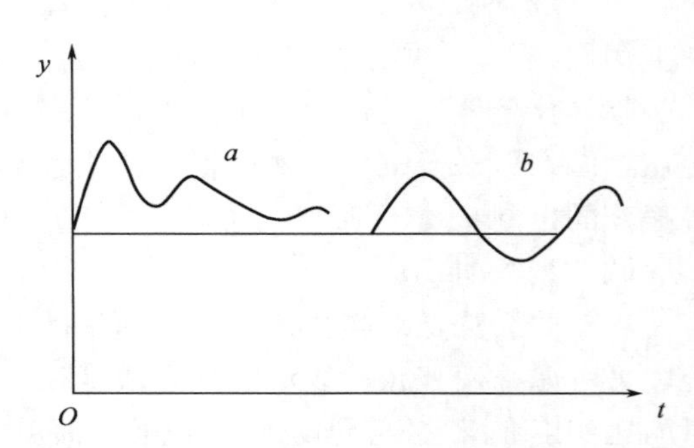

图 4-44　比例度过大、积分时间过大时的曲线

在比例度过大或积分时间过大时，都可能使过渡过程的变化较缓慢，这时同样需正确判断后再作调整。如图 4-44 所示，曲线 a 表示积分时间过大时，曲线呈非周期性变化且缓慢地回到设定值；曲线 b 表示比例度过大，曲线虽不很规则，但波浪的周期性较为明显。

控制器参数整定口诀：

参数整定找最佳，从小到大顺序查。
先是比例后积分，最后再把微分加。

随着现代电子技术和计算机技术的飞速发展，PID 控制器的自动整定技术在近二十年来取得了长足的进步。如今的智能仪表自身都带有 PID 参数自整定软件包，这让控制系统 PID 参数整定更加方便和精确，提高了过程控制系统智能化程度。自整定的发展减轻了控制工程师现场调试的工作量，节省了大量时间，整定结果更加可靠，并且使一些复杂但是更加精细的设计方法得以应用于实际工业控制过程。因此，条件许可的情况下，应尽量选择智能化的设备，让过程控制系统的管理和维护更加安全和简便。

章后小结

本章主要介绍组建单回路控制系统时，其控制方案确定，即被控对象的确定、测量变送环节、控制阀、控制器选择等问题。简单控制系统方案设计的主要内容如下。

(1) 确定被控对象

被控对象的确定主要是被控变量和操纵变量的选择，以便明确被控对象的输入、输出关系。

被控变量的选择原则：①被控变量的直接选择方法。对生产过程中希望控制好的重要工艺参数，其参数反应灵敏、对其检测有较成熟的手段可直接将这类参数作为被控变量。如温度、压力、流量、液位这类参数。②被控变量的间接选择方法。对生产过程中希望控制好的重要工艺参数，虽有较成熟的检测手段，但其检测过程滞后大或检测出的信号微弱，这时应选择与这些参数有一一对应关系的易于检测和变化大的参数作为被控变量。如浓度、酸碱度等是指标参数时，应选取与这些浓度、酸碱度有关的温度、压力为间接指标作为被控变量。③被控变量的选择应考虑是否符合工艺上的合理性和生产上经济性的要求。

操纵变量一般选生产过程中可以调整的物料量或能量参数。在石油、化工生产过程中，遇到最多的操纵变量则是流量参数。操纵变量的选取应遵循下列原则：①首先应符合工艺上的合理性与生产上的经济性，所选出的操纵变量工艺上必须是允许调整的。一般除物料平衡调节外，工艺上的主要物料量应避免选作操纵变量。②从静态角度选择调节参数时，应考虑使调节通道 K_0 较干扰通道 K_f 大，从动态选择调节参数时，应使调节通道时间常数较干扰通道时间常数小，使调节通道响应比干扰通道响应快。③应充分考虑时滞 τ_0 对系统质量的影响。

(2) 测量变送环节的选择

选择检测元件和变送器的基本原则是要求其测量信号能够可靠、准确和迅速地反映被控变量的变化情况。克服测量滞后的措施：①选择快速测量元件，一般要求：$T_m < \frac{1}{10} T_0$。②正确选择安装位置，检测元件安装于参数变化灵敏点处，避免在死角、容易挂料、结焦的地方安装检测元件。③正确选择微分单元的安装位置。微分单元安装在调节器之后，对随动控制系统和定值控制系统均可起到微分作用。但对随动系统而言，设定值的变化不能过陡，否则超调现象较严重。

对脉动信号的测量反而应加大阻尼，想办法过滤掉脉动信号。具体办法：①在脉动信号的测量和传送中，增加阻尼器过滤脉动信号。②必要的话，在调节器输出端加反微分单元。

(3) 控制阀的选择

工业生产上实际使用的多为气动控制阀。对气动控制阀的选择一般要从以下几方面进行考虑。

① 根据工艺条件，选择合适的控制阀结构类型和材质。

② 根据生产安全和产品质量等要求，选择控制阀的气开、气关作用方式。

③ 根据被控过程的特性，选择控制阀的流量特性。

④ 根据管道流量，计算控制阀的流通能力，选择阀的口径。

⑤根据工艺要求，选择与控制阀配用的阀门定位器。

(4) 控制器的选择

控制器的选择主要包括控制规律的选择和正、反作用方式的选择。

① 控制器控制规律的选择原则：一般是按广义对象特性情况进行选择，也可根据工艺被控对象进行选择。如液位对象一般选择 P 控制规律，流量对象选择 PI 控制规律，温度、成分对象选择 PID 控制规律，压力对象视容器容积大小而定，即按广义对象特性进行选择，可以是 P、PI、PID，视具体工艺过程而定。

② 控制器正、反作用方式的选择。控制器的正反作用是：控制器测量值 z 增加，控制器输出也增加为正作用；控制器测量值 z 增加，控制器输出减小为反作用。而控制器正、负特性是：控制器输入偏差 e 增加，其输出也增加，控制器特性增益为正；控制器输入偏差 e 增加，其输出减小为负特性增益。

为了能保证构成的控制系统是负反馈控制，控制器的正反作用选择原则是：控制回路中控制器、控制阀、被控对象和测量变送装置四个环节特性相乘为正。通常是根据控制阀、被控对象和测量变送装置三环节相乘后的结果选择控制器特性增益，控制器选正特性增益，则其作用方式是反作用；反之控制器选负特性增益，则其作用方式是正作用。

控制系统投运，就是将系统由手动工作状态切换到自动工作状态。在系统投运之前必须要进行全面细致的检查和准备工作。熟悉控制系统的投运次序和步骤，掌握控制系统故障原因的分析方法，并能采取切实有效的方法排除系统或仪表故障，是仪表维护、维修人员的基本功。

习　题

4-1. 在控制系统的设计中，被控变量的选择应遵循哪些原则？操纵变量的选择应遵循哪些原则？

4-2. 控制对象特征参数 T、K、τ 大小分别在控制通道和扰动通道中对系统质量有何影响？

4-3. 什么是控制阀的理想流量特性和工作流量特性？两者有什么关系？系统设计时应如何选择控制阀的流量特性？

4-4. 简述控制阀气开、气关形式的选择原则，并举例加以说明。

4-5. 简述控制系统中阀门定位器起什么作用？

4-6. 比例控制、比例积分控制、比例积分微分控制规律的特点各是什么？分别适用于什么场合？

4-7. 简述如何选择控制器的正、反作用？

4-8. 在设计过程控制系统时，如何减小或克服测量变送环节的纯滞后和测量滞后？

4-9. 如图 4-45 所示为蒸汽加热器，利用蒸汽将物料加热到所需温度后排出。试问：

① 根据蒸汽加热器工作过程分析影响物料出口温度的主要因素有哪些？

② 要设计一个温度控制系统，试选择被控变量和操纵变量，并画出控制系统方案图。

③ 如果物料温度过高时会分解，试确定控制阀的气开、气关形式和控制器的正、反作用方式。

④ 如果物料在温度过低时会凝结，则控制阀的气开、气关形式和控制器的正、反作用方式又该如何选择？

4-10. 如图 4-46 所示为锅炉汽包液位控制系统的示意图，要求锅炉不能烧干。试画出该系统的方框图，确定控制阀的气开、气关形式和控制器的正、反作用方式，并简述当炉膛温度升高导致蒸汽蒸发量增加时，该控制系统是如何克服扰动的？

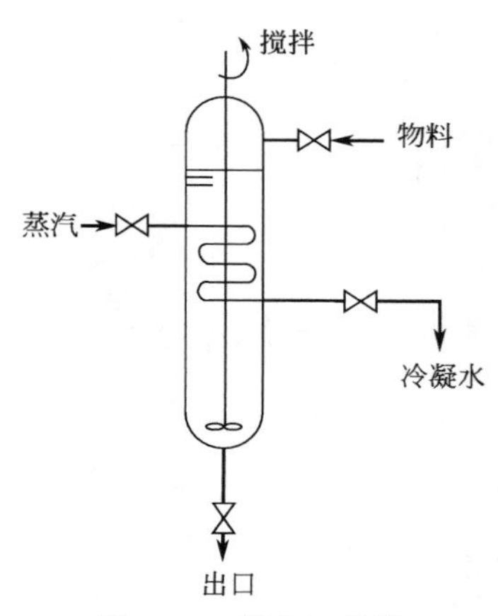

图 4-45　蒸汽加热器

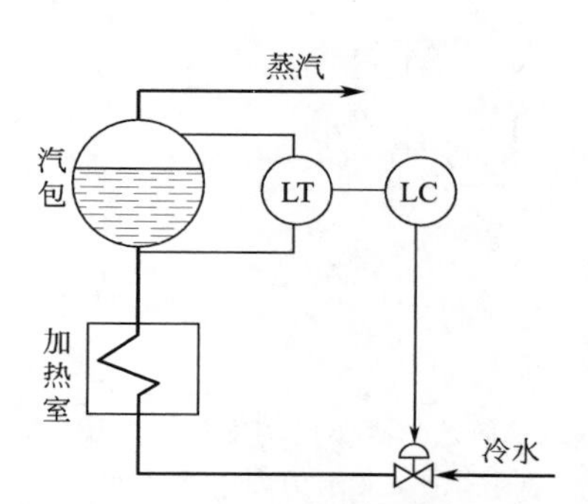

图 4-46　锅炉汽包液位控制系统

4-11. 如图 4-47 所示为精馏塔塔釜液位控制系统示意图。如工艺上不允许塔釜液体被抽空，试确定控制阀的气开、气关形式和控制器的正、反作用方式。

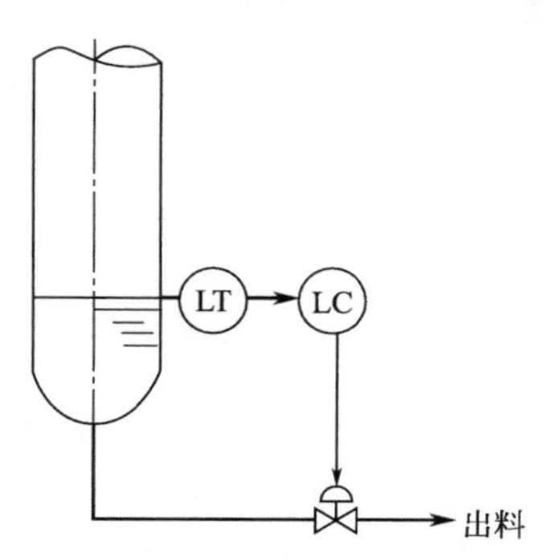

图 4-47　精馏塔釜液位控制系统

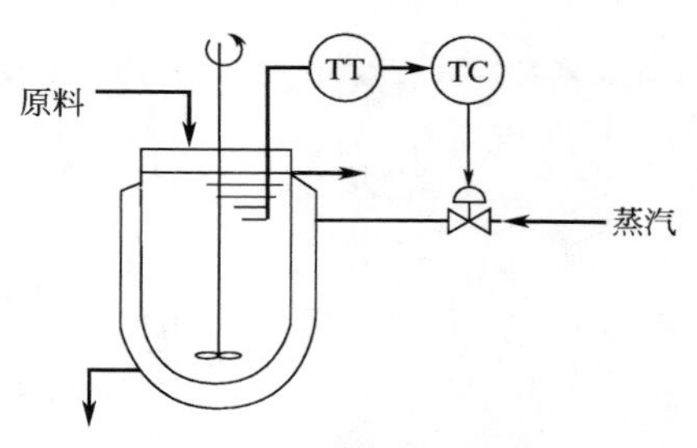

图 4-48　反应器温度控制系统

4-12. 如图 4-48 所示为反应器温度控制系统示意图。反应器内需维持一定的温度，以利于反应进行，但温度不允许过高，否则会有爆炸的危险。试确定控制阀的气开、气关形式和控制器的正、反作用方式。

4-13. 如图 4-49 所示为储槽液位控制系统，为安全起见，储槽内的液体严格禁止溢出，试在下述两种情况下，分别确定执行器的气开、气关形式及控制器的正、反作用。

① 选择流入量 Q_1 为操纵变量；

② 选择流出量 Q_0 为操纵变量。

4-14. 试简述简单控制系统的投运步骤。

4-15. 控制器参数整定的任务是什么？工程上常用的控制器参数整定方法有哪几种？它们各有什么特点？

4-16. 试简述用衰减曲线法整定控制器参数的步骤及注意事项。

4-17. 某控制系统中的 PI 控制器采用经验凑试法整定控制器参数，如果发现在扰动情况下的被控变量记录曲线最大偏差过大，变化很慢且长

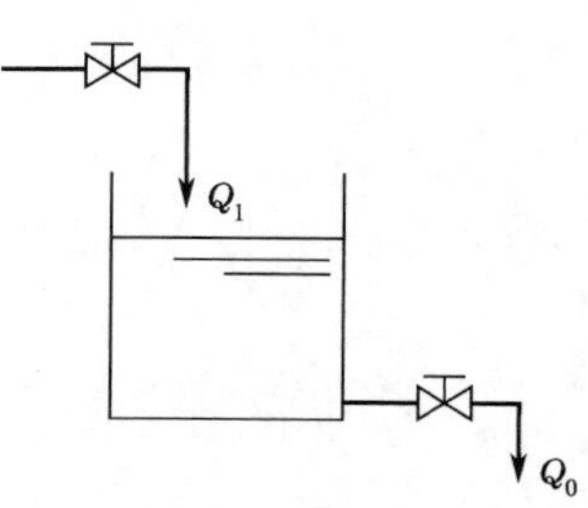

图 4-49　储槽液位控制系统

时间偏离设定值，试问在这种情况下应怎样改变比例度与积分时间？

4-18. 图 4-50 所示控制方案设计是否合理？如果不合理请说明理由，并给出改进意见。

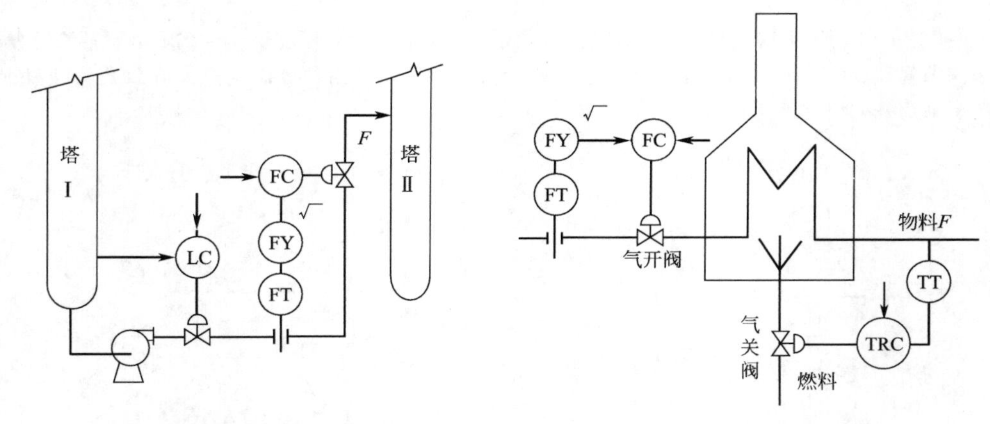

(a) 精馏塔间液位和流量控制系统　　(b) 加热炉温度和流量控制系统

图 4-50　控制系统方案分析

4-19. 如何区分由于比例度过小、积分时间过小或微分时间过大所引起的振荡过程？

4-20. 如图 4-51 所示为列管换热器，工艺要求物料出口温度保持在 (200±2)℃，试设计一个简单控制系统。要求：

① 确定被控变量和操纵变量；

② 画出控制系统流程图和控制系统方框图；

③ 选择合适的测温元件（名称、分度号）和温度变送器（名称、型号、测量范围）；

④ 若工艺要求换热器内的温度不能过高，试确定控制阀的气开、气关形式和控制器的正、反作用方式；

⑤ 系统的控制器参数可用哪些常用的工程方法整定？

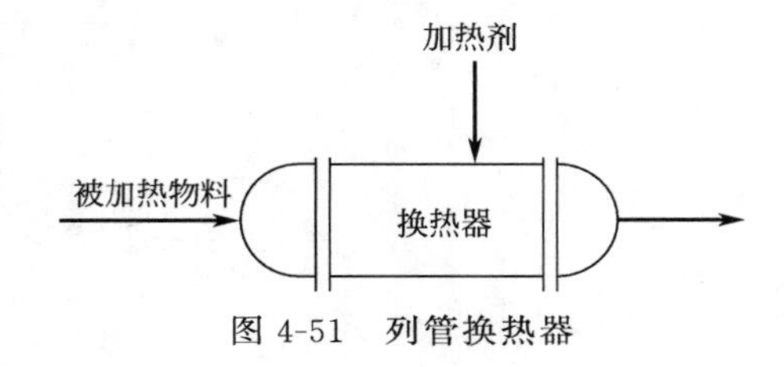

图 4-51　列管换热器

第 5 章　复杂控制系统及其应用

简单控制系统因结构简单，使用方便，而且投资少，维护方便，系统投运和控制参数整定的步骤简单，所以在生产过程中应用十分广泛。它也是生产过程控制系统中最简单、最基本的一种形式。然而，随着工业的发展，生产工艺的革新，生产过程的大型化和复杂化，必然导致对操作条件的要求更加严格，变量之间的关系更加复杂，这些问题的解决是简单控制系统所不能胜任的，所以相继出现了各种复杂控制系统。

所谓复杂控制系统，是相对于简单控制系统而言的，是指具有多个（两个以上）变量或多个（两个以上）测量变送器或多个（两个以上）控制器或多个（两个以上）控制阀组成的控制系统。采用复杂控制系统对提高控制系统的质量、扩大自动化应用范围，起着关键性的作用。

依照系统的结构形式和所完成的功能来分，常用复杂控制系统有串级控制系统、比值控制系统、均匀控制系统、分程控制系统、选择控制系统、前馈控制系统等。

本章主要介绍串级控制系统、均匀控制系统、比值控制系统和前馈控制系统的基本原理、目的、结构及应用。

5.1　串级控制系统

5.1.1　基本原理与结构

串级控制系统是复杂控制系统中应用最多的一种控制类型。它是在简单控制系统的基础上发展起来的。下面通过一个例子来说明串级控制系统的基本原理、结构和一些相关概念。

加热炉是化工生产中经常使用的设备，工艺要求出口温度稳定，且出口温度的控制指标较高，为了控制加热炉的出口温度，可选择出口温度作为被控变量，燃料油的流量作为操纵变量，构成如图 5-1 所示的简单控制系统。

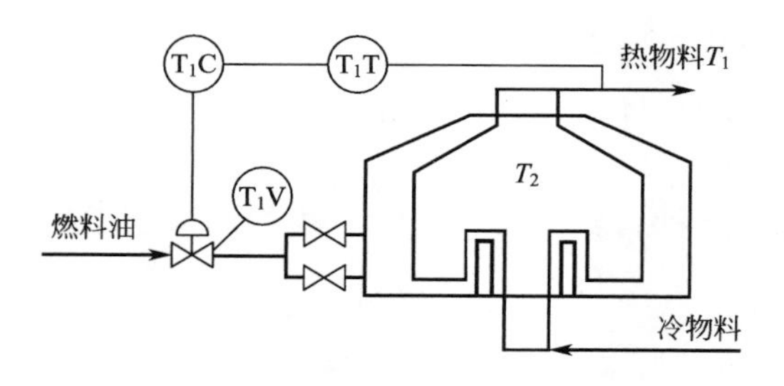

图 5-1　加热炉出口温度控制系统

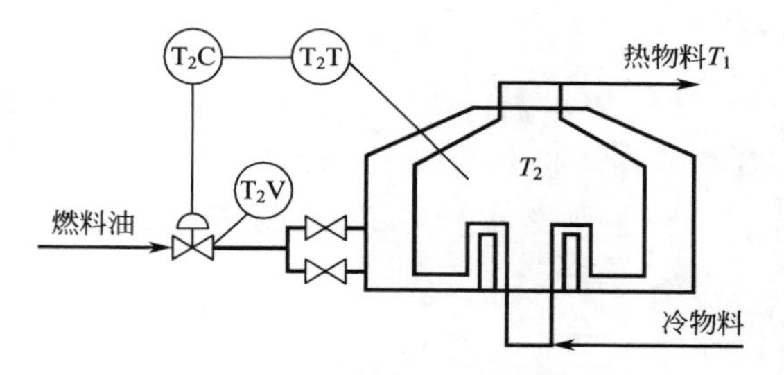

图 5-2　加热炉炉膛温度控制系统

下面对图 5-1 的简单控制方案进行分析。加热炉运行过程中，可能存在的影响炉出口温度的因素有：冷物料的流量波动和温度变化，燃料油热值的变化和压力波动，烟囱挡板位置的变化及抽力的改变等。但是由于加热炉这个被控对象具有控制通道时间常数大和容量滞后大的特点，所以控制作用不及时，系统克服干扰的能力较差，控制效果不理想，不能满足工艺生产要求。

为了减小控制通道时间常数，可考虑以加热炉炉膛温度作为被控变量，燃料油流量作为操纵变量，构成如图 5-2 所示的控制系统。然而此系统对于燃料油热值的变化和压力波动这些干扰能够及时有效的予以克服，稳定了炉膛温度。但工艺要求加热炉的热物料出口温度稳定，所以该方案也不能满足控制要求。

在实际生产中，可根据炉膛温度变化先控制燃料油流量，然后再根据加热炉出口温度与给定值的偏差作进一步的控制，以稳定热物料出口温度。根据这样的控制目的，可设计一个以加热炉出口温度为主要被控变量，炉膛温度为辅助变量的控制系统，如图 5-3 所示。

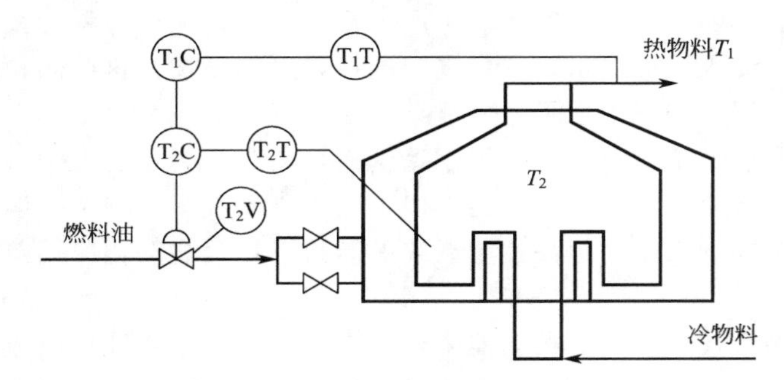

图 5-3　加热炉的串级控制系统

在图 5-3 所示的控制系统中，含有两个温度控制器 T_1C 和 T_2C，其中 T_1C 的输出值作为 T_2C 的给定值，T_2C 的输出作为控制阀的控制信号，控制燃料油流量，达到改变炉膛温度和控制出口温度的目的。控制系统的方框图如图 5-4 所示，从图中可以看出两个温度控制器串联工作。串级控制系统是一个控制器的输出作为另一个控制器的给定值的双闭环定值控制系统。

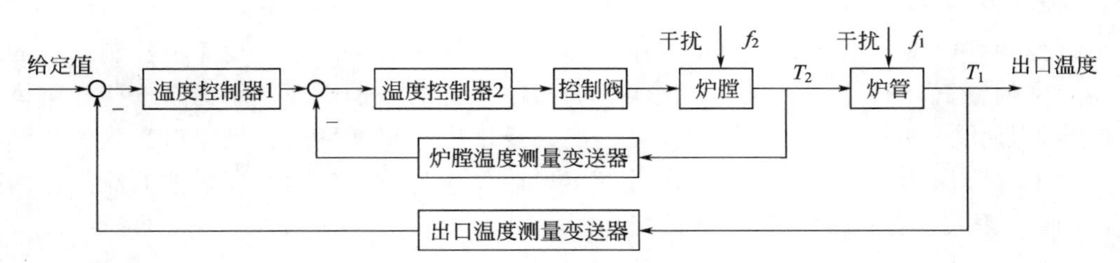

图 5-4　加热炉串级控制系统方框图

为了在后面讲述分析方便，对照串级控制系统的典型方框图（如图 5-5）介绍串级控制系统中有以下一些专用的名词。

- 主变量 y_1：是工艺控制指标或与工艺控制指标有直接关系，在串级控制系统中起主

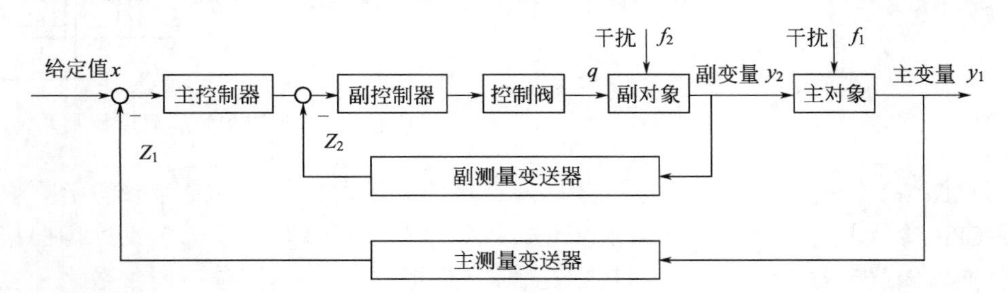

图 5-5　串级控制系统的典型方框图

导作用的被控变量，如图 5-3 加热炉串级控制方案中的出口温度 T_1。

• 副变量 y_2：在串级控制系统中，为了更好地稳定主变量或因其他某些要求而引入的辅助变量，如图 5-3 加热炉串级控制例子中，加热炉的炉膛温度 T_2。

• 主对象：由主变量表征其主要特征的生产设备，如上面加热炉串级控制例子中从炉膛温度检测点到加热炉出口温度检测点这段局部设备。

• 副对象：由副变量表征其特征的生产设备，如上面加热炉串级控制例子中，从执行器到炉膛温度检测点的这段局部设备。

• 主控制器：按主变量的测量值与给定值的偏差进行工作的控制器，其输出作为副控制器的给定值。例如图 5-3 中的出口温度控制器。

• 副控制器：按副变量的测量值与主控制器的输出值的偏差进行工作的控制器，其输出直接改变控制阀阀门开度。例如图 5-3 中的炉膛温度控制器。

• 主变送器：测量主变量的变送器。例如图 5-3 中的测量出口温度的变送器。

• 副变送器：测量副变量的变送器。例如图 5-3 中的测量炉膛温度的变送器。

• 副回路：由副测量变送器、副控制器、执行器和副对象构成的闭合回路，也称副环或内环。

• 主回路：由主测量变送器、主控制器、副回路和主对象构成的闭合回路，也称主环或外环。

5.1.2　串级控制系统特点和设计原则

5.1.2.1　串级控制系统的特点

串级控制系统的主回路是一个定值控制系统，副回路是随动控制系统，两个回路的工作特征为：副回路对被控量起到“粗调”作用，而主回路对被控量起到“细调”作用。串级控制系统的特点决定于系统的特殊结构。由于在串级控制系统中存在一个副回路使系统具有如下特点。

(1) 对于进入副回路的干扰具有很强的抑制能力

由于副回路的存在，当干扰进入副回路时，副控制器能及时控制，并又有主控制器进一步控制来克服干扰。因此，总的控制效果比简单控制系统好。

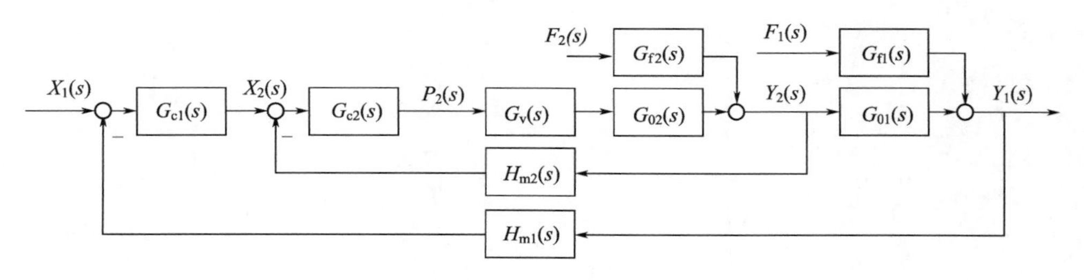

图 5-6　串级控制系统的方框图

$G_{c1}(s)$，$G_{c2}(s)$——主、副控制器的传递函数；$G_{01}(s)$，$G_{02}(s)$——主、副被控对象的传递函数；$H_{m1}(s)$、$H_{m2}(s)$——主、副测量变送器的传递函数；$G_{f1}(s)$、$G_{f2}(s)$——作用于主副对象干扰通道的传递函数

图 5-6 是串级控制系统的方框图，将它进行等效变换，副回路等效 $G'_{p2}(s)$ 作为主回路的一个环节，其等效副回路 $G'_{p2}(s)$ 的传递函数为

$$G'_{p2}(s)=\frac{Y_2(s)}{X_2(s)}=\frac{G_{c2}(s)G_v(s)G_{02}(s)}{1+G_{c2}(s)G_v(s)G_{02}(s)H_{m2}(s)} \tag{5-1}$$

当进入副回路的干扰为 $F_2(s)$ 时，方框图等效转化为图 5-7 所示。

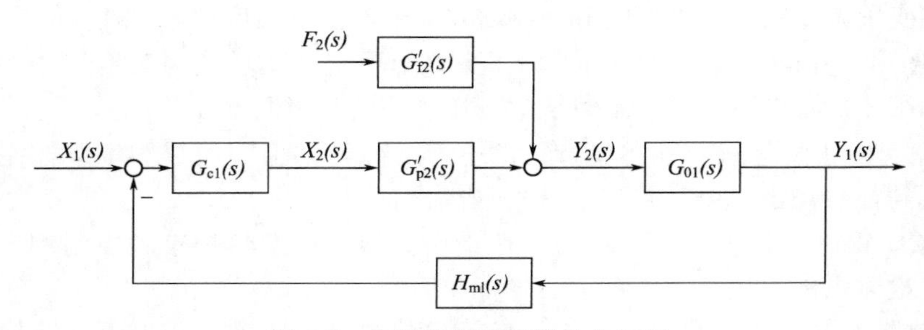

图 5-7 串级控制系统等效方框图

$$G'_{f2}(s)=\frac{G_{f2}(s)}{1+G_{c2}(s)G_{02}(s)G_{v}(s)H_{m2}(s)} \tag{5-2}$$

若没有副回路的控制作用，则副变量与干扰 F_2 的关系为

$$Y_2(s)=G_{f2}(s)F_2(s) \tag{5-3}$$

而在串级控制系统中副变量与干扰 F_2 的关系为

$$Y_2(s)=G'_{f2}(s)F_2(s)=\frac{G_{f2}(s)}{1+G_{c2}(s)G_{02}(s)G_{v}(s)H_{m2}(s)}F_2(s) \tag{5-4}$$

比较式(5-3) 和式(5-4) 可知，在串级控制系统中干扰影响比简单控制系统中缩小了 1/$(1+G_{c2}G_{02}G_{v}H_{m2})$ 倍，由于副回路的控制作用大大减弱了干扰 f_2 对 y_2 的影响，所以说对进入副回路的干扰具有较强的抑制能力。因此串级控制系统的抗干扰能力大大强于简单控制系统。此外当干扰作用于副回路在它还没有对主变量产生影响之前，副回路先检测到这种干扰的影响，立即进行“粗调”，即使副回路的控制作用没有完全消除这种干扰而波及主变量时，干扰的程度已被削弱，所以主控制器再作进一步的“细调”即可。

(2) 减少控制通道的惯性，改善对象特性

设副回路中的各环节传递函数为

$$G_{02}(s)=\frac{K_{02}}{T_{02}s+1} \tag{5-5}$$

$$G_{c2}(s)=K_{c2} \tag{5-6}$$

$$G_{v}(s)=K_{v} \tag{5-7}$$

$$H_{m2}(s)=K_{m2} \tag{5-8}$$

则副回路等效对象为 $G'_{p2}(s)$ 为

$$G'_{p2}(s)=\frac{Y_2(s)}{X_2(s)}=\frac{K_{c2}K_{v}\frac{K_{02}}{T_{02}s+1}}{1+K_{c2}K_{v}K_{m2}\frac{K_{02}}{T_{02}s+1}}=\frac{K_{c2}K_{v}K_{02}}{T_{02}s+K_{c2}K_{v}K_{02}K_{m2}+1}=\frac{\frac{K_{c2}K_{v}K_{02}}{1+K_{c2}K_{v}K_{02}K_{m2}}}{\frac{T_{02}}{1+K_{c2}K_{v}K_{02}K_{m2}}s+1} \tag{5-9}$$

设

$$K'_{p2}=\frac{K_{c2}K_{v}K_{02}}{1+K_{c2}K_{v}K_{02}K_{m2}} \tag{5-10}$$

$$T'_{p2}=\frac{T_{02}}{1+K_{c2}K_{v}K_{p2}K_{m2}} \tag{5-11}$$

则式(5-9) 可等效为

$$G'_{p2}(s)=\frac{K'_{p2}}{T'_{p2}s+1} \tag{5-12}$$

由上面推导可知，一般情况下 $(1+K_{c2}K_{v}K_{02}K_{m2})>1$ 都是成立的，因此可得

$$T'_{p2}<T_{02}，K'_{p2}<K_{02}$$

等效对象时间常数 T'_{p2} 的减小，使过程动态特性有显著改善，调节作用加快，并且随着 K_{c2} 的增大，时间常数减小的更加明显，使控制更为及时。另外，等效对象时间常数 T'_{p2} 的减小还可使系统的工作频率得到提高。

等效对象放大系数 K'_{p2} 的减小，可以通过主控制器 K_{c1} 的增加来进行补偿，因此系统总的放大系数并未受到影响，控制质量也就不受影响。

如果串级控制系统副对象为非线性，由于 $(1+K_{c2}K_{v}K_{02}K_{m2})\gg1$，则

$$K'_{p2}\approx\frac{1}{K_{m2}}$$

副变量的测量变送为线性，K'_{p2} 为常量，与副对象的放大系数无关。如果主对象为线性，则整个控制通道可近似为线性。

(3) 具有一定的自适应能力

串级控制系统中，主回路是一个定值控制系统，副回路是一个随动控制系统，主控制器可以根据生产负荷和操作条件的变化，不断修改副控制器的给定值，这就是一种自适应能力的体现。如果对象存在非线性，那么在设计串级控制系统时，可将这个环节包含在副回路中，当操作条件和生产负荷变化时，仍然能得到较好的控制效果。

5.1.2.2　串级控制系统的设计

串级控制系统特点发挥的好坏，与整个系统的设计、整定和投运有很大关系，下面对串级控制系统设计中的主要环节进行阐述。

(1) 副变量的选择

在串级控制系统中主变量和控制阀的选择与简单控制系统的被控变量和控制阀选择原则相同。副变量的选择是在设计串级控制系统时的关键所在。那么，副变量选择的是否合理直接影响到整个系统的性能，在选择副变量时要考虑的原则有以下几个方面。

① 将主要的干扰包含在副回路中。这样能充分发挥副回路的特点。例如加热炉控制系统中，如果是燃料压力波动，使燃料流量不稳定，则选择燃料的流量为副变量，能较好地克服干扰，如图 5-8 所示。但如果是燃料的成分变化，那么选择炉膛温度作为副变量，才能将其干扰包含在副回路中，如图 5-3 所示。

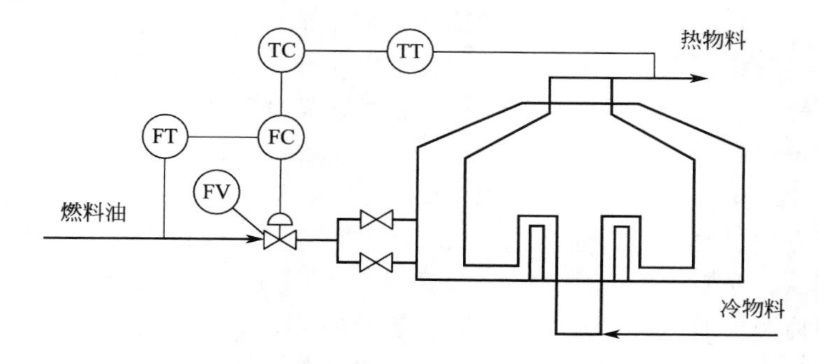

图 5-8　加热炉出口温度-燃料流量串级控制系统

② 在可能的条件下，使副回路包含更多的干扰。实际上副变量越靠近主变量，它包含的干扰就会越多，但同时控制通道也会变长；越靠近操纵变量包含的干扰就越少，控制通道也就越短。因此在选择时需要兼顾考虑，既要尽可能多的包含干扰，又不至于使控制通道太

长，使副回路的及时性变差。

③ 尽量不要把纯滞后环节包含在副回路中。这样做的原因就是尽量将纯滞后环节放到主对象中去，以提高副回路的快速抗干扰能力，及时对干扰采取控制措施，将干扰的影响抑制在最小限度内，从而提高主变量的控制质量。

④ 主、副对象的时间常数要匹配。

设计中考虑使副回路中应尽可能包含较多的干扰，同时也要注意主、副对象时间常数的匹配。副回路中如果包括的干扰越多，其通道就越长，时间常数就越大，副回路控制作用就不明显了，其快速控制的效果就会降低。如果所有的干扰都包括在副回路中，串级控制系统的作用可能与简单控制系统没有什么区别。在设计中要保证主、副回路时间常数的比值在3～10之间。比值过大，即副回路的时间常数较主回路的时间常数小得太多，副回路反应灵敏，控制作用快，但副回路中包含的干扰数量过少，对于改善系统的控制性能不利；比值过小，副回路的时间常数接近主回路的时间常数，甚至大于主回路的时间常数，副回路的控制作用缺乏快速性，不能及时有效地克服干扰对被控量的影响。严重时会出现主、副回路“共振”现象，系统不能正常工作。

应该指出，在具体问题上，要结合实际的工艺进行分析，应考虑工艺上的合理性和可能性，分清主次矛盾，合理选择副变量。

(2) 主副控制器控制规律的选择

串级控制系统主、副回路所发挥的控制作用是不同的，主、副回路各有其特点。主回路是定值控制，而副回路是随动控制。主控制器的控制目的是稳定主变量，主变量是工艺操作的主要指标，它直接关系到生产的平稳、安全或产品的质量和产量，一般的情况下对主变量的要求是较高的，要求没有余差（即无差控制），因此主控制器一般选择比例积分微分(PID)或比例积分（PI）控制规律。副变量的设置目的是为了稳定主变量，其本身可在一定范围内波动，因此副控制器一般选择比例作用（P），积分作用很少使用，它会使控制时间变长，在一定程度上减弱了副回路的快速性和及时性。但在以流量为副变量的系统中，为了保持系统稳定，可适度引入积分作用。副控制器的微分作用是不需要的，因为当副控制器有微分作用时，一旦主控制器输出稍有变化，就容易引起控制阀大幅度地变化，这对系统稳定是不利的。

(3) 主副控制器的正、反作用方式选择

串级控制系统控制器正反作用方式的选择依据也是为了保证整个系统构成负反馈，先确定了控制阀的开关形式，再进一步判断控制器的正反作用方式。副控制器正反作用的确定同简单控制系统一样，只要把副回路当作一个简单控制系统即可。确定主控制器正反作用方式的方法是将整个副回路等效对象 K'_{p2} 为“+”，保证系统主回路为负反馈的条件是：$K_{c1} \cdot K'_{p2} \cdot K_{01}$ 为“－”，因 K'_{p2} 为“+”，所以 $K_{c1} \cdot K_{01}$ 为“－”。即根据主对象的特性确定主控制器的正反作用方式。也就是，若主对象 K_{01} 为“+”，主控制器 K_{c1} 为“－”则选反作用方式；若主对象 K_{01} 为“－”，主控制器 K_{c1} 为“+”则选正作用方式。

当确定主副控制器的正反作用方式后，要进行验证，确保系统构成负反馈，如图5-9所示为夹套式反应釜温度串级控制系统，根据生产设备的安全原则控制阀选择气关阀，阀门气源中断时，处于打开状态，防止釜内温度过高发生危险。副对象的输入是操纵变量冷却水流量，输出是副变量夹套内水温。当输入变量增加时，输出变量下降，故副对象是反作用环节 K_{02} 为“－”，保证系统副回路为负反馈的条件是：$K_{c2} \cdot K_{v} \cdot K_{02}$ 为“－”，由此可判断出副控制器应该是 K_{c2} 为“－”反作用。主对象的输入是夹套内水温，输出是釜内温度，经过分析主对象为正作用 K_{01} 为"＋"，保证系统主回路为负反馈的条件是：$K_{c1}\cdot K_{01}=$"－"，因此主控制器 K_{c1} 为"－"应选反作用。

验证：当反应温度 T_1 升高 $\xrightarrow{\text{反作用}}$ 主控制器的输出减小，即副控制器给定值减小（相当于给定值不变，测量值增加）$\xrightarrow{\text{反作用}}$ 副控制器的输出减小 $\xrightarrow{\text{气关阀}}$ 控制阀开度增大，冷却水流量增大 $\xrightarrow{\text{导致}}$ 反应温度 T_1 降低。

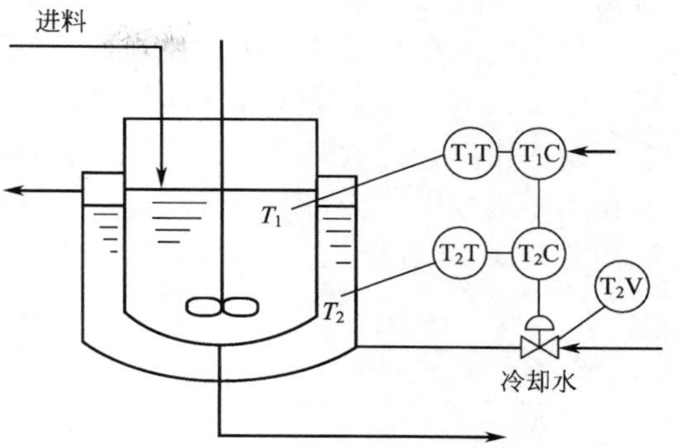

图 5-9　夹套式反应釜温度串级控制系统

所以，当干扰使釜内温度升高（高于给定值），控制系统控制作用能够使其降下来；相反，如干扰使其温度降低（低于给定值），系统也能使其升高。

5.1.3　系统的投运与整定

5.1.3.1　串级控制系统的投运方法

串级控制系统的投运和简单控制系统一样，要求是投运过程要无扰动切换，投运的一般顺序是"先投副回路，后投主回路"。

① 主控制器置内给定，副控制器置外给定，主、副控制器均切换到手动方式。

② 调副控制器手动部分，使主、副参数趋于稳定时，调主控制器手动部分，使副控制器的给定值等于测量值，使副控制器切入自动方式。

③ 当副回路控制稳定并且主参数也稳定时，将主控制器无扰动切入自动方式。

5.1.3.2　参数整定的方法

串级控制系统设计完成后，通常需要进行控制器的参数整定才能使系统运行在最佳状态。整定串级控制系统参数时，首先要明确主副回路的作用，以及对主副变量的控制要求。整体上来说，串级控制系统的主回路是个定值控制系统，要求主变量有较高的控制精度，其控制质量的要求与简单控制系统一样。但副回路是一个随动系统，只要求副变量能快速的跟随主变量即可，精度要求不高。在实践中，串级控制系统的参数整定方法有两种：两步整定法和一步整定法。

（1）两步整定法

这是一种先整定副控制器，后整定主控制器的方法。当串级控制系统主、副对象的时间常数相差较大，主、副回路的动态联系不紧密时，采用此法。

① 先整定副控制器。主、副回路均闭合，主、副控制器都置于纯比例作用，将主、副控制器的比例度 δ 放在 100％处，用简单控制系统整定法整定副回路，得到副变量按 4：1 衰减时的比例度 δ_{2S} 和振荡周期 T_{2S}；

② 整定主回路。主、副回路仍闭合。副控制器置 δ_{2S}，用同样方法整定主控制器，得到主变量按 4：1 衰减时的比例度 δ_{1S} 和 T_{1S}；

③ 依据两次整定得到的 δ_{2S} 和 T_{2S} 及 δ_{1S} 和 T_{1S}，按所选的控制器的类型利用表 4-8 计算公式，算出主副控制器的比例度、积分时间和微分时间。

（2）一步整定法

两步整定法虽然能满足主、副变量的要求，但是在整定的过程中要寻求两个 4：1 的衰减振荡过程，比较麻烦。为了简化步骤，也可采用一步法进行整定。

一步法就是根据经验先将副控制器的参数一次性设定好，不再变动，然后按照简单控制系统的整定方法直接整定主控制器的参数。在串级控制系统中，主变量是直接关系到产品质量或产量的指标，一般要求比较严格；而对副变量的要求不高，允许在一定的范围内波动。

在实际工程中，证明这种方法是很有效果的，经过大量实践经验的积累，总结得出对于在不同的副变量情况下，副控制器的参数可以参考表 5-1 所示的数据。

表 5-1 副控制器的参数经验值

副变量类型	温度	压力	流量	液位
比例度/%	20～60	30～70	40～80	20～80
放大系数 K_{C2}	5.0～1.7	3.0～1.4	2.5～1.25	5.0～1.25

5.2 比值控制系统

在有些生产过程中，经常需要保持两种或两种以上的物料成一定的比例关系，物料的比值关系直接影响到生产过程的正常运行和生产产品的质量；如果比例关系出现失调，将影响到产品的质量，严重情况下会出现生产事故。例如在以重油为燃料的燃烧系统中，需要重油与空气成一定的比例，才能保证最佳燃烧状态。比值过高，燃烧不完全，使炭黑增多，堵塞管道，污染环境，同时增加能耗，造成一定的经济损失；比值过低，会使喷嘴和耐火砖被过早烧坏，甚至使炉子爆炸。再如在原油脱水过程中，必须使原油和破乳剂以一定的比例混合，才能得到好的效果。这样类似的例子在各种工业生产中是大量存在的。

在需要保持比值关系的物料中，有一种物料处于主导地位，此物料称为主物料，表征这种主物料的变量称为主动流量 F_1，又称主流量（因为比值控制中主要是流量比值控制）；而另一种物料按主物料进行配比，随主物料变化，因此称为从物料，表征其特征的变量称为从动流量 F_2，又称副流量。例如，在燃烧过程中，当燃料量发生增大或减小变化时，空气的流量也随之增大或减小，在此过程中，燃料量就是主动量，处于主导地位，空气就是从动量，处于配比地位。

比值控制系统就是要实现从动流量 F_2 与主动流量 F_1 成一定比值关系，满足如下关系式：

$$k=F_2/F_1$$

式中，k 为从动流量与主动流量的比值。

5.2.1 比值系统的类型

根据工业生产过程不同的工艺需要，有定比值控制和变比值控制之分，定比值控制中经常采用的比值控制类型有三种：开环比值控制系统、单闭环比值控制系统、双闭环比值控制系统。

(1) 开环比值控制系统

开环比值控制是最简单的一种比值控制形式，如图 5-10 所示，某厂生产废水中含有 30%的 NaOH，在污水处理过程中，如果废水中含碱超标，将污染河道，可以采用稀释中和的办法，使其 pH 值等于 7，其中一个环节是将含有 30%的 NaOH 的污水与水混合成 6%～8%的 NaOH 废水。在此过程中 30%的 NaOH 废水是主动量 F_1，水是从动量 F_2，如

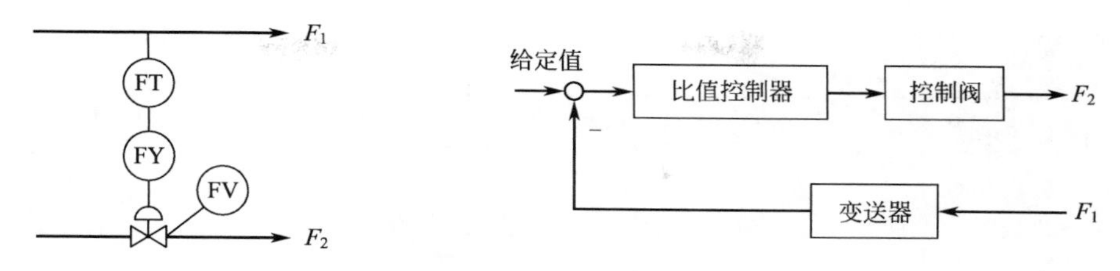

图 5-10 开环比值控制结构图及方框图

主动量 F_1 波动，比值控制器 FY 输出改变，从动量流路上的阀门开度变化，使从动量跟随主动量变化，完成流量配比控制。

开环比值控制系统优点是结构简单，操作方便，投入成本低。副流量因阀前后压力变化等干扰影响而波动时，无法保证两流量间的比值关系。因此开环比值控制系统适用于副流量比较平稳，且对比值要求不严格的场合。在生产中很少采用这种控制方案。

(2) 单闭环比值控制系统

为了克服开环比值控制方案的不足，在开环比值控制系统的基础上，通过增加一个副流量的闭环控制系统而组成单闭环比值控制系统，如图 5-11 所示。

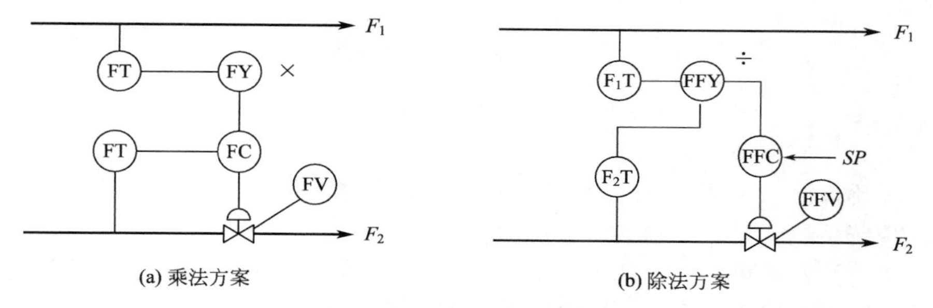

图 5-11 单闭环比值控制系统

从图 5-11(a) 中可以看出，单闭环比值控制系统与串级控制系统具有相类似的结构形式，但两者是不同的。单闭环比值控制系统的主动流量 F_1 相似于串级控制系统中的主变量，但主动流量并没有构成闭环系统，F_2 的变化并不影响到 F_1。尽管它亦有两个控制器，但只有一个闭合回路，这就是两者的根本区别。

在稳定情况下，主动流量、从动流量满足工艺要求的比值，$F_2/F_1=k$。当主动流量 F_1 变化时，经变送器送至比值控制器 FY。FY 按预先设置好的比值使输出成比例地变化，也就是成比例地改变从动流量控制器 FC 的给定值，此时从动流量控制系统为一个随动控制系统，F_2 跟随 F_1 变化，使流量比值 k 保持不变。当主动流量没有变化而从动流量由于干扰发生变化时，从动流量控制系统相当于一个定值控制系统，使工艺要求的流量比值仍保持不变。图 5-11(a) 所示为乘法方案，方框图如图 5-12 所示；图 5-11(b) 所示为除法方案，方框图如图 5-13 所示。

单闭环比值控制系统的优点是它不但能实现从动流量跟随主动流量的变化而变化，而且还可以克服从动流量本身干扰对比值的影响，因此主、副流量的比值较为精确。另外，这种方案的结构形式较简单，实施起来也比较方便，所以得到广泛的应用，尤其适用于主物料在工艺上不允许进行控制的场合。

单闭环比值控制系统，虽然能保持两物料量比值一定，主流量变化时，总的物料量就会

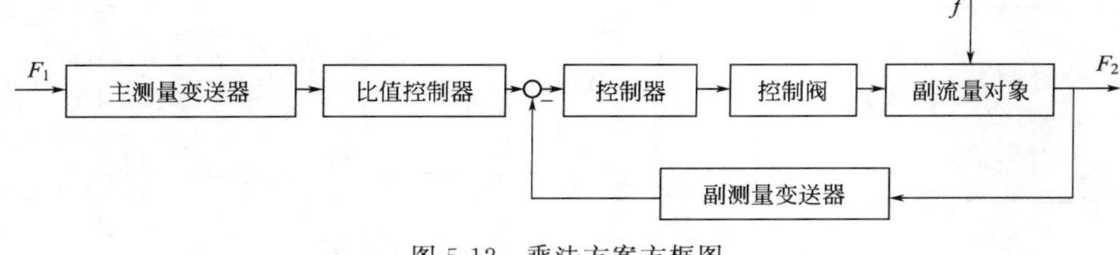

图 5-12 乘法方案方框图

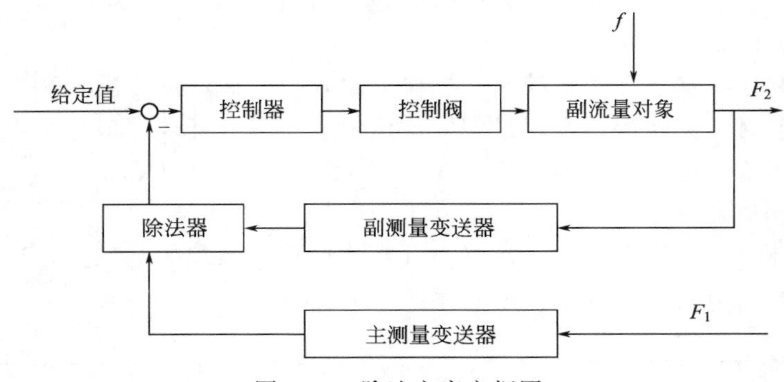

图 5-13 除法方案方框图

跟着变化。

(3) 双闭环比值控制系统

在单闭环比值控制系统的基础上，增加主物料 F_1 流量的闭环定值控制系统，即构成了双闭环比值控制系统。如图 5-14(a)、(b) 所示。

双闭环比值控制系统，在主从动量上都设计了一个流量回路，无论是主物料流量波动还是从物料流量波动都能予以克服。这样不仅实现了较精确的比值关系，而且也确保了两物料总量基本不变。除此之外，双闭环比值控制系统提降负荷比较方便，只要缓慢地改变主动量控制器的给定值，即可增减主流量，同时副流量也就自动地跟随主流量进行增减，保持两者的比值关系不变。

双闭环比值控制系统所用设备较多，结构复杂。此方案适合于比值控制要求较高，主动量干扰频繁，工艺上不允许主动量有较大的波动，经常需要升降负荷的场合。

(4) 变比值控制系统

前面所述的三种比值控制方案属于定比值控制，即在生产过程中，主、从物料的比值关系是不变的。而有些生产过程却要求两种物料的比值根据第三个变量的变化而不断调整以保证产品质量，这种系统称为变比值控制系统。变比值控制系统构成方案也有乘法和除法两种，如图 5-15 所示。

图 5-16 所示为变换炉的变比值控制系统示意图，变换炉生产过程中半水煤气和水蒸气作为原料，在触媒的作用下，转化成二氧化碳和氢气。变换炉是关键设备，它的任务是让煤气中的一氧化碳与蒸汽中的水分在触媒作用下发生反应：$H_2O+CO \longrightarrow CO_2+H_2$，为增加一氧化碳的转化率，需要根据变化炉的温度，随时调整水蒸气和煤气的比值，以达到最大的转化率。从系统的结构上来看，该系统实际属于一个串级控制系统，变换炉的触媒层温度是主变量，副变量是蒸汽流量与半水煤气流量的比值，蒸汽流量同时也是操纵变量。在此系统中蒸汽流量在保证其平稳的同时，能实现跟随主动量煤气的流量变化而变化，保持一定的比

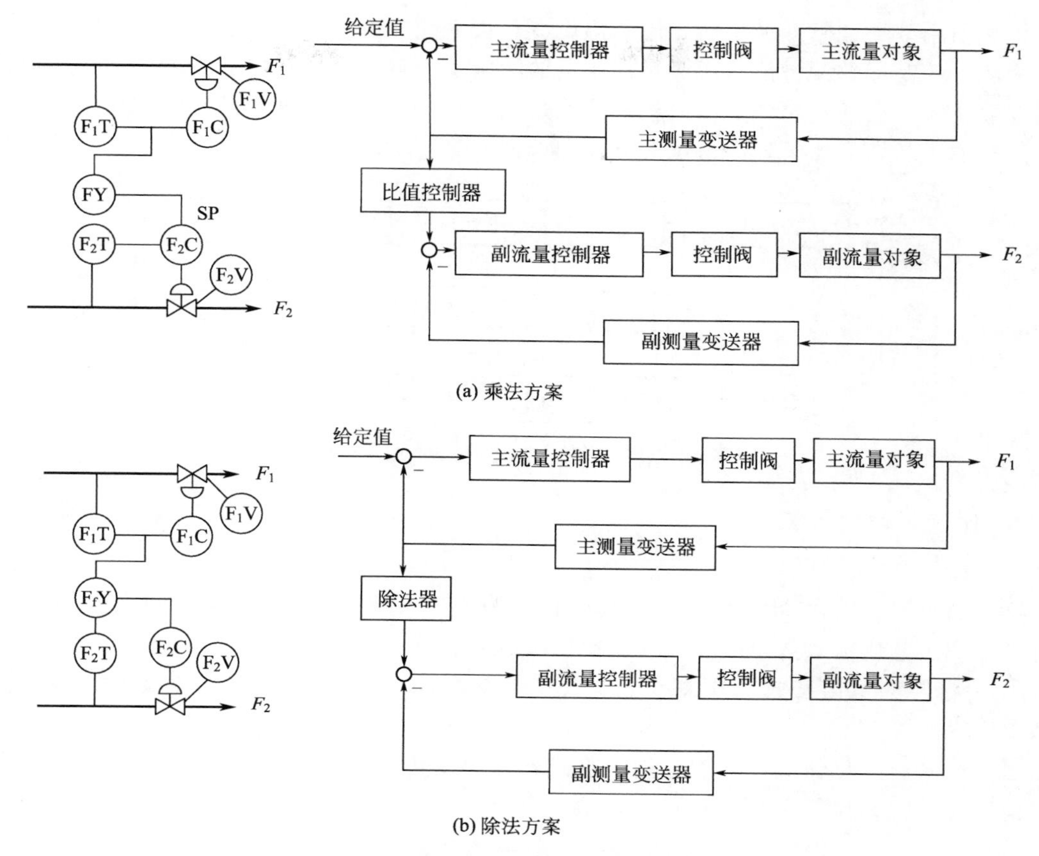

图 5-14　双闭环比值控制系统

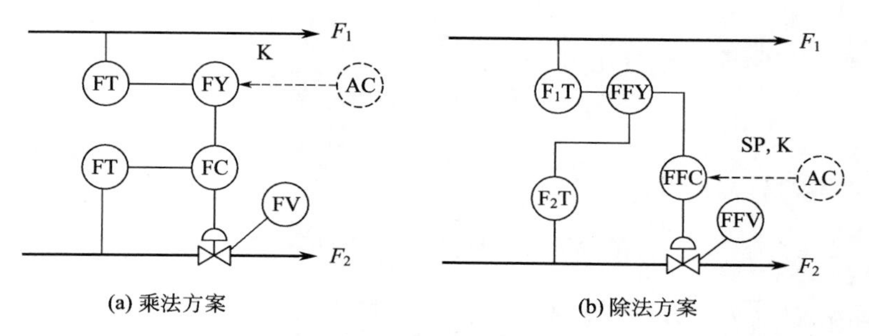

图 5-15　变比值控制系统

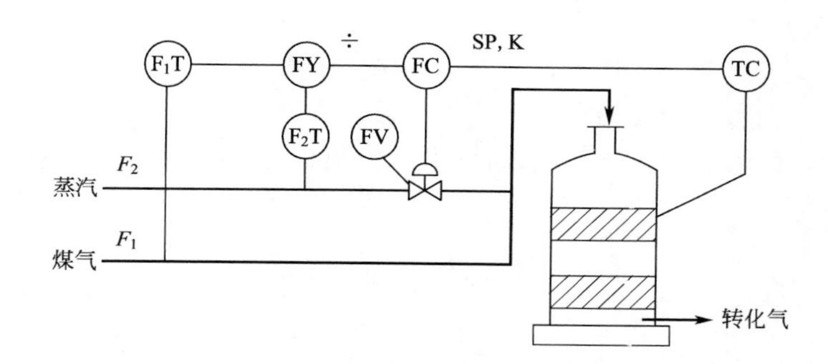

图 5-16　变换炉变比值温度控制系统

值，该比值系数还能随变换炉触媒层的温度变化而变化。因为，蒸汽与半水煤气的流量比值是作为流量控制器的测量值，而流量控制器的给定值来自温度控制器的输出，当变换炉触媒层温度变化时，会通过调整蒸汽流量（实际是调整了蒸汽与半水煤气的比值）来使其恢复到规定的数值上。该变比值控制系统的方框图如图 5-17 所示。

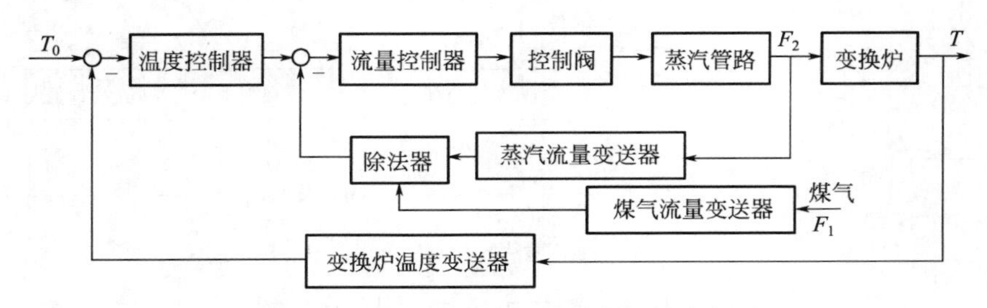

图 5-17　变换炉温度变比值控制系统方框图

5.2.2　比值系数的计算

（1）比值系数的计算

首先明确仪表的比值系数 K 和工艺中物料的比值系数 k 是不相同的。比值控制系统实施时必须把工艺比值系数 k 换算成仪表比值系数 K。

① 流量与测量信号成线性关系　以电动仪表为例，说明工艺比值系数 k 与仪表比值系数 K 的关系。

当流量由 0 变化到最大值 F_{max}时，变送器输出变化范围为 4～20mA 直流信号，当控制系统稳定时，则某流量 F 所对应的输出电流为

$$I=\frac{F}{F_{max}}\times 16+4 \tag{5-13}$$

则

$$F=(I-4)F_{max}/16 \tag{5-14}$$

由上式可得工艺要求的流量比值

$$k=\frac{F_2}{F_1}=\frac{(I_2-4)F_{2max}}{(I_1-4)F_{1max}} \tag{5-15}$$

由上式可折算出仪表的比值系数 K 为

$$K=\frac{I_2-4}{I_1-4}=\frac{F_2}{F_1}\frac{F_{1max}}{F_{2max}}=k\frac{F_{1max}}{F_{2max}} \tag{5-16}$$

式中，F_{1max}、F_{2max}分别为主、副流量变送器的量程。

② 流量与测量信号成非线性关系　用差压法测量流量，但未经过开方器运算处理时，流量与压差的关系为

$$F=c\sqrt{\Delta p} \tag{5-17}$$

式中，F 表示流量，c 是节流装置的比例系数，Δp 是流体流经节流元件前后的压差。

压差由 0 变到最大值 Δp_{max}时，电动仪表的输出是 4～20mA，因此任意时刻的流量 F 对应的输出电流为

$$I=\frac{F^2}{F_{max}^2}\times 16+4 \tag{5-18}$$

则有

$$F^2=(I-4)F_{max}^2/16 \tag{5-19}$$

所以

$$k^2=\frac{F_2^2}{F_1^2}=\frac{(I_2-4)}{(I_1-4)}\frac{F_{1\max}^2}{F_{2\max}^2} \tag{5-20}$$

可求得换算成仪表的比值系数 k 为

$$K=\frac{I_2-4}{I_1-4}=k^2\frac{F_{1\max}^2}{F_{2\max}^2} \tag{5-21}$$

由此，可以证明比值系数的换算方法与仪表的结构型号无关，只与测量的方法有关。

（2）比值方案的实施

比值控制系统有两种实施的方案，依据 $F_2=kF_1$，那么就可以对 F_1 的测量值乘以比值 k 作为 F_2 流量控制器的设定值，称为相乘实施方案；而若根据 $F_2/F_1=k$，就可以将 F_2 与 F_1 的测量值相除之后的数值作为比值控制器的测量值，这种方法称为相除实施方案。

① 相乘实施方案　实现如图 5-18 所示的采用乘法器实现的单闭环比值控制方案。如果计算所得乘法器的比值系数 K 大于 1，理论计算乘法器的输出大于该仪表的量程上限，可将乘法器设置在从动流量回路中，乘法器的比值系数 $K'=1/K$，比值仪表的放大倍数不是常量，不影响从动流量回路的稳定性。采用相乘方案不能直接获得流量比值。

② 相除实施方案　如图 5-19 所示为采用除法器实现的比值方案。它是一个简单控制系统，控制器的测量值和设定值都是流量信号的比值，而不是流量信号本身。如果计算所得除法器的比值系数 K 大于 1，将除法器的输入信号交换，主动流量信号作为被除数，从动流量信号作为除数，除法器的比值系数 $K'=1/K$。相除方案的优点是直观，方便直接读出比值，使用方便，可调范围大；但也有弱点，由于除法器的放大倍数随负荷变化，且在控制回路中，影响从动流量回路的稳定性。

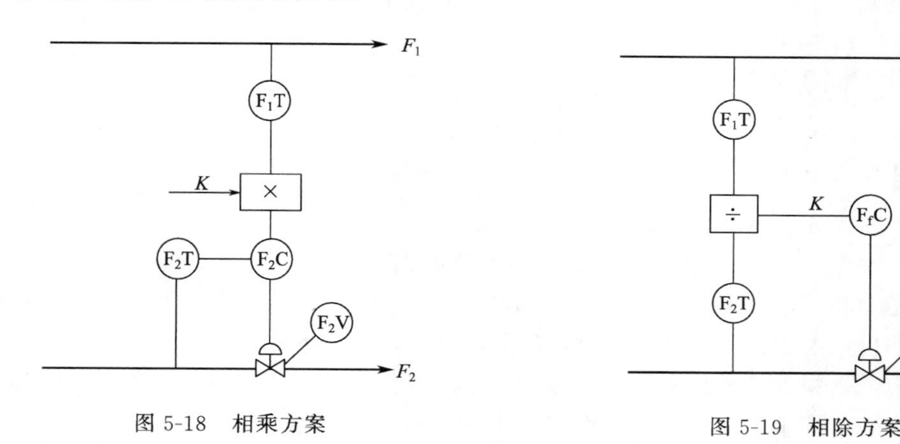

图 5-18　相乘方案

图 5-19　相除方案

5.2.3　方案实施的若干问题

（1）主动量和从动量的选择

在流量 F_1 不可控，而流量 F_2 可控的时候，此时只能选 F_1 作为主动量，F_2 作为从动量，如果都可控的情况下，则要考虑以下原则：

① 把决定生产负荷的关键性物料流量作为主流量，以便提降负荷。

② 要考虑工艺出现波动时，仍能满足比值控制，不能因为一种物料饱和而改变比值关系。

③ 从一些工艺特殊安全角度出发考虑。

（2）关于开方器的选用

流量测量变送环节的非线性影响系统的动态品质。采用差压法测量流量时，静态放大系数与流量成正比，随负荷增大而增大。负荷减小时系统的稳定性提高，负荷增加时系统的稳定性下降。若将差压法测量的结果经过开方器运算，就会使变送环节成为线性环节，它的静态放大系数与负荷大小无关，系统的动态性能不再受负荷变化的影响。所以在比值控制系统中是否采用开方器，要根据具体被控变量的控制精度和负荷变化情况确定。

（3）比值控制系统中的动态跟踪问题

随着生产的发展，对比值控制系统提出了更高的要求。不仅稳态时要求物料之间保持一定的比值关系，而且还要求动态的比值关系也要保持一定。对于某些生产，如从物料反应速度远小于主物料的反应速度，从工艺安全角度出发，要求主从动量在整个变化过程中都保持比值恒定。这种情况下，要考虑比值控制系统的动态补偿，以实现动态跟踪的目的。

（4）主副流量的逻辑提降问题

在比值控制系统中，有时两个流量的提降先后次序要满足某种逻辑关系。例如，在锅炉燃烧系统中，燃料量和空气量的比值控制系统中。为了使燃料燃烧完全，在提升负荷时，要求先提空气量，后提燃料量；而在降低负荷时，要求先降燃料量，后降空气量。要实现这种有逻辑关系的比值控制系统，需要跟其他控制系统结合才能实现。

（5）比值控制系统的参数整定

比值控制系统控制器参数整定是系统设计和应用中的一个十分重要的问题。对于定值控制（如双闭环比值控制中的主回路）可按单回路系统进行整定。对于随动系统（如单闭环比值控制、双闭环的从动回路及变比值的变比值回路），要求从动量能快速、正确地跟随主动量变化，不宜过调，以整定在振荡与不振荡的边界为最佳。

5.3 均匀控制系统

5.3.1 基本原理和结构

5.3.1.1 均匀控制基本原理

化工生产过程绝大部分是连续生产。前一设备的出料，往往是后一设备的进料，各设备的操作情况也是互相关联、互相影响的。例如图 5-20 所示的连续精馏的多塔分离过程就是一个最能说明问题的例子。为了保证精馏塔的稳定操作，希望进料和塔釜液位稳定，对甲塔来说，为了稳定前后精馏塔的供求关系，操作需保持塔釜液位稳定，因此必须频繁地改变塔底的排出量。而对乙塔来说，从稳定操作要求出发，希望进料量尽量不变或少变，这样甲、乙两塔间的供求关系就出现了矛盾。如果采用图 5-20 所示的控制方案，如果甲塔的液位上升，则液位控制器就会开大出料阀 1，而这将引起乙塔进料量增大，于是乙塔的流量控制器又要关小阀 2，其结果会使塔釜液位升高，出料阀 1 继续开大，如此下去，顾此失彼，两个控制系统无法同时正常工作，解决不了供求之间的矛盾。

解决矛盾的方法，可在两塔之间设置一个中间储罐，既满足甲塔控制液位的要求，又缓解了乙塔进料流量的波动。但是由此会增加设备，使流程复杂化，加大了投资。另外，有些生产过程连续性要求较高，不宜增设中间储罐。

解决供求之间的矛盾，只有冲突的双方各自降低要求。从工艺和设备上进行分析，塔釜有一定的容量。其容量虽不像储罐那么大，但是液位并不要求保持在定值上，允许在一定的范围内变化。至于乙塔的进料，如不能做到定值控制，但能使其缓慢变化也对乙塔的操作是

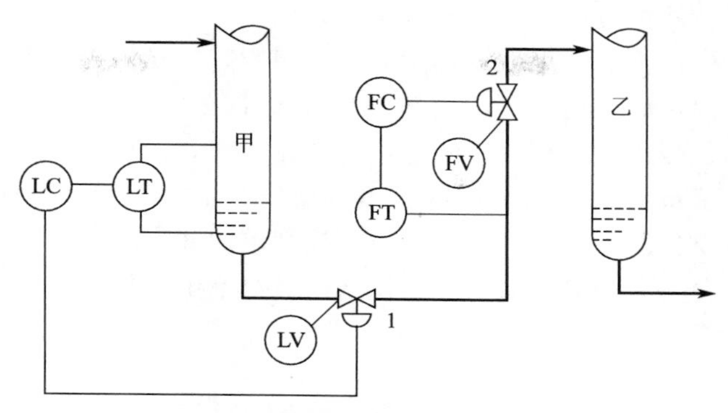

图 5-20　前后精馏塔物料供求关系

很有益的，较之进料流量剧烈的波动则改善了很多。为了解决前后工序供求矛盾，达到前后兼顾协调操作，使前后供求矛盾的两个变量在一定范围内变化，为此组成的系统称为均匀控制系统。“均匀”并不表示“平均照顾”，而是根据工艺变量各自的重要性来确定主次。

均匀控制通常是对两个矛盾变量同时兼顾，使两个互相矛盾的变量达到下列要求。

① 两个变量在控制过程中都应该是变化的，且变化是缓慢的。因为均匀控制是指前后设备的物料供求之间的均匀，那么，表征前后供求矛盾的两个变量都不应该稳定在某一固定的数值。图 5-21(a) 中把液位控制成比较平稳的直线，因此下一设备的进料量必然波动很大。这样的控制过程只能看作液位的定值控制，而不能看作均匀控制。反之，图 5-21(b) 中把后一设备的进料量控制成比较平稳的直线，那么，前一设备的液位就必然波动很厉害，所以，它只能被看作是流量的定值控制。只有如图 5-21(c) 所示的液位和流量的控制曲线才符合均匀控制的要求，两者都有一定程度的波动，但波动都比较缓慢。

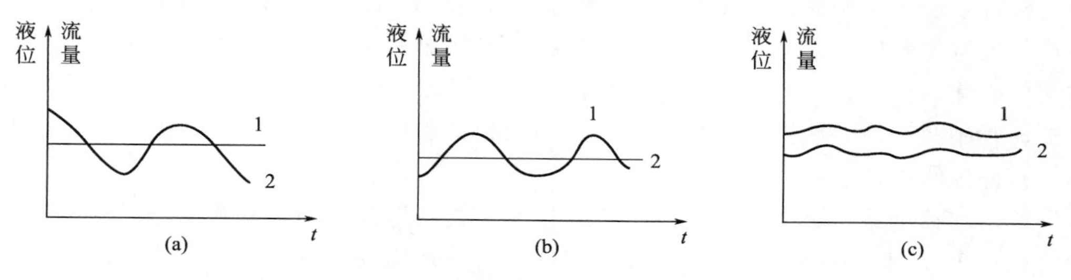

图 5-21　前后设备的液位与进料量之关系

1—液位变化曲线；2—流量变化曲线

② 前后互相联系又互相矛盾的两个变量应保持在所允许的范围内波动。如图 5-20 中，甲塔塔釜液位的升降变化不能超过规定的上下限，否则就有淹过再沸器蒸汽管或被抽干的危险。同样，乙塔进料流量也不能超越它所承受的最大负荷或低于最小处理量，否则就不能保证精馏过程的正常进行。为此，均匀控制的设计必须满足这两个限制条件。当然，这里的允许波动范围比定值控制过程的允许偏差要大得多。

5.3.1.2　均匀控制系统的结构

（1）简单均匀控制系统

简单均匀控制系统如图 5-22 所示，在结构组成上它与简单控制系统是一样的，但它们对动态过程的品质指标要求是不相同的，对于简单的液位控制系统，它要求液位平稳，当有干扰出现，液位偏离给定值时，要求通过有力的控制作用，尽快使液位能够恢复到给定值。

均匀控制则与其相反，液位可以在允许的范围内适度波动，所以它要求控制作用弱一些。

在均匀控制系统中，不能选用微分作用规律，因为它与均匀控制要求是背道而驰的。一般只选用比例作用规律，而且比例度一般都是整定的比较大（100%～150%）；较少采用积分作用规律，若采用积分作用，积分时间也整定的比较大，即积分作用比较弱。

简单均匀控制系统最大的优点是结构简单，操作、整定和调试都比较方便，投入成本低。但是，如果前后设备压力波动较大时，尽管控制阀的开度不变，流量仍然会变化，此时简单均匀控制就不适合了。所以，简单均匀控制只适用于干扰较小，对流量控制质量要求低的场合。

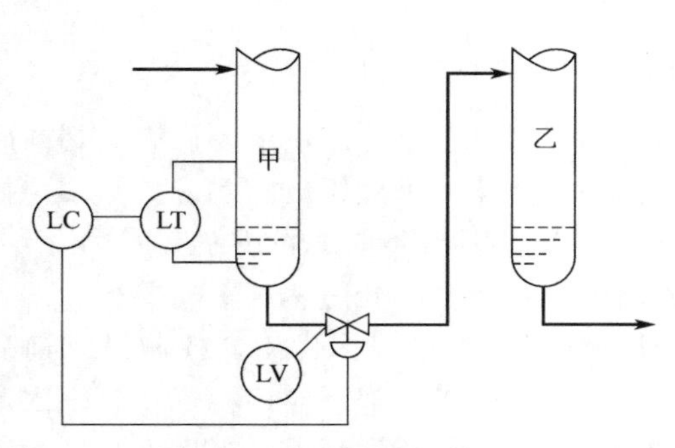

图 5-22 简单均匀控制系统

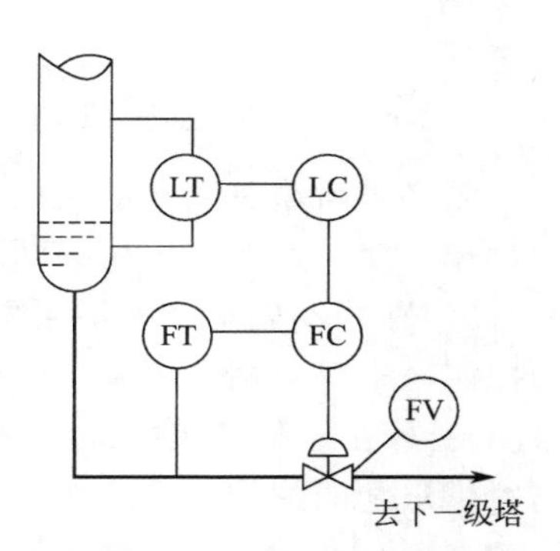

图 5-23 串级均匀控制系统

（2）串级均匀控制系统

串级均匀控制系统如图 5-23 所示，与串级控制系统结构相同。如前所述，简单均匀控制系统不能克服压力波动时对流量产生的影响，而采用串级均匀控制可以解决这个问题。串级均匀控制系统中副回路的作用就是克服设备压力波动对流量的影响，保证流量变化平缓。串级均匀控制的目的不是为了提高液位的控制质量，而是允许液位和流量都在各自许可的范围内缓慢变化。因此，主控制器的控制规律选择，可以参照简单均匀控制系统中的控制规律进行选择。副控制器一般选用纯比例作用，如果为了兼顾副变量，使其变化更稳定，也可选用比例积分控制规律。

串级均匀控制系统之所以能够使两个变量间的关系得到协调，是通过控制器参数整定来实现的。在串级均匀控制系统中，参数整定的目的不是使变量尽快地回到给定值，而是要求变量在允许的范围内作缓慢的变化。串级均匀控制系统的优点是能克服较大的干扰，使液位和流量变化缓慢平稳。适用于设备前后压力波动对流量影响较大的场合。

5.3.2 控制器参数整定

（1）控制器控制规律的选择

一般来讲，简单均匀控制系统的控制器一般采用比例（P）控制而不采用比例积分（PI）控制，其原因是均匀控制系统的控制要求是使液位和流量在允许范围内缓慢变化，即允许被控量有余差。由于控制器参数整定时比例度较大，控制器输出引起的流量变化一般不会超越输入流量的变化，可以满足系统的控制要求。当然，由于工艺过程的需要，为了照顾流量参数使其变化更稳定，有时也采用比例积分（PI）控制，当液位波动较剧烈或输入流量存在急剧变化场合、系统要求液位没有余差则要采用比例积分（PI）控制规律，在此情况下，加入适当积分（I）作用相应增大了控制器的比例度，削弱比例控制作用，使流量变化缓慢，也可以很好实现均匀控制作用。这里要提出引入积分（I）的不利之处，首先对流量参数产生不利影响，如果液位偏离给定值的时间较长而幅值又比较大，积分（I）作用会导致控制阀全开或全关，造成流量的波动较大。同时，积分（I）作用的引入将使系统稳定性变差，系统几乎处于不断的控制中，平衡状态相比比例（P）控制的时间要短。此外，积分（I）作用的引入，有可能出现积分饱和现象。

串级均匀控制系统主控制器的控制规律可按照简单均匀控制系统的控制规律选择，副控制器的控制规律可以选用比例（P）控制规律，不必消除余差；为了使副回路成为 1∶1 比例环节，改善系统的动态特性，可以采用比例积分（PI）控制规律。

（2）控制器参数整定

均匀控制系统的控制器都需要按照均匀控制的要求来进行整定。其整定主要原则突出一个“慢”字，即过渡过程不可以出现明显的振荡。均匀控制系统控制器参数整定原则是比例度较大些，积分时间常数较长些。

简单均匀控制系统的调节器参数整定可以按照简单控制系统的参数整定方法和步骤去做，先将比例作用数值放置在不会引起变量超值但相对较大的数值，观察趋势，适当地调整比例作用数值，使变量波动小于且接近允许范围。如果加入积分作用，比例作用数值适当调整后（比例度值适当加大或比例放大系数减小），再加入积分作用，注意积分作用要弱些，由大到小逐渐调整积分时间，直到变量都在工艺范围内均匀缓慢地变化。

串级均匀控制系统的整定方法有所不同，其整定步骤如下。

① 先将副控制器比例作用数值放于适当值上，然后比例放大倍数由大到小（比例度由小到大）地调整，直至副参数呈现缓慢的非周期衰减过程为止。

② 再将主控制器比例作用数值放于适当值上，然后比例放大倍数由大到小（比例度由小到大）地调整，直至主参数呈现缓慢非周期衰减过程为止。

为避免在同向干扰作用下主变量出现过大余差，可以适当地加入积分作用，但积分时间不要太小。

5.4　前馈控制系统

5.4.1　基本原理和特点

（1）前馈控制的基本原理

反馈控制特点是干扰作用于系统，对被控变量产生影响，测量值与给定值比较出现偏差之后，控制器输出改变，克服干扰对其的影响作用，所以反馈控制是根据偏差进行控制的。很显然，这种控制方式的控制作用一定是落后于干扰作用，即控制不及时，优点是只要被包含在反馈回路内的干扰，对被控变量产生了影响，控制作用克服它们对被控变量的影响。然而，在一般工业控制对象上总是存在一定的容量滞后或纯滞后，当干扰出现时，往往不能很快在被控变量上显现出来，需要一定的时间才能反应，然后控制器才能发挥控制作用，而控制通道同样也会存在一定的滞后，这就必然使被控变量的波动幅度增大，偏差的持续时间变长，导致控制的过渡过程一些指标变差，不能满足生产的要求。

由此设想，当干扰一出现就开始控制必然能提高控制速度。控制器直接根据干扰的大小和方向，不等干扰引起被控变量发生变化，就按照一定的规律进行控制，以补偿干扰作用对被控变量的影响，这样的控制方式称为前馈控制。如果前馈控制作用选择的合适，理论上可以完全抵消掉干扰的影响。

例如图 5-24 所示为一个换热器出口温度 T 需要维持恒定，若干扰为物料的入口温度 T_1 波动，则图 5-24 的前馈控制方案以控制出口温度为目的。假设某一时刻，进料温度突然升高，必然有使换热器出口温度升高 ΔT_f 的趋势，如图 5-25(a) 所示，那么，在入口处安装温度测量变送器，测出此干扰信号，通过前馈控制器去适度地关小蒸汽阀门，使换热器出口温度降低 ΔT_c，如图 5-25(b) 所示。如果测量信号准确，前馈控制器设计合适，必然能使 ΔT_f 和 ΔT_c 大小相等，但方向相反。实现对干扰影响的补偿控制作用，保证换热器出口温度不变，即被控变量在干扰作用下不产生任何变化。

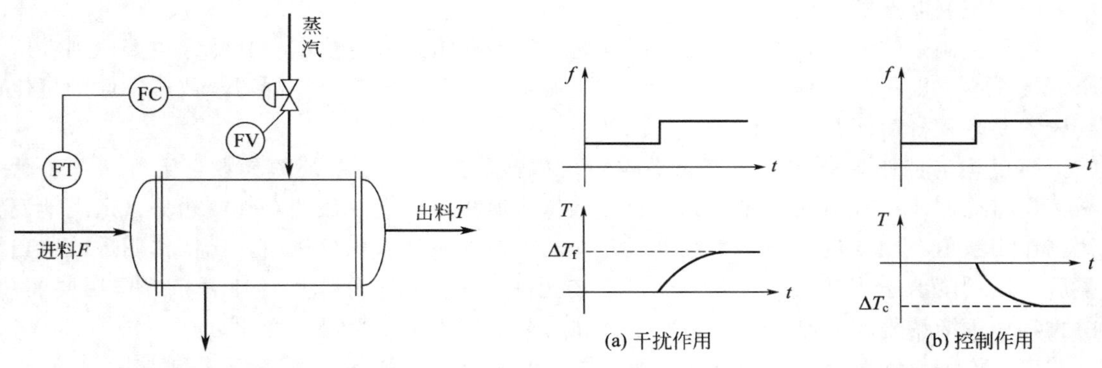

图 5-24 换热器前馈控制系统结构图

图 5-25 曲线变化图

图 5-26 为换热器前馈控制方框图。根据前馈全补偿原理，被控变量在干扰作用下不产生任何变化，$T(s)=0$。换热器的传递函数为

$$\frac{T(s)}{f(s)}=G_f(s)+G_C(s)G_0(s)$$

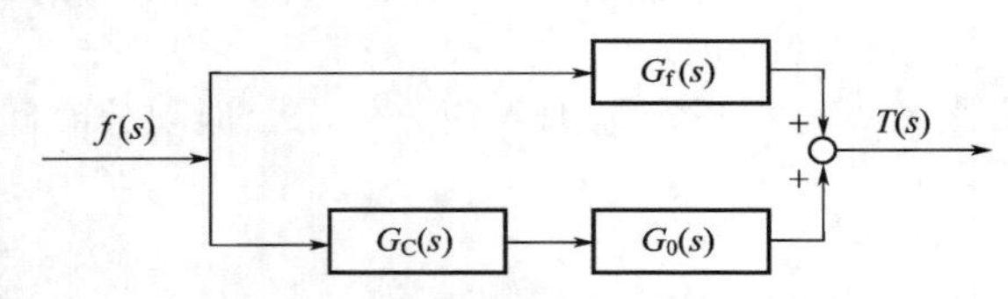

图 5-26 换热器前馈控制系统方框图

$G_C(s)$——前馈控制器传递函数；$G_f(s)$——对象干扰通道传递函数；$G_0(s)$——对象控制通道传递函数

则前馈控制器的传递函数为

$$G_C(s)=-\frac{G_f(s)}{G_0(s)} \tag{5-22}$$

(2) 前馈控制的特点

① 前馈控制是按照干扰作用的大小和方向进行控制的，控制作用及时。表 5-2 是前馈控制和反馈控制的特点比较。

表 5-2 前馈控制与反馈控制比较

项目	控制所依据的信号	检测的信号	控制作用发生的时间
反馈控制	被控变量的偏差大小	被控变量	偏差出现之后
前馈控制	干扰量的大小	干扰量	偏差出现之前

② 前馈控制属于开环控制系统，这是前馈控制的不足之处。反馈控制系统是一个闭环控制，反馈控制能够不断的反馈控制结果，可以不断地修正控制作用，前馈控制却不能对控制效果检验。所以应用前馈控制，必须更加清楚了解对象的特性，才能够取得较好的前馈控制作用。

③ 前馈控制器是专用控制器，与一般反馈控制系统采用通用的 PID 控制器不同，前馈控制器使用的是根据对象特性而定的“专用”控制器，由式(5-22) 可知，前馈控制器的控制规律为对象的干扰通道与控制通道的特性之比，式中的负号表示控制作用与干扰作用方向

相反。

④ 一种前馈作用只能克服一种干扰。前馈作用只能针对一个测量出来的干扰进行控制，对于其他干扰，由于该前馈控制器无法感知，因此也就无能为力了。而反馈控制系统中，只要是影响到被控变量的干扰都能克服。

5.4.2 几种主要结构形式

（1）静态前馈

前馈控制器的输出信号是按照干扰量的大小随时间而变化的，是输入和时间的函数。如不考虑干扰通道和控制通道的动态特性，即不去考虑时间因素，这时就属于静态前馈。静态前馈的传递函数为：

$$G_C(s)=-K_C=-\frac{K_f}{K_o} \tag{5-23}$$

由于静态前馈控制规律不包含时间因子，因此实施起来相当方便。事实证明，在不少场合，特别是 $G_f(S)$ 与 $G_0(S)$ 滞后相近时，应用静态前馈控制也可获得较高的控制质量。

（2）动态前馈控制方案

静态前馈控制系统能够实现被控变量静态偏差为零或减小到工艺要求的范围内，为了保证动态偏差也在工艺要求之内，需要分析对象的动态特性，才能确定前馈控制器的规律，获得动态前馈补偿。然而工业对象特性是千差万别的，如果按动态特性设计控制器将会非常复杂，难以实现。因此可在静态前馈的基础上增加动态补偿环节，即加延迟环节或微分环节来达到近似补偿。按照这个原理设计的一种前馈控制器，即

$$G_C(s)=-\frac{G_f(s)}{G_0(s)}=-\frac{\dfrac{K_2}{T_2s+1}e^{-\tau_2 s}}{\dfrac{K_1}{T_1s+1}e^{-\tau_1 s}}=-K\frac{T_1s+1}{T_2s+1} \tag{5-24}$$

有三个能够调节的参数分别是 K、T_1 和 T_2。K 为控制器的放大倍数，起静态补偿作用，T_1 和 T_2 是时间常数，通过调整它们的数值，实现延迟作用和微分作用的强弱控制。与干扰通道相比，控制通道反应快时，给它加强延迟作用；控制通道反应慢时，给它加强微分作用。根据两个通道的特性适当调整 T_1、T_2 的数值，使两个通道控制节奏相吻合，便可实现动态补偿，消除动态偏差。

（3）前馈-反馈控制方案

由于人们对被控对象的特性很难准确掌握，以及单纯前馈补偿精度限制，因此单纯前馈控制效果不理想，在生产过程中很少使用。前面比较过前馈和反馈的优缺点，如果能把两者结合起来构成控制系统，取长补短，协同工作一起克服干扰，能进一步提高控制质量，这种系统称为前馈-反馈控制系统。下面以图 5-27 所示加热炉控制为例说明前馈-反馈系统的结构及特点。

当主要干扰为加热炉进料流量波动，而与此同时又存在其他影响加热炉出口温度的干扰时，相应的前馈-反馈控制系统如图 5-27 所示，在此系统中采用前馈通道来控制进料流量波动对被控变量的影响，可以产生及时的控制作用，采用反馈通道克服其他干扰，如燃料热值变化和燃料压力变化对被控变量的影响，同时通过反馈通道能不断地检测被控变量的偏差情况，以产生进一步的校正作用，提高控制质量，图 5-28 为反馈-前馈控制系统的方框图。

综上所述，前馈-反馈控制系统具有以下优点：

① 发挥了前馈控制系统及时的优点；

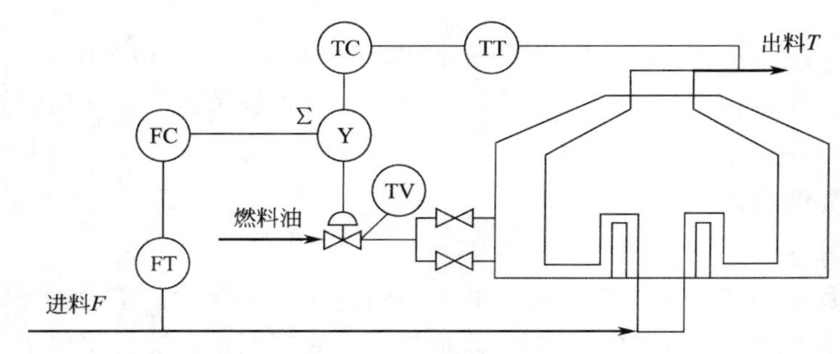

图 5-27　加热炉前馈-反馈控制系统

② 保持了反馈控制能克服多个干扰影响和具有对控制效果进行校验的长处；

③ 反馈回路的存在，降低了对前馈控制模型的精度要求，为工程上实现比较简单的模型创造了条件。

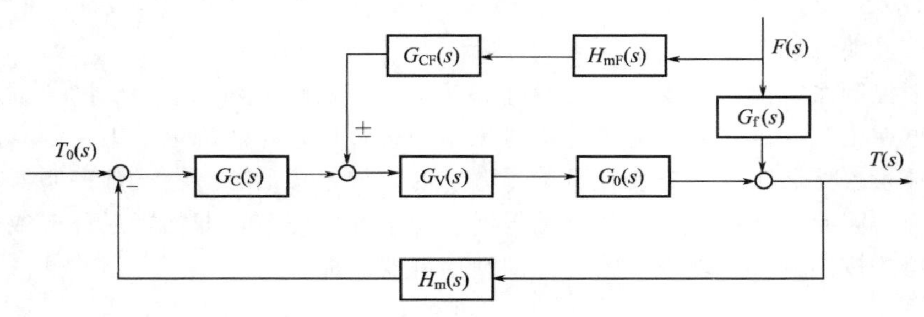

图 5-28　加热炉反馈-前馈控制系统方框图

5.4.3　实施中的一些问题

由前馈控制的原理、特点可看出，前馈控制虽然对可测不可控的干扰有很好的抑制作用，但同时亦存在着很大的局限性，主要有以下几点。

(1) 难以实现完全补偿

前馈控制只有在实现完全补偿的情况下，才能使系统得到良好的动态品质，但完全补偿几乎是难以做到的。

① 获取实际系统传递函数的方法通常采用工程方法，要准确地掌握过程干扰通道特性 $G_f(s)$ 及控制通道特性 $G_0(s)$ 是不容易的，而且在建立各通道数学模型时还要做适当的简化，系统中使用的干扰通道和控制通道的传递函数不十分准确，故而前馈控制模型 $G_C(s)$ 难以准确获得；且被控对象常具有非线性特性，在不同的运行工况下其动态特性参数会发生变化，原有的前馈控制模型此时就不能适应了，因此无法实现动态上的完全补偿。

② 对于过于复杂或存在特殊环节的前馈控制模型 $G_C(s)$，有时工程上难以实现。例如，前馈控制器传递函数中包含超前环节等。

(2) 补偿的单一指向性

一个前馈补偿器只能对一个干扰实现补偿控制，而对其他的干扰无能为力，具有补偿的单一指向性。实际的生产过程中，往往同时存在着若干个干扰。如上述换热器温度系统中，物料流量、物料入口温度、蒸汽压力等的变化均将引起出口温度 T 的变化。如果要对每一种干扰都实行前馈控制，就是对每一个干扰至少使用一套测量变送仪表和一个前馈控制器，这将使系统庞大而复杂，增加自动化设备的投资。

目前过程系统中尚有一些干扰量由于无法对其实现在线测量而不能采用前馈控制。若仅对某些可测干扰进行前馈控制，则无法消除其他干扰对被控参数的影响。

5.5　选择性控制系统

5.5.1　基本原理

在一些大型生产过程中，除了要求控制系统在生产处于正常运行情况下，能够克服外界干扰，维持生产的平稳运行外，当生产操作达到安全极限时，控制系统应能采取相应的保护措施，促使生产操作离开安全极限，返回到正常情况，或者使生产暂时停止下来，以防事故的发生或进一步扩大。这种非正常工况时的控制系统属于安全保护性措施，安全保护性措施有两类：一类是硬保护措施；一类是软保护措施。

① 所谓硬保护措施就是联锁保护系统，当生产工况超出一定范围时，联锁保护系统采取一系列相应的措施，如产生声和光警报、自动到手动的切换、联锁保护等，使生产过程处于相对安全的状态。但这种硬保护措施经常使生产停车，造成较大的经济损失。于是，人们在实践中探索出许多更为安全经济的软保护措施来减少停车造成的损失。

② 所谓软保护措施，就是通过一个特定设计的自动选择性控制系统，当生产短期内处于不正常工况时，既不使设备停车又起到对生产进行自动保护的目的。既可用一个控制不安全情况的控制方案自动取代正常生产情况下工作的控制方案，用取代控制器代替正常控制器，直至使生产过程重新恢复正常，而后又使原来的控制方案重新恢复工作，用正常控制器代替取代控制器。这种操作方式一般会使原有的控制质量降低，但能维持生产的继续进行，避免了停车，此方法称之为选择性控制——一种既能保证对生产过程正常控制，又能在短期内出现生产异常时，对系统起到保护的控制方案，即软保护法。

选择性控制系统构成应具备两方面，一是生产操作上有一定的选择规律；二是组成控制系统的各个环节中，必须包含具有选择性功能的选择单元。

5.5.2　选择性控制系统结构及示例

（1）被控变量的选择性控制系统

以锅炉为例说明这类选择性控制系统的结构及工作过程。

在锅炉的运行中，蒸汽负荷随着用户需要而经常波动。正常情况下，通过控制燃料量来保证蒸汽压力的稳定。当蒸汽用量增加时，为保证蒸汽压力不变，必须在增加供水量的同时，相应地增加燃料气量。然而，燃料气的压力也随燃料气量的增加而升高，当燃料气压力过高超过某一安全极限时，会产生脱火现象。一旦脱火现象发生，燃烧室内由于积存大量燃料气与空气的混合物，会有爆炸的危险。为此，锅炉控制系统中常采用如图 5-29 所示的蒸汽压力与燃料气压力的选择性控制系统，以防止脱火现象产生。

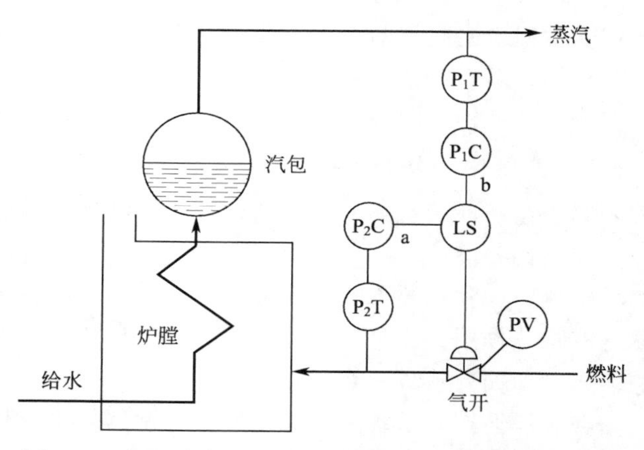

图 5-29　锅炉蒸汽压力与燃料气压力的选择性控制系统

图 5-29 中采用一台低选器（LS）来确定控制阀的输入信号。低选器能自动地选择两个输入信号中较低的一个作为它的输出信号。系统中蒸汽压力控制器为正常控制器，燃料气压力控制器为取代控制器。正常控制器与取代控制器的输出信号通过选择器，在不同工况下自动选取后送至控制阀，以维持蒸汽压力的稳定以及防止脱火现象的发生。该系统的方框图如图 5-30 所示。

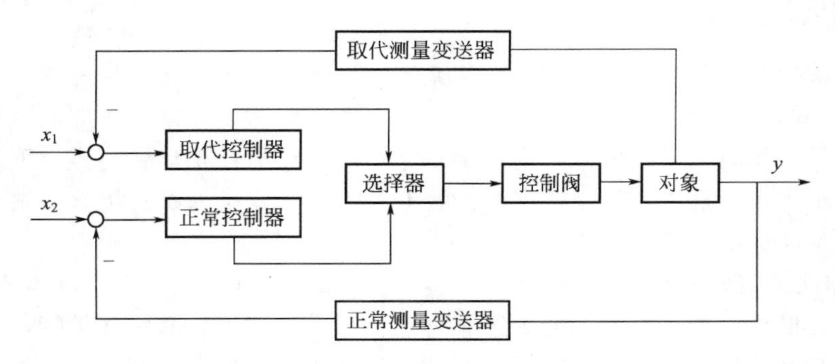

图 5-30　选择性控制系统方框图

从安全角度考虑，燃料气控制阀应为气开式。正常情况下，燃料气压力低于给定值，由于 P_2C 是反作用方式，其输出 a 将是高信号，而蒸汽压力控制器 P_1C 的输出 b 则为低信号。此时，低选器选中 b 信号来控制阀，从而构成了一个以蒸汽压力作为被控变量的简单控制系统。而当燃料气压力上升到超过脱火压力时，由于 P_2C 是反作用方式，其输出 a 将是低信号，a 被低选器选中，这样便取代了蒸汽压力控制器，防止脱火现象的发生，构成了一个以燃料气压力为被控变量的简单控制系统。当燃料气压力恢复正常时，蒸汽压力控制器 P_1C 的输出 b 又成为低信号，经自动切换，蒸汽压力控制系统重新恢复运行。

被控变量的选择性控制系统，当生产处于正常情况时，选择器选择正常控制器的输出信号送给执行器，实现对生产过程的自动控制，此时取代控制器处于开路状态。当生产过程处于非正常情况时，选择器则选择取代控制器代替正常控制器对生产过程进行控制，此时正常控制器处于开路状态。当生产过程恢复正常，通过选择器的自动切换，仍由原来的正常控制器来控制生产的进行。

（2）被控变量测量值的选择性控制系统

这种系统的显著特点是：多个变送器共用一个控制器，选择器对变送器的输出信号进行选择。其用途主要有两个，一是选出几个检测变送信号的最高或最低信号用于控制，如图 5-31 所示；其二是为防仪表故障造成事故，对同一检测点采用多个仪表测量，选出可靠的测量值。其结构如图 5-32 所示。

5.5.3　实施中的几个问题

对于在开环状态下的控制器，当其控制规律中有积分作用时，如果给定值和测量值之间一直存在偏差信号，那么，由于积分的作用，将使控制器的输出不停地变化，直至达到输出的极限值，这种现象称之为积分饱和。从中可以看出，产生积分饱和有三个条件，一是控制器具有积分作用；二是控制器处于开环工作状态，即其输出没有被送往控制阀；三是控制器的输入，即偏差信号一直存在。

在选择性控制系统中，总有一个控制器处于开环状态，若此控制器有积分作用，就会产生积分饱和现象。当控制器处于积分饱和状态时，其输出将达到最大或最小的极限值，该极限值已超出执行器的有效输入信号范围。所以，当这个控制器被重新选中时，必须使它的输出信号回到控制阀的有效输入范围，这样执行器才开始动作。但是这个过程需要一定的时间，导致控制阀不能及时地进行切换。为此，常采用以下方法防止积分饱和。

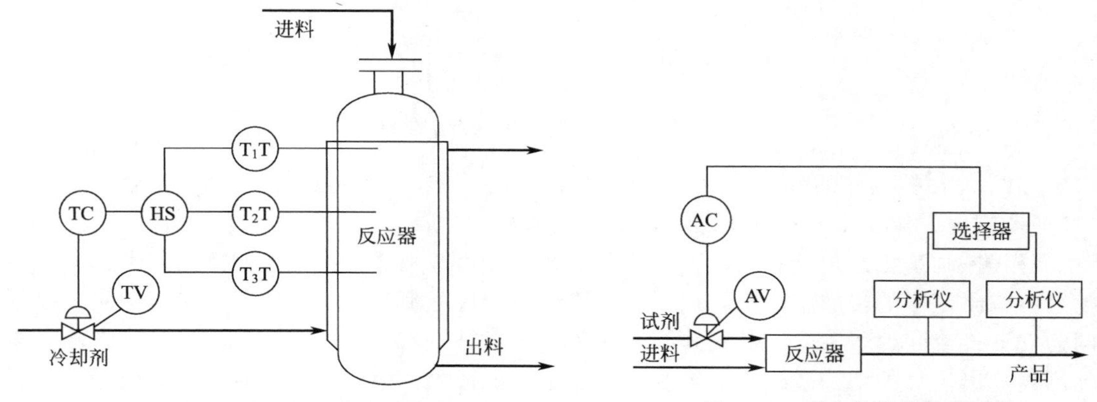

图 5-31　温度选择性控制系统图　　图 5-32　成分选择性控制系统

① 限幅法　用高低值限幅器，使控制器的输出信号被限制在工作区间内。

② 外反馈法　所谓外反馈法就是采用外部信号作为控制器的积分反馈信号。这样，当控制器处于开环工作状态时，由于积分反馈信号不是输出信号本身，就不会形成对偏差的积分作用，从而可以防止积分饱和问题的出现。如图 5-33 所示，选择性控制系统的两个比例积分控制器输出分别为 P_1、P_2，通过选择器选中其中之一送至控制阀，送往控制阀的信号又同时引回到两个控制器的积分环节。

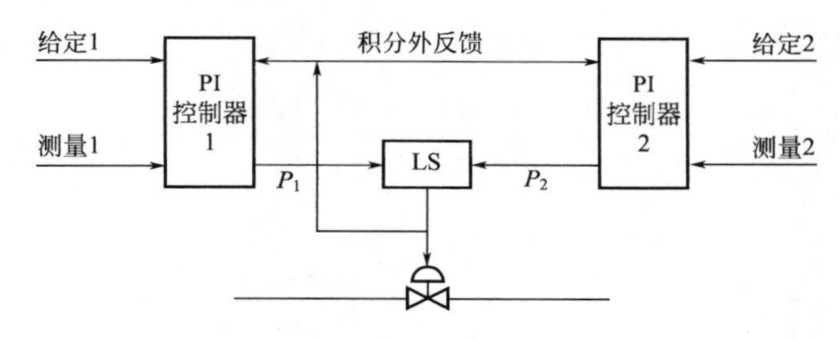

图 5-33　积分外反馈原理图

③ 积分切除法　当控制器被选中处于闭环状态时，具有比例积分作用；若控制器未被选中处于开环状态时，将积分作用自动切除，使之只有比例作用，具有这种功能的控制器称为 PI-P 控制器。

5.6　分程控制系统和阀位控制器控制系统

5.6.1　分程控制系统组成及工作原理

分程控制系统是将一个控制器的输出分成若干个信号范围，由各个信号段去控制相应的控制阀，从而实现了一个控制器对多个控制阀的控制，有效地提高了过程控制系统的控制能力，其方框图如图 5-34 所示。

图 5-34 中，是把控制器的输出信号分成两段，利用不同的输出信号分别控制两个控制

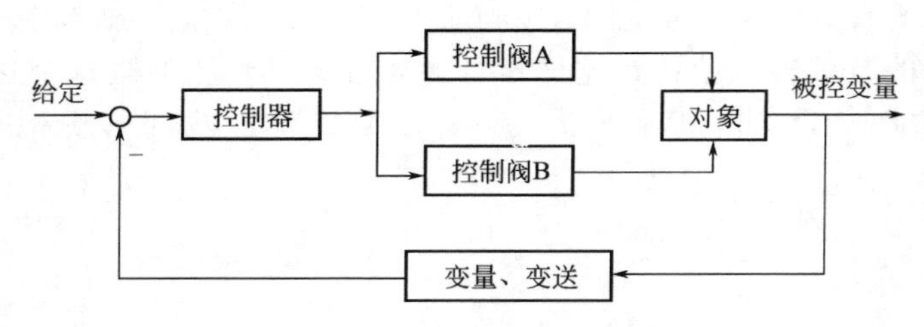

图 5-34 分程控制系统方框图

阀，如阀 A 在控制器的输出信号为 0～50％范围内工作，阀 B 则在控制器输出信号为50％～100％范围内工作，每个控制阀的动作信号范围都是相同的。

分程控制系统按控制阀的气开、气关形式可分为两类：一类是控制阀同向动作，即随着控制器输出信号的增加或减小，控制阀均逐渐开大或逐渐减小，同向分程控制的两个控制阀同为气开式或同为气关式，其动作过程如图 5-35 所示。另一类是控制阀异向动作，即随着控制器输出信号的增加或减小，控制阀中一个逐渐开大，另一个逐渐减小，异向分程控制的两个控制阀一个为气开式，一个为气关式，如图 5-36 所示。分程控制中控制阀同向或异向的选择，要根据生产工艺的实际需要来确定。

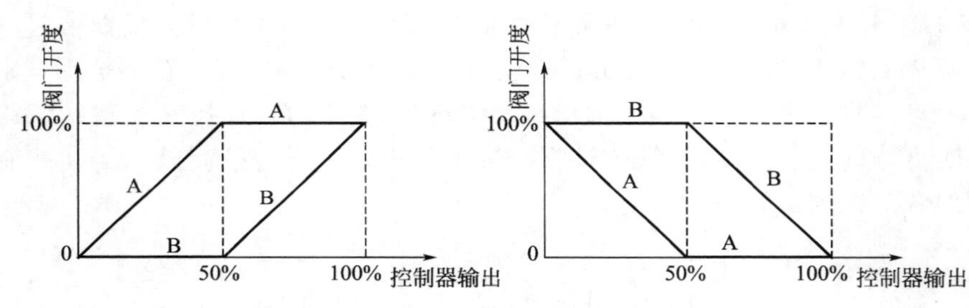

图 5-35 控制阀同向动作

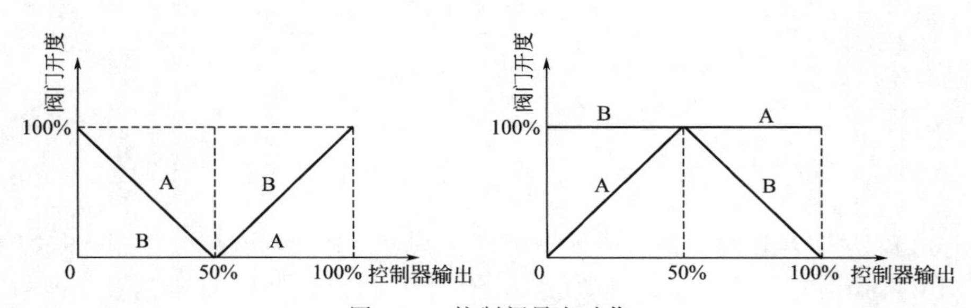

图 5-36 控制阀异向动作

为了实现分程控制，一般需要在每个控制阀上引入阀门定位器。阀门定位器相当于一台放大系数可变且零点可调的放大器。借助于它对信号的转换功能，多个控制阀在分别接受控制器输出的不同信号段后，均被调整为 0～100％，使之走完全行程。

5.6.2 分程控制的实施

(1) 分程区间的决定

分程控制系统设计主要是多个阀之间的分程区间问题，设计原则如下。

① 先确定控制阀的开关作用形式，根据控制阀的开关作用形式选择原则确定。

② 再决定控制器的正反作用方式，分程控制系统实质是简单控制系统，根据简单控制

系统的控制器的正反作用判断方法判断分程控制系统控制器的正反作用方式。

③ 最后决定各个阀的分程区间。

(2) 分程阀总流量特性的改善

当调节阀采用分程控制，如果它们得流通能力不同，组合后的总流通特性，在信号交接处流量的变化并不是光滑的。例如选用 $C_{max}=4$ 和 $C_{min}=100$ 这两只调节阀构成分程控制，两阀特性及它们的组合总流量特性如图 5-37 所示。

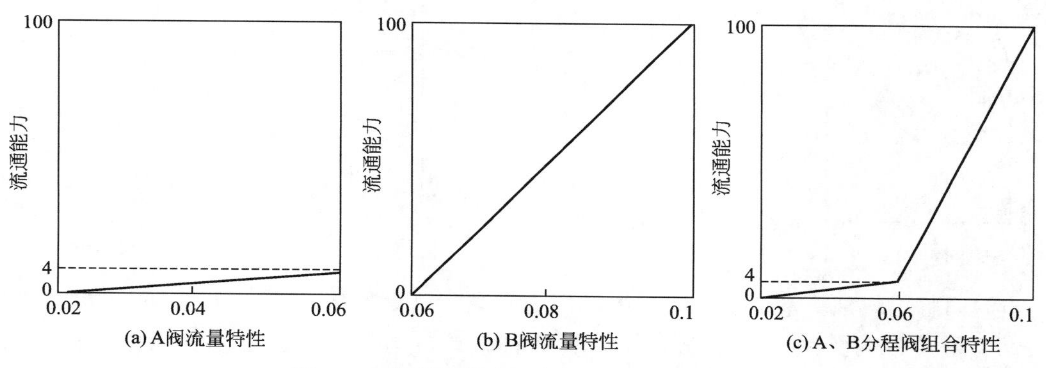

图 5-37 分程系统大、小阀连接组合特性图

由图 5-37 可以看出，原来线性特性很好的两只控制阀，当组合在一起构成分程控制时，其总流量特性已不再呈现线性关系，而变成非线性关系了。特别是在分程点，总流量特性出现了一个转折点。由于转折点的存在，导致了总流量特性的不平滑。这对系统的平稳运行是不利的，为了使总流量特性达到平滑过渡，可采用如下方法。

解决在 50%处出现大的转折，呈现严重的非线性方法：① 选用等百分比阀可自然解决；② 线性阀则可通过添加非线性补偿调节的方法将等百分比特性校正为线性。

(3) 分程控制的应用

有些生产过程，尤其在各类炼油或石油化工中，许多存放各种油品或石油化工产品的贮罐都建在室外，为避免这些原料或产品与空气相接触而氧化变质或引起爆炸，常在贮罐上方充以氮气，使其与空气隔绝，通常称之为氮封。采用氮封技术的工艺要求是保持贮罐内的氮气压力为微正压。

贮罐中物料量的增减，将引起罐顶压力的升降，故必须及时进行控制，否则将引起贮罐变形，甚至破裂，造成浪费或引起燃烧、爆炸等危险。因此，当贮罐内物料量增加时（即液位升高时），应及时使罐内氮气适量排出；反之，当贮罐内物料量减少时（即液位下降时），为保证罐内氮气呈微正压的工艺要求，向贮罐充氮气。基于这样的考虑，可采用如图 5-38 所示的分程控制系统。

① 选择控制阀气开、气关形式　从安全的角度考虑，一旦出现故障，为避免贮罐内压力过高或过低而引起事故，进气阀将全关，排气阀将全开，因此，进气阀 A 选择气开式，排气阀 B 选择气关形式。

② 确定分程区间　分程控制系统实质是简单控制系统，根据简单控制系统控制器正反作用方式的判断方法判断，压力控制器应为反作用方式。贮罐内压力过高，进气阀 A 应处在关闭状态，排气阀 B 打开，由于压力控制器为反作用方式，控制器输出较小，此时控制器控制排气阀 B 的开度，排气阀 B 应工作在控制器输出 0～50%区间。进气阀 A 应工作在控制器输出 50%～100%区间。

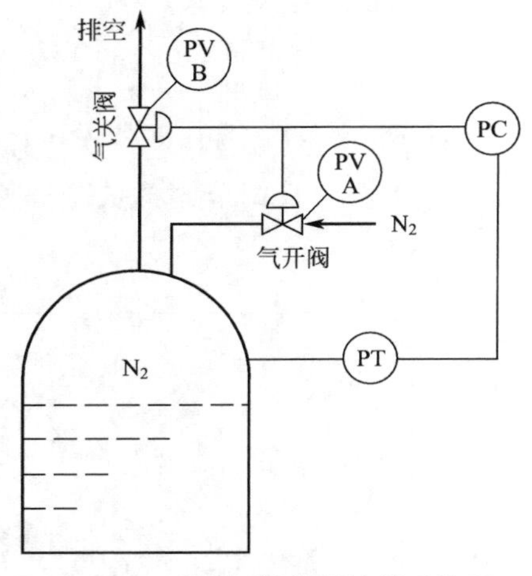

图 5-38 贮罐氮封分程控制系统图

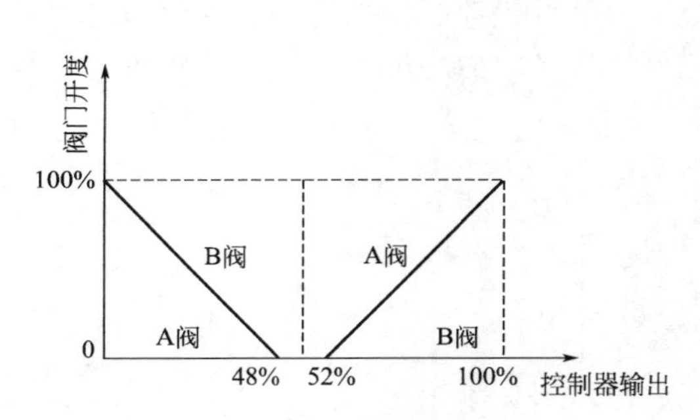

图 5-39 贮罐氮封分程阀特性图

当罐内物料增加，液位上升时，贮罐压力升高，测量值将大于给定值，压力控制器输出减小，于是阀 A 将关闭，停止充氮气，阀 B 将打开，通过放空使贮罐内压力降低。反之，当罐内物料减少，液位下降时，贮罐内压力降低，测量值将小于给定值，于是压力控制器输出增大，使阀 B 关闭，停止排气，而阀 A 打开，向罐内补充氮气，以提高贮罐的压力。

为了防止贮罐内压力在给定值附近变化时 A、B 两阀的频繁动作，可在两阀信号交接处设置一个不灵敏区，如图 5-39 所示。通过阀门定位器的调整，当控制器的输出压力在这个不灵敏区变化时，A、B 两阀都处于全关位置。加入这样一个不灵敏区后，将会使控制过程变化趋于缓慢，系统更为稳定。

5.6.3 阀位控制器控制系统的结构与应用

(1) 概述

一个控制系统在受到外界干扰时，被控变量将偏离原先的给定值，而发生变化，为了克服干扰的影响，通过对操作变量进行调整，使被控变量靠近给定值。对一个系统来说，可供选择作为操纵变量的可能是多个，选择操纵变量既要考虑它的经济性和合理性，又要考虑它的快速性和有效性。但是，在有些情况下，所选择的操纵变量很难做到两者兼顾。阀门控制系统就是在综合考虑控制变量的快速性、有效性、经济性和合理性基础上发展起来的一种控制系统。

阀位控制系统的原理结构如图 5-40 所示。在阀位控制系统中选用了两个操纵变量蒸汽量 F_2 和物料量 F_1，其中操纵变量 F_2 从经济性和工艺的合理性考虑比较合适，但是对克服干扰的影响不够及时有效。操纵变量 F_1 却正好相反，快速性、有效性较好，但经济性、工艺的合理性较差。

这两个操纵变量分别由两支控制器来控制。其中操纵变量 F_1 的为主控制器 TC，操纵变量 F_2 的为阀位控制器 VPC。主控制器的给定值即产品的质量指标，阀门控制器的给定值是操纵变量管线上控制阀的阀位，阀位控制系统也因此而得名。

(2) 阀位控制系统的工作原理

如图 5-40 的阀位控制系统，假定 A 阀、B 阀均选为气开阀，主控制器 TC（温度调节器）为正作用，阀位控制器 VPC 为反作用。系统稳定情况下，被控变量 T 等于主控制器的设定值，A 阀处于某一开度，控制 B 阀处于阀位控制器 VPC 所设置的小开度。当系统受到

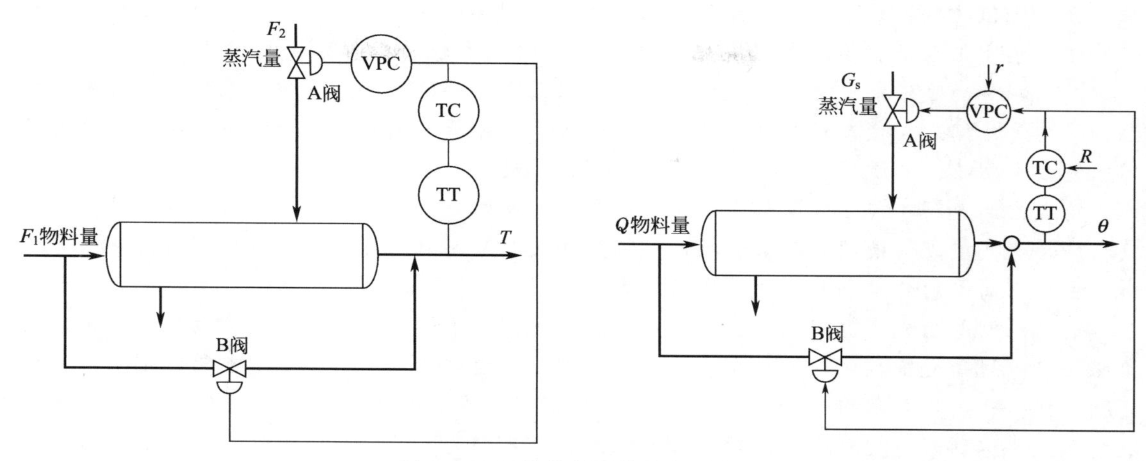

图 5-40 阀位控制系统结构原理图

外界干扰使物料出口温度上升时，温度控制器的输出将增大，这一增大的信号分两路：其中一路去 B 阀；另一路去 VPC。送往 B 阀的信号将使 B 阀的开度增大，这会将物料出口温度拉下来；送往 VPC 的信号是作为后者的测量值，在阀位控制器 VPC 所设置值不变的情况下，测量值增大，VPC 的输出将减小，A 阀的开度将减小，蒸汽量则随之减小，出口温度也将因此而下降。这样 A、B 两只阀动作的结果都将会使温度上升的趋势减低。随着出口温度上升趋势的下降，温度控制器的输出逐渐减小，于是 B 阀的开度逐渐减小，A 阀的开度逐渐加大。这一过程一直进行到温度控制器及阀位控制器的偏差都等于 0 时为止。温度控制器偏差等于 0，意味着出口温度等于给定值，即阀位控制器偏差等于零，意味着控制阀 B 的阀压与阀位控制器 VPC 的设定值相等，而 B 的开度与阀压是有着一一对应的关系的，也就是说阀 B 最终会回到 VPC 的设定值所对应的开度。

由上面的分析可以看到：本系统利用操纵变量 F_1 的有效性和快速性，在干扰一旦出现影响到被控变量偏离给定值时，先行通过对操纵变量 F_1 的调整来克服干扰的影响。随着时间的增长，对操纵变量 F_1 的调整逐渐减弱，而控制出口温度的任务逐渐转让给操纵变量 F_2 来担当。最终阀 B 停止在一个很小的开度（由阀位控制器 VPC 的设定值来决定）上，而维持控制的合理性和经济性。

章后小结

具有多个（两个以上）变量或多个（两个以上）测量变送器或多个（两个以上）控制器或多个（两个以上）控制阀组成的控制系统。本章主要介绍串级控制系统、均匀控制系统、比值控制系统和前馈控制系统的基本原理、目的、结构及应用。

串级控制系统是复杂控制系统中以提高控制质量为目的一种应用最多的控制类型。串级控制系统的主回路是一个定值控制系统，副回路是随动控制系统，两个回路的工作特征为：副回路对被控量起到“粗调”作用，而主回路对被控量起到“细调”作用。串级控制系统的特点：对于进入副回路的干扰具有很强的抑制能力；减少控制通道的惯性，改善对象特性；具有一定的自适应能力。在串级控制系统中控制阀的选择与简单控制系统的控制阀选择原则相同。主变量、副变量的选择应遵循一定的选择原则；主、副控制器控制规律的选择应遵循“主要精、副要快”；系统投运和整定应遵循“先副后主”的原则。

比值控制有定比值控制和变比值控制之分，定比值控制中经常采用的比值控制类型有三种：开环比值控制系统、单闭环比值控制系统、双闭环比值控制系统。比值控制系统实施时必须把工艺比值系数 k 换算成仪表比值系数 K。比值系数的换算方法与仪表的结构型号无关，只与测量的方法有关。比值控制实施可以采用乘法和除法两种方案。在实际实施中还要注意一些其他问题：主动量和从动量的选择，关于开方器的选用，比值控制系统中的动态跟踪问题，主副流量的逻辑提降问题，比值控制系统的参数整定等。

均匀控制是解决前后设备供求矛盾的一种控制系统，一般是对液位和流量两个参数同时兼顾，又有侧重点，使两个参数在控制过程中都是缓慢变化，且均保持在所允许的波动范围内，主要有简单均匀控制和串级均匀控制方案。

前馈控制是指控制器直接根据干扰的大小和方向，不等干扰引起被控变量发生变化，就按照一定的规律进行控制，以补偿干扰作用对被控变量的影响。实际上，前馈控制很难完全克服干扰，一般均采用前馈-反馈控制系统，先有前馈克服掉主要干扰，再用反馈控制克服次要干扰，达到理想控制效果。前馈控制在结构上可分为单纯的前馈控制（包括静态前馈和动态前馈）、前馈-反馈控制系统。

选择性控制是一种既能保证对生产过程正常控制，又能在短期内出现生产异常时，对系统起到保护的控制方案。选择性控制系统构成应具备两方面，一是生产操作上有一定的选择规律；二是组成控制系统的各个环节中，必须包含具有选择性功能的选择单元。在选择性控制系统中，总有一个控制器处于开环状态，若此控制器有积分作用，就会产生积分饱和现象，应想办法消除积分饱和现象。

分程控制系统是将一个控制器的输出分成若干个信号范围，由各个信号段去控制相应的控制阀，从而实现了一个控制器对多个控制阀的控制。分程控制可以扩大控制阀的可调范围，满足工艺操作的特殊要求。

阀门控制系统就是在综合考虑控制变量的快速性、有效性、经济性和合理性基础上发展起来的一种控制系统。在阀位控制系统中选用了两个操纵变量来进行控制。

习　题

5-1. 什么是串级控制系统？画出典型方框图，并指出在结构上与简单控制系统有何不同？

5-2. 串级控制系统有哪些特点？什么情况下考虑设计串级控制系统？

5-3. 串级控制系统中主、副变量应如何选择？

5-4. 在串级控制系统中，如何选择主、副控制器的控制规律？其参数又如何整定？

5-5. 如图 5-41 所示的加热器串级控制系统，要求：

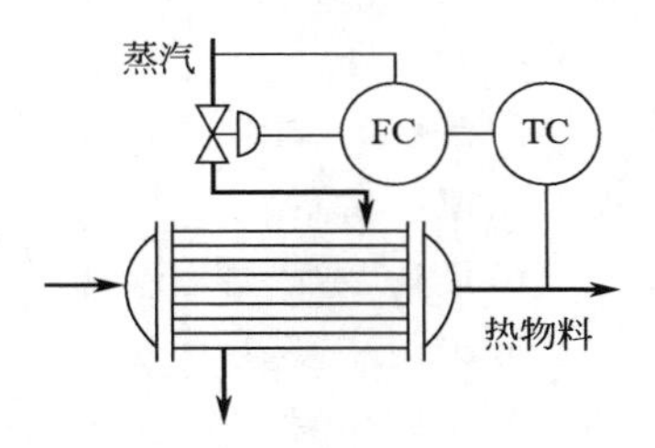

图 5-41　加热器串级控制系统

① 画出该系统的方块图，并说明各框图的含义。

② 如工艺要求加热器温度不能过高，否则易发生事故，确定调节阀的作用方式和主、副控制器的正、反作用。

③ 当蒸汽压力突然增大时，简述该控制系统的控制过程。

④ 当冷物料流量突然加大时，简述该控制系统的控制过程。

5-6. 什么是比值控制系统？流量比是如何定义的？

5-7. 比值控制系统有哪些形式？它们各有什么特点？

5-8. 比值控制系统有哪几种实施方案？各有何特点？

5-9. 什么是均匀控制系统？均匀控制的目的是什么？均匀控制主要有几种结构形式？

5-10. 前馈控制和反馈控制有什么异同？

5-11. 前馈控制系统有哪几种主要结构形式？

5-12. 前馈-反馈控制具有哪些优点？

5-13. 在前馈控制中，动态前馈和静态前馈有什么区别？一般情况下，为何不单独使用前馈控制？

5-14. 何为选择性控制系统？它有几种结构形式？

5-15. 在选择性控制系统中如何防止积分饱和？

5-16. 分程控制的目的是什么？分程控制中控制阀有几种基本组合方式？

第6章　先进控制系统

常规控制方案在工程应用中存在着很多的缺陷，使得控制结果往往达不到预期的效果。随着科学技术的进步，大量新型控制理论和系统不断涌现，在生产实践中得到应用，并取得良好的效果。本章介绍几种目前较常用的先进控制系统，使大家对现代控制系统的状况有个了解。

6.1　基于模型的预测控制

6.1.1　基本原理

预测控制常称为基于模型的控制。应用模型进行预测为其基本特征，到目前为止已有几十种之多。任何取自过程的已有信息，且能对过程未来动态行为的变化趋势进行预测的信息集合，都可作为预测模型。下面以单步模型算法控制为例介绍预测控制的基本原理。

模型算法控制（Model Algorithmic Control，简称 MAC）一般包括内部模型、反馈校正、滚动优化、参考输入等几部分。它采用基于脉冲响应的非参数模型作为内部模型，用过去和未来的输入输出信息，根据内部模型，预测系统未来的输出状态。经过用模型输出误差进行反馈校正以后，再与参考输入轨迹进行比较，应用二次型性能指标进行滚动优化，然后再计算当前时刻应加于系统的控制信号，完成整个控制循环。其基本原理如图 6-1 所示。单步模型预测是指一步导前输出预测，几个主要功能环节叙述如下。

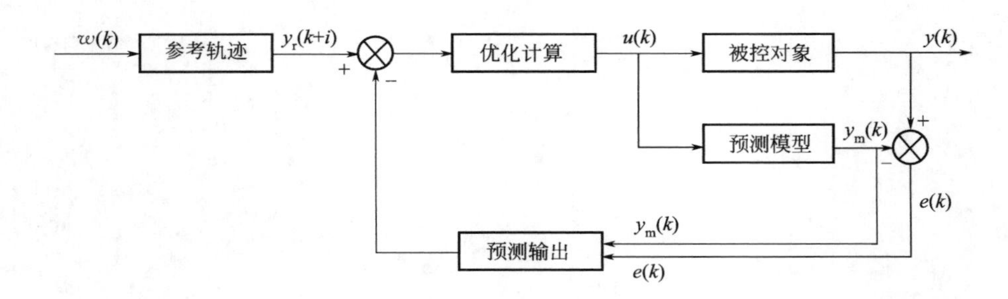

图 6-1　MAC 系统原理框图

（1）输出预测

模型算法控制采用被控对象的脉冲响应模型描述。设被控对象真实模型的离散差分形式为

$$y(k+1)=g_1u(k)+g_2u(k-1)+\cdots+g_Nu(k-N+1)+\xi(k+1) \tag{6-1}$$

式中　$y(k+1)$——$k+1$ 时刻系统的输出；

$u(k)$——k 时刻系统的输入；

$\xi(k+1)$——$k+1$ 时刻系统的不可测干扰或噪声；

g_1，g_2，…，g_N——系统的真实脉冲响应序列值；

N——脉冲响应序列长度。

系统的真实脉冲传递函数为

$$G(z^{-1})=z^{-1}g(z^{-1})=z^{-1}(g_1+g_2z^{-1}+\cdots+g_Nz^{-N+1}) \tag{6-2}$$

因为系统的真实模型未知，可以采用实测或参数估计来得到内部模型，或称为预测模型。

$$y_{\mathrm{m}}(k+1)=\hat{g}_1u(k)+\hat{g}_2u(k-1)+\cdots+\hat{g}_Nu(k-N+1)=\hat{g}(z^{-1})u(k) \tag{6-3}$$

式中　$y_{\mathrm{m}}(k+1)$——$k+1$ 时刻预测模型输出；

$\hat{g}_1$，$\hat{g}_2$，…，$\hat{g}_N$——系统的实测或估计脉冲响应序列值。

预测模型的传递函数为

$$\hat{G}(z^{-1})=z^{-1}\hat{g}(z^{-1})=z^{-1}(\hat{g}_1+\hat{g}_2z^{-1}+\cdots+\hat{g}_Nz^{-N+1}) \tag{6-4}$$

考虑到实际对象中存在着时变或非线性等因素，加上系统中的各种随机扰动，使得预测模型不可能与实际对象的输出完全一致，因此需要对模型进行修正。采用当前时刻对象的实际输出与模型输出之间的误差

$$e(k)=y(k)-y_{\mathrm{m}}(k) \tag{6-5}$$

作为反馈校正量，得到下一时刻修正后的预测输出为

$$y_{\mathrm{p}}(k+1)=y_{\mathrm{m}}(k+1)+h_1e(k)=\hat{g}(z^{-1})u(k)+h_1e(k) \tag{6-6}$$

式中　$e(k)$——k 时刻预测模型输出误差；

h_1——反馈校正系数。

(2) 参考轨迹

在模型算法控制中，为了确保系统运行的平稳性和良好的动态特性，要求系统的输出 $y(k)$ 沿着一条事先规定的曲线达到设定值 w，这条指定的曲线称为参考轨迹 $y_{\mathrm{r}}(k)$。通常参考轨迹曲线为一条从当前时刻实际输出 $y(k)$ 出发的指数曲线，即

$$\begin{gathered}y_{\mathrm{r}}(k+i)=\alpha_{\mathrm{r}}^iy(k)+(1-\alpha_{\mathrm{r}}^i)w\quad(i=1,2,\cdots)\\ y_{\mathrm{r}}(k)=y(k)\\ \alpha_{\mathrm{r}}=e^{-T_0/\tau}\text{且 }0<\alpha_{\mathrm{r}}<1\end{gathered} \tag{6-7}$$

式中　w——输入设定值；

T_0——采样周期；

τ——参考轨迹的时间常数。

对于单步模型算法控制，i 只取 1。可以看出，参考轨迹的时间常数 τ 越大，则 α_{r} 的值越大，系统的柔性越好，鲁棒性越强，但控制速度却变慢。

(3) 最优控制律计算

有了预测输出和参考轨迹，可以采用输出预测误差和控制量加权的二次型性能指标作为滚动优化的性能指标

$$J=q[y_{\mathrm{p}}(k+1)-y_{\mathrm{r}}(k+1)]^2+\lambda u^2(k) \tag{6-8}$$

式中　q，λ——分别为输出预测误差和控制量的加权系数；

$y_{\mathrm{r}}(k+1)$——参考输入值。

性能指标中第一项用来保证预测输出与参考轨迹最接近，第二项为控制量约束项，可避免过大的控制量冲击，使得控制过程输出变化平稳。当 q 一定时，增大 λ 可使控制量减少，但跟踪误差将会增大，反之，减少 λ 可使控制量增大，跟踪误差减少。为了保证良好的跟踪

特性，λ 的取值不能太大。

式(6-8) 对未知的控制量 $u(k)$ 求导，即可求得控制律，令$\partial J/\partial u(k)=0$，可得

$$q\hat{g}_1[\hat{g}(z^{-1})u(k)+h_1e(k)-y_r(k+1)]+\lambda u(k)=0 \tag{6-9}$$

最优控制为

$$u(k)=[y_r(k+1)-h_1e(k)]/[\hat{g}(z^{-1})+\lambda/q\hat{g}_1] \tag{6-10}$$

6.1.2 预测控制的工程应用

图 6-2 是单容水箱液位系统。系统内流动的液体存贮在水箱中，为循环泵提供水源，循环泵为水柱供水，可以通过比例阀调节进水量，可以通过手阀进行出水量的调节。本对象由于存在水流量与液位、阀门输入电压与出水量等多处非线性、滞后问题，要获得精确模糊并非易事，现介绍其基于模型的预测控制方案。

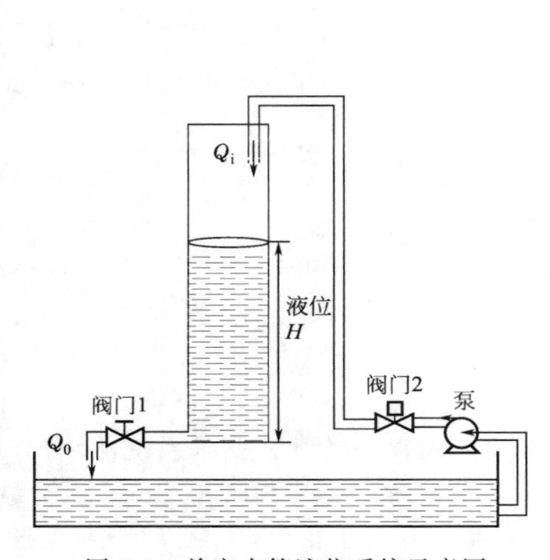

图 6-2 单容水箱液位系统示意图

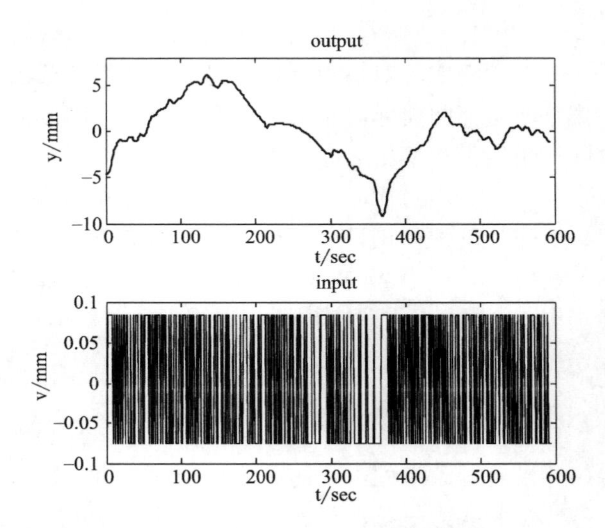

图 6-3 辨识模型样本输入输出数据

根据非线性系统辨识原理由图 6-3 的输入输出数据得到水箱液位系统的模型为
Discrete-time IDPOLY model：

$$\mathrm{A1(q)y(t)=B1(q)u(t)+e(t)} \tag{6-11}$$

$$\mathrm{A1(q)=1-1.45\ q\hat{}-1+0.2212\ q\hat{}-2+0.07982\ q\hat{}-3+0.2366\ q\hat{}-4-0.08546\ q\hat{}-5} \tag{6-12}$$

$$\mathrm{B1(q)=0.2778\ q\hat{}-1+0.2922\ q\hat{}-2+0.1404\ q\hat{}-3+0.08899\ q\hat{}-4} \tag{6-13}$$

Sampling interval：1

以此模型作为非线性液位系统中的真实对象的实际模型，然后进行多模型预测控制（MMGPC）与 PID 控制的仿真研究，结果如图 6-4 所示。

图中 reference input——期望输出；

y _ mmgpc——模型预测控制系统输出值；

y _ pid——PID 控制系统输出值。

由图 6-4 可见，当工作点状态和模型变化时，模型预测控制和 PID 控制都在一定的误差允许范围内，可以较好地实现跟踪控制。但采用模型预测控制的系统在系统调整时间、超调量都要比采用 PID 控制系统的对应参数要好。同时在模型参数突变时刻，模型预测控制比 PID 控制波动幅度更小，因而具有更好的效果。

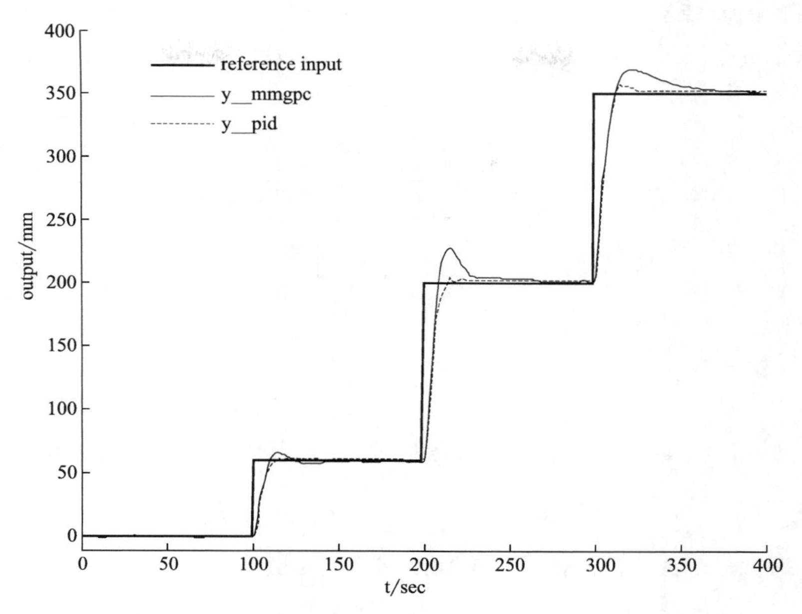

图 6-4　期望输出全局变化时，模型预测控制与 PID 控制响应曲线

6.2　时滞补偿控制系统

6.2.1　Smith 预估补偿控制

前面已指出，工业生产过程中的大多数被控对象都具有纯滞后特性。被控对象的这种纯滞后不仅会引起系统控制信号的延迟，还经常引起超调和系统持续振荡。在 20 世纪 50 年代，国外就对工业生产过程中的纯滞后现象进行了深入的研究，如史密斯（O. J. M. Smith）于 1957 年提出了一种预估控制算法，通过引入一个与被控对象相并联的纯滞后环节，使补偿后的被控对象的等效传递函数不包括纯滞后项，这样就可以用常规的控制方法对时滞对象进行控制。因为 $e^{-\tau s}$ 是个超越函数，当时的模拟仪表很难实现，致使这种方法近年才在工业实际中有效推广。随着计算机技术的飞速发展，现在人们可以利用计算机方便地实现纯滞后补偿。

在图 6-5 所示的单回路控制系统中，控制器的传递函数为 $G_c(s)$，被控对象传递函数为 $G_P(s)e^{-\tau s}$，$e^{-\tau s}$ 是被控对象的纯滞后部分的传递函数，$G_P(s)$ 是被控对象中除纯滞后之外部分的传递函数。

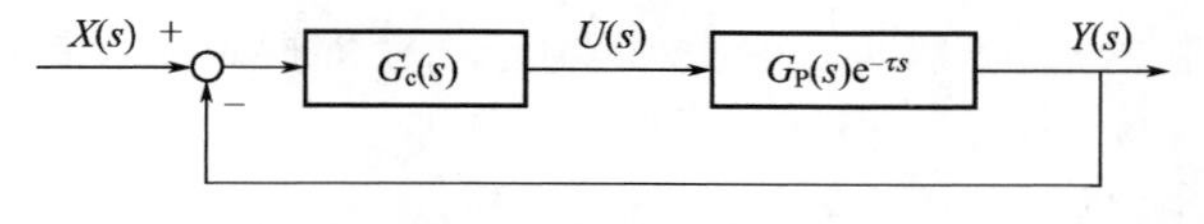

图 6-5　含纯滞后对象控制系统

图 6-5 所示系统的闭环传递函数为

$$\Phi(s)=\frac{G_c(s)G_P(s)e^{-\tau s}}{1+G_c(s)G_p(s)e^{-\tau s}} \tag{6-14}$$

由式(6-14) 可以看出，系统特征方程中含有纯滞后环节，它会降低系统的稳定性。

史密斯补偿的原理是：与控制器 $G_c(s)$ 并接一个补偿环节，用来补偿被控对象中的纯滞后部分，这个补偿环节传递函数为 $G_P(s)(1-e^{-\tau s})$，τ 为纯滞后时间，补偿后的系统如图 6-6 所示。

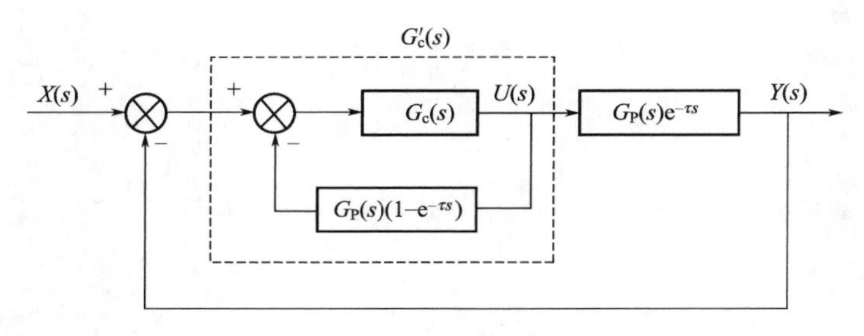

图 6-6 史密斯补偿后的控制系统

由控制器 $G_c(s)$ 和史密斯预估器组成的补偿回路称为纯滞后补偿器，其传递函数为

$$G_c'(s)=\frac{G_c(s)}{1+G_c(s)G_p(s)(1-e^{-\tau s})} \tag{6-15}$$

根据图 6-6 可得史密斯预估器补偿后系统的闭环传递函数为

$$\Phi'(s)=\frac{G_c(s)G_p(s)}{1+G_c(s)G_p(s)}e^{-\tau s} \tag{6-16}$$

由式(6-16) 可以看出，经过补偿后，纯滞后环节在闭环回路外，这样就消除了纯滞后环节对系统稳定性的影响。拉氏变换的位移定理说明 $e^{-\tau s}$ 仅仅将控制作用在时间坐标上推移了一个时间 τ，而控制系统的过渡过程及其他性能指标都与对象特性为 $G_P(s)$ 时完全相同。

6.2.2 控制实施中的若干问题

Smith 预估控制方法虽然从理论上解决了时滞系统的控制问题，但在实际应用中却还存在以下缺陷：

① 它要求有一个精确的过程模型，当模型发生变化时，控制质量将显著恶化；

② Smith 预估器对实际对象的参数变化十分敏感，当参数变化较大时，闭环系统也会变得不稳定，甚至完全失效。

③ 系统对扰动的响应很差；

④ 参数整定困难。

这些缺陷严重制约了 Smith 预估器在实际系统中的应用。针对 Smith 预估器存在的不足，一些改进结构的 Smith 预估器就应运而生了。如针对常规预估控制方案中要求受控对象的模型精确这一局限，可在常规方案基础上，外加控制器组成副回路对系统进行动态修正，该方法的稳定性和鲁棒性比原来的 Smith 预估系统要好，对对象的模型精度要求也明显降低。对于 Smith 预估器的参数整定问题，有人提出了一种解析设计方法，并证明该控制器可以通过常规的 PID 控制器来实现，从而能根据给定的性能要求来设计控制器参数。

6.3 解耦控制系统

解耦控制问题是选择适当的控制规律将一个多变量系统化为多个独立的单变量系统的控制问题。在解耦控制问题中，基本目标是设计一个控制装置，使构成的多变量控制系统的每个输出变量仅由一个输入变量完全控制，且不同的输出由不同的输入控制。在实现解耦以后，一个多输入多输出控制系统就解除了输入、输出变量间的交叉耦合，从而实现自治控制，即互不影响的控制。多变量系统的解耦控制问题，早在 20 世纪 30 年代末就已提出，但直到 1969 年才由 E.G. 吉尔伯特比较深入和系统地加以解决。解耦控制系统已经应用在发动机控制、锅炉调节等工业控制系统中。

6.3.1　系统的关联

控制系统的关联是指，若一个生产过程中同时设置了多个控制系统，在这些控制系统同时工作时，有些变量会相互影响，从而造成系统之间的相互影响，也叫做耦合。有的关联能让各系统获得比单独工作更好的效果，但更多的关联会让各系统的控制质量变差，甚至无法正常工作。

图 6-7 所示为造纸厂的纸张秤重（每平方米纸张的重量）和含水量控制系统，设计时通过调节放浆阀门的开度来调节秤重，通过调节加热蒸汽阀门来调节含水量。由于控制对象间存在耦合，不管哪个阀门动作都会同时影响到纸张秤重和含水量，调节过程因此延长，且调节的结果不易满足工艺要求。

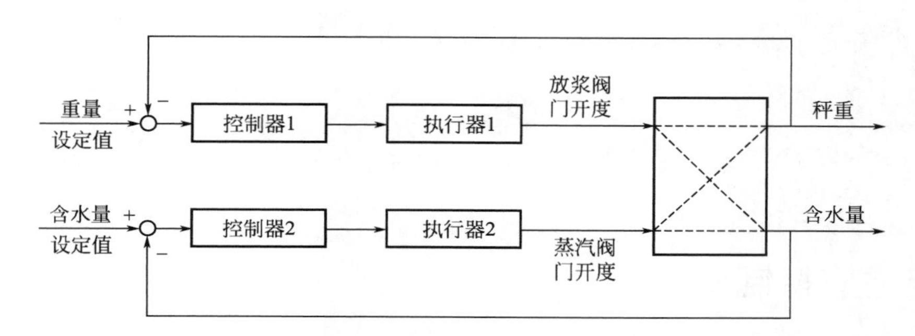

图 6-7　造纸过程中纸张秤重和含水量控制系统的耦合

在这种情况下，设计系统就应采取一定的办法进行解耦。解耦措施应该根据生产过程的具体情况来设置。如若各被控量允许在一定范围内变化则可采用前面所学的均匀控制系统来解决；若是因为设备工作频率近似产生的耦合则可采用调节控制器参数或选择更合适的工艺设备来解决；或者留下更重要的系统而去掉次要的系统等。当然也可以设计专门的、有针对性的解耦控制系统来解决。

6.3.2　解耦控制的设计

解耦控制系统设计的关键，在于解耦控制器的设计。对解耦系统的要求是，必须能解开各子系统之间的耦合，且保证各子系统能正常地进行 PID 调节。

图 6-8 是两个相互耦合系统的解耦控制系统方块图。

图中　$G_{C1}(s)$、$G_{C2}(s)$——常规控制器；

$G_{11}(s)$、$G_{22}(s)$——广义对象；

$G_{12}(s)$、$G_{21}(s)$——子系统相互耦合支路的传递函数；

$D_{12}(s)$、$D_{21}(s)$——解耦调节器。

从图 6-8 上可以看出，控制器输出 m_1 对被控量 $Y_2(s)$ 的影响有两个支路，即

$$Y_2(s)=G_{21}(s)m_1+D_{21}(s)G_{22}(s)m_1 \tag{6-17}$$

若 $D_{21}(s)$ 选择时满足下述条件

$$D_{21}(s)=-\frac{G_{21}(s)}{G_{22}(s)} \tag{6-18}$$

则不管 m_1 怎么变化，对 $Y_2(s)$ 都将不发生任何影响，也就是说，支路 $G_{21}(s)$ 的耦合被解

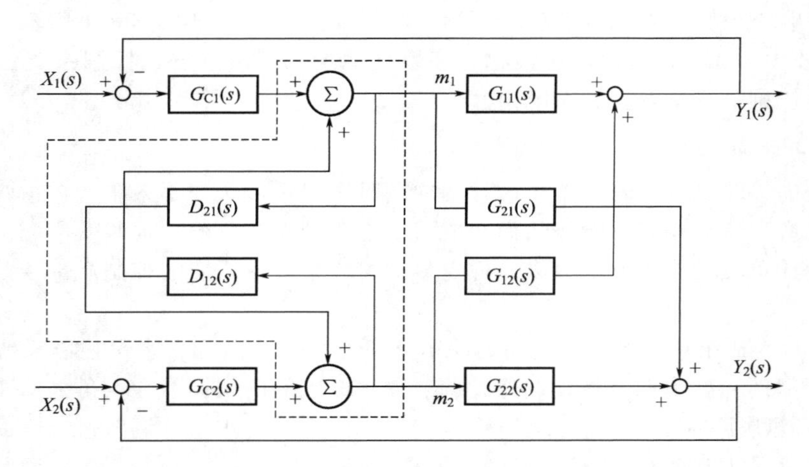

图 6-8 两个子系统的解耦控制系统（虚框内为解耦控制器）

除了。同样，如果 $D_{12}(s)$ 选择时满足下述条件

$$D_{12}(s)=-\frac{G_{12}(s)}{G_{11}(s)} \tag{6-19}$$

则支路 $G_{12}(s)$ 的耦合关联作用也将被消除，从而两个子系统都能各自单独调节而不会相互影响了。

6.4 自适应控制系统

6.4.1 基本原理和结构

在自然界中，自适应是指生物能改变自己的习性以适应新的环境的一种特征。自适应控制系统建立在系统数学模型参数未知的基础上，当对象或扰动的变化引起系统动态特性发生改变时，系统能自动地对控制器参数进行相应调整，以适应系统特性的变化，从而保证整个系统的性能指标总是达到令人满意的结果。

自适应控制的研究对象具有一定程度不确定性，这里所谓的“不确定性”是指描述被控对象及其环境的数学模型不是完全确定的，其中包含一些未知因素和随机因素。

任何一个实际系统都具有不同程度的不确定性，这些不确定性有时表现在系统内部，有时表现在系统的外部。从系统内部来讲，描述被控对象的数学模型的结构和参数，设计者事先并不一定能准确知道。而外部环境对系统的影响就是扰动，这些扰动通常是不可预测的。此外，在测量、执行等环节也会产生一些不确定因素影响系统。面对这些客观存在的各式各样的不确定性，如何设计适当的控制作用，使得某一指定的性能指标达到并保持最优或者近似最优，这就是自适应控制所要研究解决的问题。

根据具体对象要求，自适应控制系统已经发展出了很多具体的自适应控制方案，实际应用虽然不是非常广泛，但是其控制理念对很多其他系统的研究都产生了深远的影响。自适应控制系统的基本工作原理可用图 6-9(a) 图描述，(b) 图是自适应控制系统中最基本的类型——模型参考自适应控制系统。

系统运行之初，被控对象的模型参数不是很准确，系统的被控量也就不能很好地跟随设定值变化。随着生产过程的不断运行，系统的参数估计环节对环境和过程的数据进行实时监测，一方面对对象的输入输出数据进行分析，不断地辨识模型参数（称为系统的在线辨识），

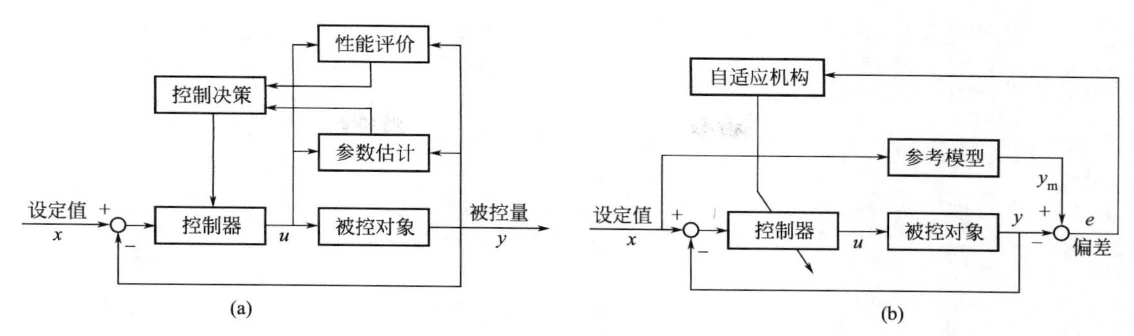

图 6-9　自适应控制系统原理图和模型参考自适应控制系统结构图

使得对象模型越来越准确，越来越接近于实际；另一方面也对系统的控制质量不断进行实时评价，并将评价结果一同反馈给决策机构。通过对对象模型和系统品质两方面的综合判断，决策机构就可以相应调整控制器参数，使系统的控制作用总是能跟随系统状态的变化，以确保获得最佳控制效果。

常规的反馈控制系统对于系统内部特性的变化和外部扰动的影响都具有一定的抑制能力，但由于控制器参数是固定的，所以当系统内部特性变化或者外部扰动的变化幅度很大时，系统性能就会大幅度下降，甚至不稳定。所以对那些对象特性或扰动特性变化范围很大，同时又要求经常保持高性能指标的一类系统，采取自适应控制是合适的。同时也应当指出，自适应控制比常规反馈控制要复杂得多，成本也高的多，因此只是在用常规反馈达不到所期望的性能时，才会考虑采用。

6.4.2　自适应控制系统的应用

在火电厂中，主蒸汽温度是表征机组运行工况的重要参数之一，关系着机组运行的安全性和经济性。主蒸汽温度过高，可能使过热器管道和汽轮机高压缸等设备产生高温变形而被损坏；主蒸汽温度过低，会导致机组热效率降低，因此对其要求非常严格，一般要求主蒸汽温度基本上维持在额定值附近，与额定值的暂时偏差不超过±10℃。目前主要的控制策略有单回路 PID 和串级 PID 控制。常规 PID 控制器结构简单、易于实现，但火电厂汽温对象的多容、大迟延、大惯性和参数时变性，以及负荷、燃烧等多种扰动使得控制难度很大，常规控制方案难以取得好的控制效果。下面是将模型参考自适应控制系统应用于火电厂过热蒸汽温度的控制的方案。

本书要应用的自适应算法是基于 MIT 的模型参考自适应控制（MARS），其简单推导过程如下。

假设被控对象和参考模型的微分方程分别为：

$$\frac{\mathrm{d}y}{\mathrm{d}t}=-ay+bu \tag{6-20}$$

$$\frac{\mathrm{d}y_m}{\mathrm{d}t}=-a_m y_m+b_m x \tag{6-21}$$

其中，u 是自适应控制器的输出，即控制作用的值；x 是设定输入；y 为被控量；a、b、a_m、b_m分别为系数向量。采用参数 $t_o=\frac{b_m}{b}$和 $s_o=\frac{a_m-a}{b}$代入式(6-22) 所描述的控制规律便可达到完全的模型跟踪。

$$u(t)=t_o x(t)-s_o y(t) \tag{6-22}$$

为了使准则函数 $J=\frac{1}{2}e^2$（e 代表误差）取得最小值，沿 J 的负梯度方向变更参数，最后得到自适应控制器参数的调节方程：

$$\frac{\mathrm{d}t_o}{\mathrm{d}t}=-r\frac{1}{p+a_m}xe \tag{6-23}$$

$$\frac{\mathrm{d}s_o}{\mathrm{d}t}=-r\frac{1}{p+a_m}ye \tag{6-24}$$

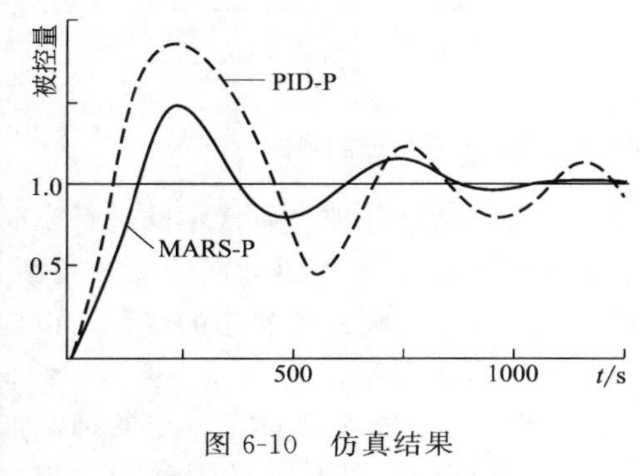

图 6-10 仿真结果

式中，p 为微分算子；r 是自适应控制器的增益。通过选择合适的增益使系统达到理想的控制效果。

不同负荷时广义对象模型及副回路的整定值如表 6-1，以 37％负荷为例，选择的参考模型传递函数是$\frac{2}{s+2}$，自适应增益 $r=2$。在 MATLAB/SIMULINK 中搭建系统仿真模型，仿真结果如图 6-10 所示。

表 6-1 不同负荷时广义对象模型及副回路的整定值

负荷	广义对象模型	副回路
		比例增益(K_P)
37%	$\frac{1.028}{190s+1}e^{-288.7s}$	4.03
50%	$\frac{1.104}{135s+1}e^{-180.7s}$	6.67
75%	$\frac{1.186}{87s+1}e^{-117.6s}$	12.34
100%	$\frac{1.2588}{59s+1}e^{80.85s}$	25

图中虚线为 PID-P 串级控制控制的结果。二者比较可知，自适应控制方案的超调更小、响应速度更快，并可实现无差调节。

6.5 模糊控制系统

6.5.1 模糊控制的概念

模糊控制是一种基于语言规则、模糊推理的高级控制技术，是智能控制领域最活跃、最重要的分支之一。1965 年，美国学者查德（LA. Zadeh）首次提出“模糊逻辑”的概念；1974 年，英国马丹尼（E. HMamdani）第一次将模糊逻辑和模糊推理用于锅炉和蒸汽机的控制，使用效果良好。它的成功宣告了模糊控制的诞生。

然而到目前为止，模糊控制也没有统一的定义。从广义上可定义为“模糊控制指的是以模糊集合理论、模糊语言变量及模糊推理为基础的一类计算机数字控制方法”或者定义为“基于模糊集合理论、模糊逻辑并同传统的控制理论相结合，模拟人的思维方式，对难以建立数学模型的对象实施的一种控制方法”。其基本思想是，在被控对象的模糊模型的基础上，用机器去模拟人对系统控制的一种方法。

当今，模糊控制技术已广泛应用于工业、农业、国防、医学等诸多行业。

模糊控制系统的组成结构图如图 6-11 所示。

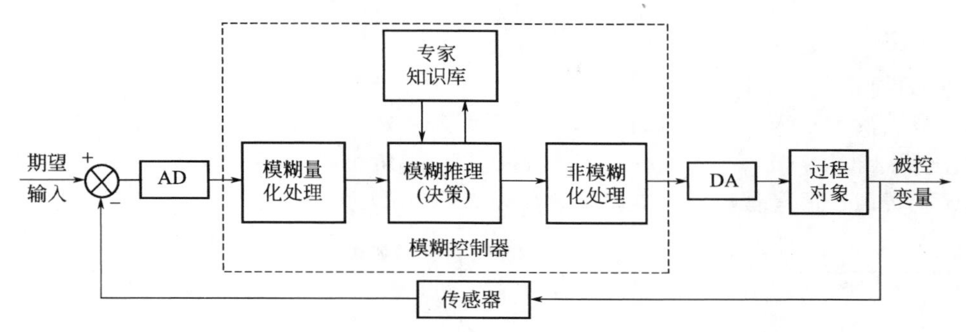

图 6-11 模糊控制系统结构

模糊控制系统的核心部分是模糊控制器，如图 6-11 虚线部分所示。它由四个基本部分组成。

① 模糊化。把输入信号映射到相应区域的一个点后，将其转化为该论域上的一个模糊子集，即把输入的精确量转化为模糊量。

② 知识库。知识库包含了具体应用领域的专家经验，通常由数据库和专家知识库两部分组成。数据库包含了各语言变量的隶属度函数，尺度变换因子和模糊空间的分级数等；规则库包含了用模糊语言变量表示的一系列控制规则，它代表了相关领域控制专家们的知识和经验。

③ 模糊推理。模糊推理是模糊控制的核心。它具有模拟人的模糊推理能力。该推理过程基于模糊逻辑中的蕴含关系和推理规则来进行。

④ 清晰化。又称为解模糊，作用是将模糊推理得到的控制量（模糊值）转化为实际可作用于被控对象的精确量。它包括两部分内容：一是将模糊的控制量经解模糊变成表示在论域范围内的精确量；二是将表示在论域范围内的精确量转化为作用于对象的实际控制量输出。

6.5.2 模糊控制的应用

本小节介绍农药乳化剂半间歇式聚合反应前段诱导反应阶段温度的模糊控制方案。

乳化剂是由中间体和环氧乙烷在一定温度下经催化剂作用发生聚合反应而生成，反应过程放热，温度控制是通过调节冷却水流量带走反应热。

聚合反应又分两个阶段进行——诱导反应阶段和稳定反应阶段。诱导反应阶段的化学反应极为复杂，这种对象很不稳定，很难用固定的数学模型描述。

诱导反应阶段的温度人工控制中，操作人员除了要考虑温度的变化量 e 和变化速度 Δe 以外，还要考虑釜内的压力 p，因为环氧乙烷进入釜内汽化影响压力，即压力的大小可定性代表环氧乙烷量的多少。釜压较高说明诱导反应不够充分，这种情况很不稳定，容易出现反应突然变慢或中止，温度急剧下降；更为严重的是，一旦反应重新开始，大量积存的 EO 参与反应产生“爆聚”，温度又急剧升高。因此，在釜压较高时，控制应迅速、灵敏，而反应较低时，控制应平缓。

本控制方案设计的重点是模糊控制器的设计，下面作一说明。

第一步：确定输入量、输出量和量化因子等参数。控制器的输入量取为温度的变化量偏差 e、变化速度 ec 和釜内压力 p，输出量为冷水阀门开度 u。

当温度设定值为 T_0 时，温度偏差 e 的实际变化范围取为［−6，8］，论域可取为［−3，−2，−1，0，1，2，3，4］，离散点有 8 个，量化因子为

$$k=\frac{\text{离散点数}-1}{\text{实际变化范围}}=\frac{8-1}{8-(-6)}=0.5 \tag{6-25}$$

其他参数的设计与此类似。

第二步：确定模糊子集并进行赋值。温度偏差 e 及其变化率 ec 的模糊子集可在其论域上定义：PB（正大）、PS（正小）、ZE（零）、NS（负小）、NB（负大），并定义各模糊子集的隶属函数，如温度偏差 e 的隶属函数如表 6-2 所示。

表 6-2　模糊变量 E 赋值表

隶属度 / 离散点 / 模糊集	−3	−2	−1	0	1	2	3	4
PB	0	0	0	0	0	0.4	0.8	1.0
PS	0	0	0	0	0.5	1.0	0.7	0.2
ZE	0	0	0.5	0.9	0.9	0.5	0	0
NS	0.2	0.7	1.0	0.5	0	0	0	0
NB	1.0	0.8	0.4	0	0	0	0	0

釜压 p 分高、中、低三档，分别定义模糊子集为 HP、MP 和 LP，各赋值内容如表 6-3 所示。

表 6-3　模糊变量 P 赋值表

隶属度 / 离散点 / 模糊集	0	1	2	3	4	5
HP	0	0	0	0.2	0.7	1.0
MP	0	0.5	0.9	0.9	0.5	0
LP	1.0	0.7	0.2	0	0	0

控制量的模糊子集选为 $C1$、$C2$、$C3$、$C4$、$C5$。对于增量型输出，它们分别表示阀门开度变化的大增、稍增、不变、稍减和大减。各赋值内容如表 6-4 所示。

表 6-4　模糊变量 U 赋值表

增量型输出	−5	−4	−3	−2	−1	0	1	2	3	4	5
$C1$	0	0	0	0	0	0	0	0.1	0.4	0.8	1.0
$C2$	0	0	0	0	0	0.2	0.7	1.0	0.7	0.2	0
$C3$	0	0	0	0	0.5	1.0	0.5	0	0	0	0
$C4$	0	0.2	0.7	1.0	0.7	0.2	0	0	0	0	0
$C5$	1.0	0.8	0.4	0.1	0	0	0	0	0	0	0

第三步：建立控制规则。

控制规则结构见图 6-12，这是一个两级多规则集结构。规则集 $R1$、$R2$、$R3$ 均由实践经验分析、总结而得。$R1$ 表示系统对温度变化趋势非常敏感，$R3$ 适用于系统温度变化比较平缓的情况，而 $R2$ 介于 $R1$ 和 $R3$ 之间。其中 $R1$ 的控制规则如表 6-5 所示。

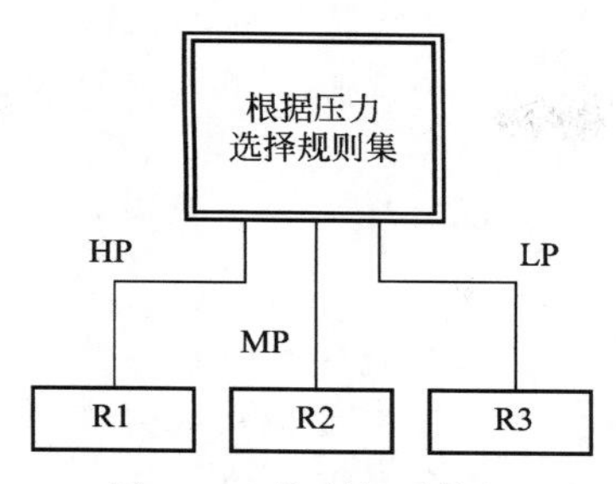

图 6-12　控制规则结构

表 6-5　$R1$ 的控制规则

C	PB	PS	ZE	NS	NB
PB	$C1$	$C1$	$C4$	$C4$	$C5$
PS	$C1$	$C1$	$C4$	$C5$	$C5$
ZE	$C1$	$C2$	$C5$	$C5$	$C5$
NS	$C1$	$C3$	$C5$	$C5$	$C5$
NB	$C2$	$C3$	$C5$	$C5$	$C5$

第四步：确定模糊规则查询表。

模糊控制器的输入量有三个，即压力、温度偏差和温度变化率。以规则集 $R1$ 左上角的控制规则为例，它的条件语句应写为：

$$\text{If } P=HP \text{ and } E=PB \text{ and } EC=PB \text{ Then } U=C1$$

将这些规则制成模糊规则查询表，设置到系统里后，系统就可以按照设计人员的想法进行控制。如 $P=0$ 时的模糊查询表如表 6-6 所示，其他略。

表 6-6　$P=0$ 时的模糊规则查询表

误差变化 误差	−3	−2	−1	0	1	2	3	4
−3	−50.0	−50.0	−45.0	−50.0	−30.0	−20.0	20.0	20.0
−2	−45.0	−45.0	−30.0	−45.0	−25.0	−20.0	20.0	20.0
−1	−50.0	−50.0	−30.0	−20.0	−15.0	0.0	45.0	50.0
0	−50.0	−20.0	−15.0	0.0	15.0	20.0	45.0	50.0
1	−50.0	20.0	−15.0	0.0	15.0	20.0	45.0	50.0
2	−50.0	0.0	15.0	20.0	30.0	50.0	45.0	50.0
3	−20.0	20.0	25.0	45.0	30.0	45.0	45.0	45.0
4	−20.0	20.0	30.0	50.0	45.0	50.0	45.0	50.0

章后小结

本章简单介绍了几种目前正在使用的新型控制系统的工作原理及应用实例。

预测控制应用模型进行预测，任何取自过程的已有信息，且能对过程未来动态行为的变化趋势进行预测的信息集合，都可作为预测模型。

Smith 预估补偿控制通过引入一个与被控对象相并联的纯滞后环节，使补偿后的被控对象的等效传递函数不包括纯滞后项，这样就可以用常规的控制方法对时滞对象进行控制。现在可以利用计算机方便地实现纯滞后补偿。

解耦控制问题是选择适当的控制规律将一个多变量系统化为多个独立的单变量系统的控制问题。其应用已非常广泛。

自适应控制系统建立在系统数学模型参数未知的基础上，当对象或扰动的变化引起系统动态特性发生改变时，系统能自动地对控制器参数进行相应调整，以适应系统特性的变化，从而保证整个系统的性能指标总是达到令人满意的结果。自适应控制的研究对象具有一定程度不确定性。如何设计适当的控制作用，使得某一指定的性能指标达到并保持最优或者近似最优，这是自适应控制要研究解决的问题。

模糊控制是一种基于语言规则、模糊推理的高级控制技术，是智能控制领域最活跃、最重要的分支之一。模糊控制指的是以“模糊集合理论、模糊语言变量及模糊推理为基础的一类计算机数字控制方法”或者定义为“基于模糊集合理论、模糊逻辑并同传统的控制理论相结合，模拟人的思维方式，对难以建立数学模型的对象实施的一种控制方法”。其基本思想是，在被控对象的模糊模型的基础上，用机器去模拟人对系统控制的一种方法。

习　题

6-1. 什么是预测控制？它有什么特点？

6-2. Smith 预估补偿控制的基本工作原理是什么？

6-3. 自适应控制系统的特点是什么？

6-4. 什么是模糊控制？模糊控制系统的核心部分由哪些部分组成？

第 7 章　典型化工设备的控制

化工生产过程是有一系列的基本操作单元设备组成的生产线来进行的。实现化工生产过程的自动化，其首要任务就是要确定系统中各基本单元设备的控制方案。化工生产过程设备种类繁多，控制方案也因对象而各异。本章就化工生产的典型单元设备，从工业要求和自动控制的角度出发，讲解其基本工作情况，包括操作流程、质量指标、参数选择、基本控制方案等，从而掌握确定控制方案的共同原则和方法。

7.1　流体输送设备的控制

7.1.1　概述

在石油化工生产过程中，各种物料大多数是在连续流动状态下，或是进行传热，或是进行传质和化学反应等过程。为使物料便于输送、控制，多数物料是以气态或液态方式在管道内流动。倘若是固态物料，有时也进行流态化。流体的输送，是一个动量传递过程，流体在管道内流动，从泵或压缩机等输送设备获得能量，以克服流动阻力。用于输送流体和提高流体压头的机械设备称为流体输送设备。主要包括输送液体介质的泵和输送气体介质的风机、压缩机两大类。

流体输送设备的基本任务是输送流体和提高流体的压头。在连续性化工生产过程中，对流体输送设备的控制多数都是采用流量或压力的控制，如定值控制、比值控制及以流量作为副变量的串级控制等，但在某些特殊情况，如泵的启停、压缩机的程序控制和信号联锁外。此外，还有一些保护输送设备不致损坏的保护性控制方案，如离心式压缩机的“防喘振”控制方案。

流体输送设备的控制：

① 为保证平稳生产进行的流量、压力控制；

② 为保护输送设备的安全而进行的控制。

被控对象的特点：

① 对象的时间常数小、可控性较差　如流量控制，受控变量和操纵变量常常是同一物料。只是检测点和控制点的位置不同，因此对象的时间常数很小。

广义对象的特性必须考虑测量环节和控制阀的特性，测量环节和控制阀的时间常数很小，广义对象的时间常数也就较小，可控性较差。因此进行控制器参数整定时，应取较大的比例度，为消除余差引入积分作用。

② 测量信号伴有高频噪声　流量测量常采用节流装置，流体通过节流装置时喘动加大，造成测量信号常掺杂有高频噪声，影响控制品质，因此应对测量信号加以滤波。

③ 广义对象的静态特性存在非线性　通过选择阀的特性，使广义对象的静特性近似为线性（原因是管道阻力变化影响对象的特性）。

7.1.2　泵和压缩机的控制方案

7.1.2.1　离心泵的流量控制

离心泵是最常见的液体输送设备。它的压头是由旋转翼轮作用于液体的离心力而产生的。转速越高，则离心力越大，压头也越高。离心泵流量控制的目的是要将泵的排出流量恒定于某一给定的数值上。流量控制在化工厂中是常见的，例如进入化学反应器的原料量需要维持恒定、精馏塔的进料量或回流量需要维持恒定等。

离心泵工作前，泵体和进水管必须灌满水形成真空状态，当叶轮快速转动时，叶片促使水很快旋转。离心泵能把水送出去是由于离心力的作用。水泵内的水在离心力的作用下从叶轮中飞出，泵内的水被抛出后，叶轮的中心部分形成真空区域。水源的水在大气压力或水压的作用下通过管网压到了进水管内。这样循环不已，就可以实现连续抽水。需要注意的是：离心泵启动前一定要向泵壳内充满水以后，方可启动，否则将造成泵体发热、振动、出水量减少，对水泵造成损坏（简称“气蚀”）造成设备事故！

由于离心泵的吸入高度有限，控制阀如果安装在进口端，会出现汽缚和气蚀现象。

汽缚现象是指，若离心泵在启动前，未灌满液体，壳内存在真空，使密度减小，产生的离心力就小，此时在吸入口所形成的真空度不足以将液体吸入泵内。所以尽管启动了离心泵，但不能输送液体。

气蚀现象是指，当泵的安装位置不合适时，液体的静压能在吸入管内流动克服位差、动能、阻力后，在吸入口处压强降至该温度下液体的饱和蒸汽压 p_V 时，液体会汽化，并逸出所溶解的气体。这些气泡进入泵体的高压区后，骤然凝结，产生局部真空，使周围的液体以高速涌向气泡中心，造成冲击和振动。大量气泡破坏了液体的连续性，阻塞流道，增大阻力，使流程、扬程、效率明显下降，严重时泵不能正常工作，给泵以破坏。

常用的离心泵控制方案有以下三种。

(1) 控制泵的出口阀门开度

通过控制泵出口阀门开启度来控制流量的方法如图 7-1 所示。当干扰作用使被控变量（流量）发生变化偏离给定值时，控制器发出控制信号，阀门动作，控制结果使流量回到给定值。

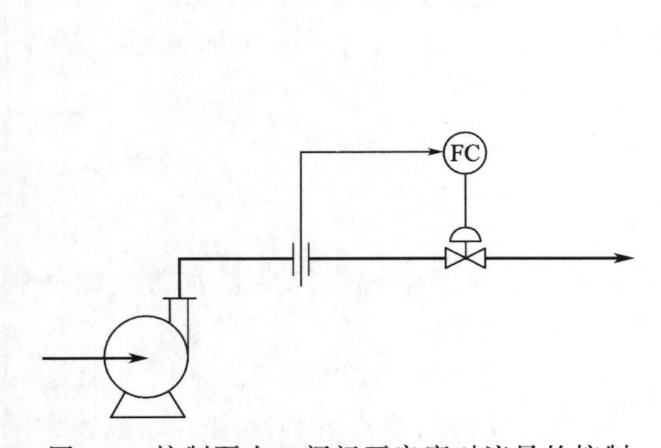

图 7-1 控制泵出口阀门开启度对流量的控制

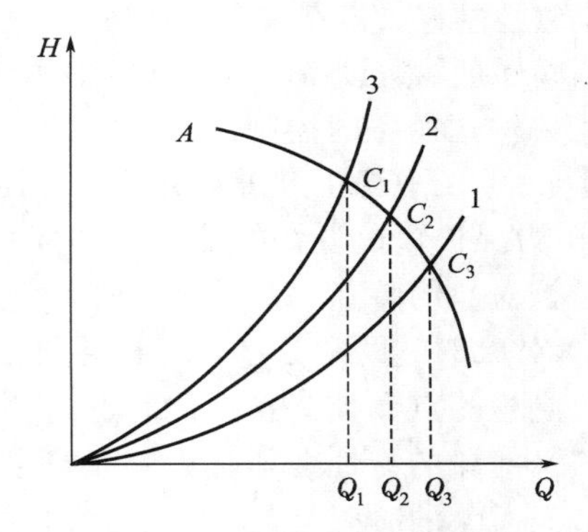

图 7-2 泵的流量特性曲线

改变出口阀门的开启度就是改变管路上的阻力，为什么阻力的变化就能引起流量的变化呢？这得从离心泵本身的特性加以解释。

在一定转速下，离心泵的排出流量 Q 与泵产生的压头 H 有一定的对应关系，如图 7-2 曲线 A 所示。在不同流量下，泵所能提供的压头是不同的，曲线 A 称为泵的流量特性曲线。泵提供的压头又必须与管路上的阻力相平衡才能进行操作。克服管路阻力所需压头大小随流量的增加而增加，如曲线 1 所示。曲线 1 称为管路特性曲线。曲线 A 与曲线 1 的交点 C_1 即为进行操作的工作点。此时泵所产生的压头正好用来克服管路的阻力，C_1 点对应的流量 Q_1

即为泵的实际出口流量。

当控制阀开启度发生变化时，由于转速是恒定的，所以泵的特性没有变化，即图 7-2 中的曲线 A 没有变化。但管路上的阻力却发生了变化，即管路特性曲线不再是曲线 1，随着控制阀的关小，可能变为曲线 2 或曲线 3 了。工作点就由 C_1 移向 C_2 或 C_3，出口流量也由 Q_1 改变为 Q_2 或 Q_3。以上就是通过控制泵的出口阀开启度来改变排出流量的基本原理。

采用本方案时，要注意控制阀一般应该安装在泵的出口管线上，而不应该安装在泵的吸入管线上（特殊情况除外）。这是因为控制阀在正常工作时，需要有一定的压降，而离心泵的吸入高度是有限的。

控制出口阀门开启度的方案简单可行，是应用最为广泛的方案。但是，此方案总的机械效率较低，特别是控制阀开度较小时，阀上压降较大，对于大功率泵，损耗的功率相当大，因此是不经济的。

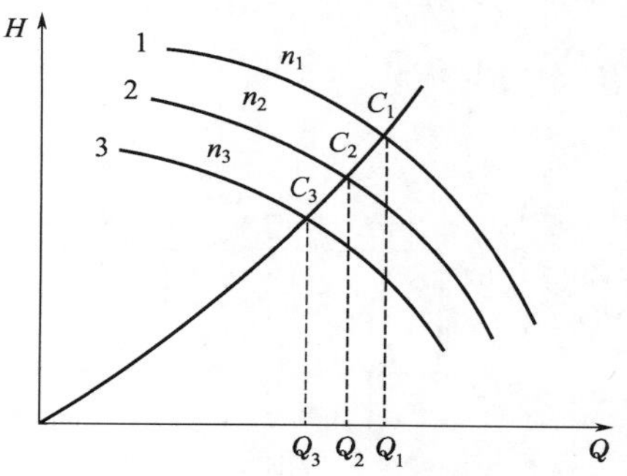

图 7-3　改变泵的转速控制流量与管路特性曲线

（2）控制泵的转速

当泵的转速改变时，泵的流量特性曲线会发生改变。图 7-3 中曲线 1、2、3 表示转速分别为 n_1、n_2、n_3 时的流量特性，且有 $n_1 > n_2 > n_3$。在同样的流量情况下，泵的转速提高会使压头 H 增加。在一定的管路特性曲线 B 的情况下，减小泵的转速，会使工作点由 C_1 移向 C_2 或 C_3，流量相应也由 Q_1 减少到 Q_2 或 Q_3。

这种方案从能量消耗的角度来衡量最为经济，机械效率较高，但调速机构一般较复杂，所以多用在蒸汽透平驱动离心泵的场合，此时仅需控制蒸汽量即可控制转速。

（3）控制泵的出口旁路

如图 7-4 所示，将泵的部分排出量重新送回到吸入管路，用改变旁路阀开启度的方法来控制泵的实际排出量。

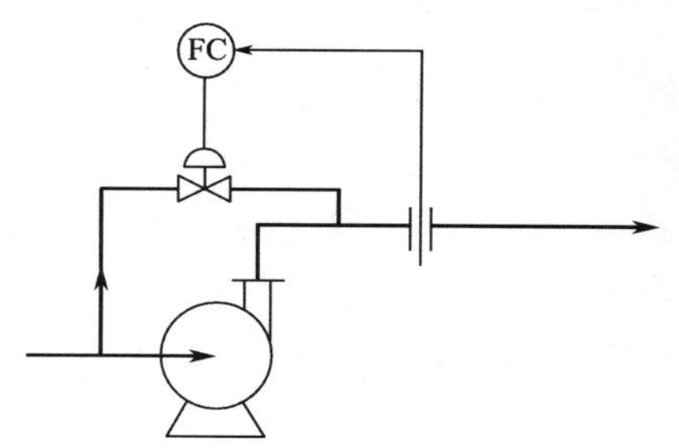

图 7-4　改变旁路阀控制流量

控制阀装在旁路上，由于压差大，流量小，所以控制阀的尺寸可以选得比装在出口管道上的小得多。但是这种方案不经济，因为旁路阀消耗一部分高压液体能量，使总的机械效率降低，故很少采用。

7.1.2.2　往复泵的控制方案

往复泵也是常见的流体输送机械，多用于流量较小、压头要求较高的场合，它是利用活塞在气缸中往复滑行来输送流体的。

往复泵提供的理论流量可按下式计算：

$$Q_{理} = 60nFs(\mathrm{m^3/h}) \tag{7-1}$$

式中　n——每分钟的往复次数；

F——气缸的截面积，$\mathrm{m^2}$；

s——活塞冲程，m。

由上述计算公式中可清楚地看出，从泵体角度来说，影响往复泵出口流量变化的仅

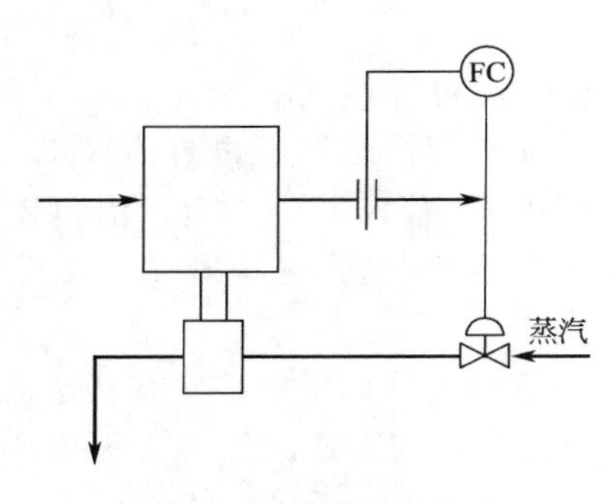

图 7-5 改变转速的方案

有 n、F、s 三个参数，或者说只能通过改变 n、F、s 来控制流量。常用的流量控制方案有三种。

(1) 改变原动机的转速

这种方案适用于以蒸汽机或汽轮机作原动机的场合，此时，可借助于改变蒸汽流量的方法方便地控制转速，进而控制往复泵的出口流量，如图 7-5 所示。当用电动机作原动机时，由于调速机构较复杂，故很少采用。

(2) 控制泵的出口旁路

如图 7-6 所示，用改变旁路阀开度的方法来控制实际排出量。这种方案由于高压流体的部分能量要白白消耗在旁路上，故经济性较差。

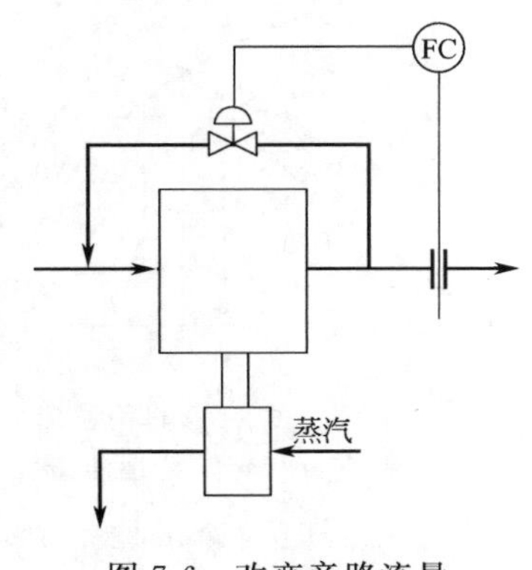

图 7-6 改变旁路流量

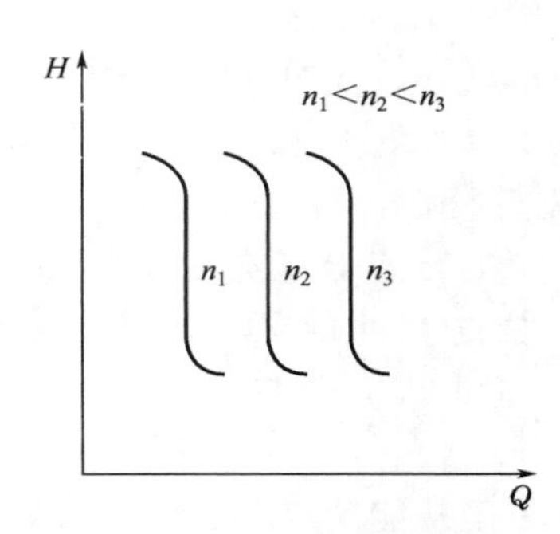

图 7-7 往复泵的特性曲线

(3) 改变冲程 S

计量泵常用改变冲程 S 来进行流量控制。冲程 S 的调整可在停泵时进行，也有可在运转状态下进行的。

往复泵的前两种控制方案，原则上亦适用于其他直接位移式的泵，如齿轮泵等。

往复泵的出口管道上不允许安装控制阀，这是因为往复泵活塞每往返一次，总有一定体积的流体排出。当在出口管线上节流时，压头 H 会大幅度增加。图 7-7 是往复泵的压头 H 与流量 Q 之间的特性曲线。在一定的转速下，随着流量的减少压头急剧增加。因此，企图用改变出口管道阻力既达不到控制流量的目的，又极易导致泵体损坏。

7.1.2.3 离心式压缩机的防喘振控制

(1) 离心式压缩机的特性曲线及喘振现象

近年来，离心式压缩机的应用日益增加，对于这类压缩机的控制，还有一个特殊的问题，就是“喘振”现象。

图 7-8 是离心式压缩机的特性曲线，即压缩机的出口与入口的绝对压力之比 p_2/p_1 与进口体积流量 Q 之间的关系曲线。图中 n 是离心机的转速，且有 $n_1<n_2<n_3$。由图可见，对应于不同转速 n 的每一条 $p_2/p_1 \sim Q$ 曲线，都有一个最高点。此点之右，降低压缩比 p_2/p_1 会使流量增大，即 $\Delta Q/\Delta(p_2/p_1)$ 为负值。在这种情况下，压缩机有自衡能力，表现在因干扰作用使出口管网的压力下降时，压缩机能自发地增大排出量，提高压力建立新的平衡；此点在左，降低压缩比，反而使流量减少，即 $\Delta Q/\Delta(p_2/p_1)$ 为正值，这样的

对象是不稳定的，这时，如果因干扰作用使出口管网的压力下降时，压缩机不但不增加输出流量，反而减少排出量，致使管网压力进一步下降，因此，离心式压缩机特性曲线的最高点是压缩机能否稳定操作的分界点。在图 7-8 中，连接最高点的虚线是一条表征压缩机能否稳定操作的极限曲线，在虚线的右侧为正常运行区，在虚线的左侧，即图中的阴影部分是不稳定区。

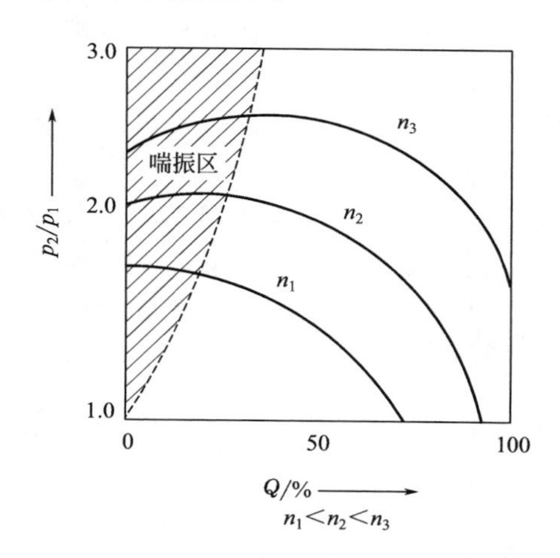

图 7-8　离心式压缩机特性曲线

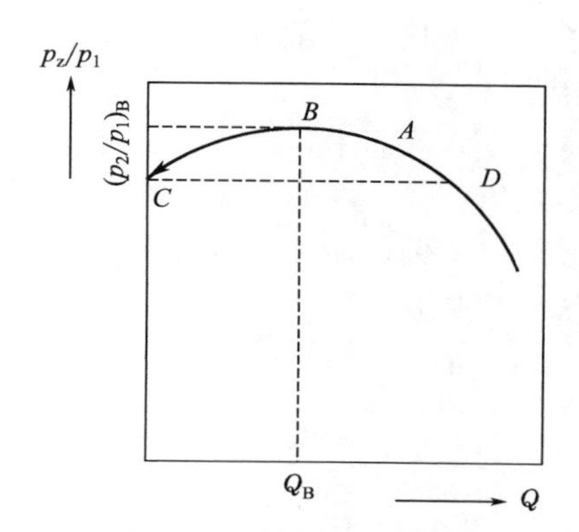

图 7-9　喘振现象示意图

对于离心式压缩机，若由于压缩机的负荷（即流量）减少，使工作点进入不稳定区，将会出现一种危害极大的“喘振”现象。图 7-9 是说明离心式压缩机喘振现象的示意图。图中 Q_B 是在固定转速 n 的条件下对应于最大压缩比 $(p_2/p_1)_B$ 的体积流量，它是压缩机能否正常操作的极限流量。设压缩机的工作点原处于正常运行区的点 A，由于负荷减少，工作点将沿着曲线 ABC 方向移动，在点 B 处压缩机达到最大压缩比。若继续减小负荷，则工作点将落到不稳定区，此时出口压力减小，但与压缩机相连的管路系统在此瞬间的压力不会突变，管网压力反而高于压缩机出口压力，于是发生气体倒流现象，工作点迅速下降到 C。由于压缩机在继续运转，当压缩机出口压力达到管路系统压力后，又开始向管路系统输送气体，于是压缩机的工作点由点 C 突变到点 D，但此时的流量 $Q_D>Q_B$，超过了工艺要求的负荷量，系统压力被迫升高，工作点又将沿 DAB 曲线下降到 C。压缩机工作点这种反复迅速突变的过程，好像工作点在“飞动”，所以产生这种现象时，又被称作压缩机的飞动。人们之所以称它为喘振，是由于出现这一现象时，由于气体由压缩机忽进忽出，使转子受到交变负荷，机身发生振动并波及相连的管线，表现在流量计和压力表的指针大幅度摆动。如果与机身相连接的管网容量较小并严密，则可听到周期性的如同哮喘病人“喘气”般的噪声；而当管网音量较大，喘振时会发生周期性间断的吼响声，并使止逆阀发出撞击声，它将使压缩机及所连接的管网系统和设备发生强烈振动，甚至使压缩机遭到破坏。

喘振是离心式压缩机所固有的特性，每一台离心式压缩机都有其一定的喘振区域。负荷减小是离心式压缩机产生喘振的主要原因；此外，被输送气体的吸入状态，如温度、压力等的变化，也是使压缩机产生喘振的因素。一般讲，吸入气体的温度或压力越低，压缩机越容易进入喘振区。

（2）防喘振控制方案

由上可知，离心式压缩机产生喘振现象的主要原因是由于负荷降低，排气量小于极限值

Q_B 而引起的，只要使压缩机的吸气量大于或等于在该工况下的极限排气量即可防止喘振。工业生产上常用的控制方案有固定极限流量法和可变极限流量法两种，现简述如下。

① 固定权限流量法　对于工作在一定转速下的离心式压缩机，都有一个进入喘振区的极限流量 Q_B，为了安全起见，规定一个压缩机吸入流量的最小值 Q_P，且有 $Q_P < Q_B$。固定极限流量法防喘振控制的目的就是在当负荷变化时，始终保证压缩机的入口流量 Q_1 不低于 Q_P 值。图 7-10 是一种最简单的固定极限法防喘振控制方案，在这种方案中，测量点在压缩机的吸入管线上，流量控制器的给定值为 Q_P，当压缩机的排气量因负荷变小且小于 Q_P 时，则开大旁路控制阀以加大回流量，保证吸入流量 $Q_1 > Q_P$，从而避免喘振现象的产生。

本方案结构简单，运行安全可靠，投资费用较少，但当压缩机的转速变化时，如按高转速取给定值，势必在低转速时给定值偏高，能耗过大；如按低转速取给定值，则在高转速时仍有因给定值偏低而使压缩机产生喘振的危险。因此，当压缩机的转速不是恒定值时，不宜采用这种控制方案。

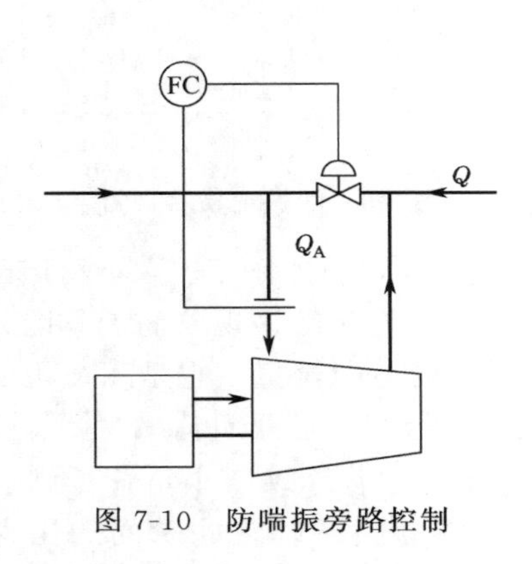

图 7-10　防喘振旁路控制

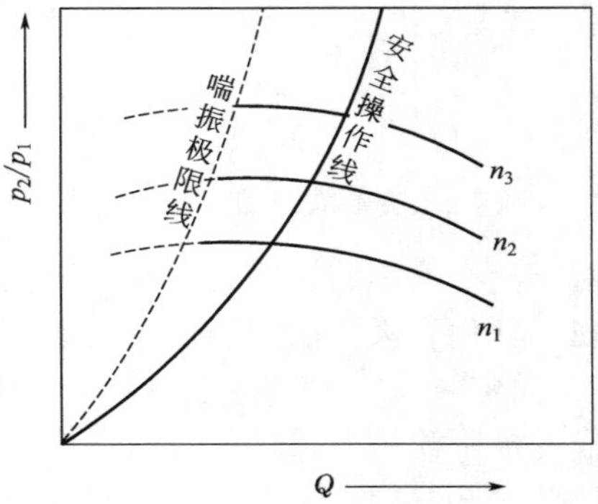

图 7-11　防喘振曲线

② 可变极限流量法　当压缩机的转速可变时，进入喘振区的权限流量也是变化的。图 7-11 上的喘振极限线是对应于不同转速时的压缩机特性曲线的最高点的连线。只要压缩机的工作点在喘振极限线的右侧，就可以避免喘振发生。但为了安全起见，实际工作点应控制在安全操作线的右侧。安全操作线近似为抛物线，其方程可用下列近似公式表示：

$$\frac{p_2}{p_1} = a + \frac{bQ_1^2}{T_1} \tag{7-2}$$

式中　T_1——入口端绝对温度；

Q_1——入口流量；

a，b——系数，一般由压缩机制造厂提供。

p_1、p_2、T_1、Q_1 可以用测试方法得到。如果压缩比 $\frac{p_2}{p_1} \leqslant a + \frac{bQ_1^2}{T_1}$，工况是安全的；如果压缩比 $\frac{p_2}{p_1} > a + \frac{bQ_1^2}{T_1}$，其工况将可能产生喘振。

假定在压缩机的入口端通过测量压差 Δp_1 来测量流量 Q_1，Δp_1 与 Q_1 的关系为

$$Q_1 = K\sqrt{\frac{\Delta p_1}{\rho}} \tag{7-3}$$

式中 ρ——介质密度；

K——比例系数。

根据气体方程可知：

$$\rho=\frac{p_1 M}{zRT_1}$$

式中 z——气体压缩因子；

R——气体常数；

T_1——入口气体的绝对温度；

p_1——入口气体的绝对压力；

M——气体分子量。

将上式代入式(7-3)，可得：

$$Q_1^2=K^2\ \frac{\Delta p_1 zRT_1}{p_1 M}=\frac{K^2}{r}\times\frac{\Delta p_1 T_1}{p_1} \tag{7-4}$$

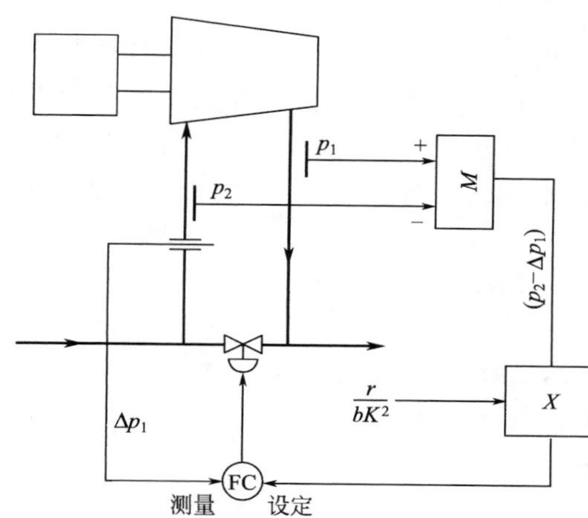

图 7-12 变极限流量防喘振控制方案

其中 $r=\frac{M}{zR}$，是一个常数。

将式(7-4) 代入式(7-2)，得

$$\frac{p_2}{p_1}=a+\frac{bK^2}{r}\times\frac{\Delta p_1}{p_1} \tag{7-5}$$

因此，为了防止喘振，应有：

$$\Delta p_1\geqslant\frac{r}{bK^2}(p_2-ap_1) \tag{7-6}$$

图 7-12 就是根据式(7-6) 所设计的一种防喘振控制方案。压缩机入口、出口压力 p_1、p_2 经过测量、变送器以后送往加法器Σ，得到（p_2-ap_1）信号，然后乘以系数 r/bK^2，作为防喘振控制器 FC 的给定值。控制器的测量值是测量入口流量的压差经过变送器后的信号。当测量值大于给定值时，压缩机工作在正常运行区，旁路阀是关闭的；当测量值小于给定值时，这时需要打开旁路阀以保证压缩机的入口流量不小于给定值。这种方案属于可变极限流量法的防喘振控制方案，这时控制器 FC 的给定值是经过运算得到的，因此能根据压缩机负荷变化的情况随时调整入口流量的给定值，而且由于这种方案将运算部分放在闭合回路之外，因此可像单回路流量控制系统那样整定控制器参数。

7.2 传热设备

7.2.1 概述

传热过程在工业生产中应用极为广泛，有的是为了便于工艺介质达到生产工艺所规定的温度，以利于生产过程的顺利进行，有的则是为了避免生产过程中能量的浪费。

工业生产过程中，将进行热量交换的设备称为传热设备。传热设备分类方法很多，通常分为一般传热设备和特殊传热设备两大类。还有一些其他分类方法，如从热量的传递方式来分有热传导、对流和热辐射三种；从进行热交换的两种流体的接触关系来分有直接接触式、间接式和蓄热式三种；按冷热流体进行热量交换的形式看有：在无相变情况下的加热与冷却和在相变情况下的加热与冷却两类；从结构来分有列管式、蛇管式、夹套式和套管式等。

传热过程中冷热流体进行热量交换时通常是几种热量传递方式同时发生。传热设备简况如表 7-1。

表 7-1 传热设备

传热方式	有无相变		载热体示例	设备类型示例
以对流为主	两侧均无相变		热水、冷水、空气	换热器
以对流为主			加热蒸汽	再沸器
以对流为主	一侧无相变	载热体汽化	液氨	氨冷器
以对流为主		介质冷凝	水、盐水	冷凝器
以对流为主		载热体冷凝	蒸汽	蒸汽加热器
以对流为主		介质汽化	热水或过热水	再沸器
以辐射为主			燃料油或燃料气、煤	加热炉、锅炉

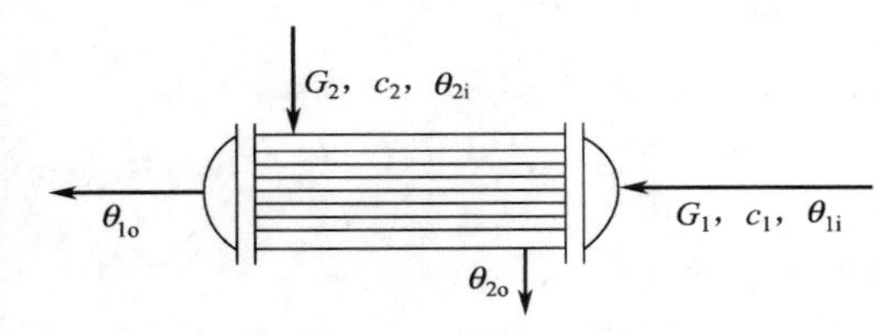

图 7-13 换热器的基本原理

传热设备的特性应包括传热设备的静态特性和传热设备的动态特性。静态特性是设备输入和输出变量之间的关系；动态特性是动态变化过程中输入和输出之间的关系。下面以换热器为例，分析一下换热器的基本特性。

(1) 换热器静态特性

如图 7-13 所示为换热器的基本原理。

① 热量衡算式 由于换热器两侧没有发生相变，因此，可列出热量衡算式

$$G_2 c_2 (\theta_{2i} - \theta_{2o}) = G_1 c_1 (\theta_{1o} - \theta_{1i}) \tag{7-7}$$

式中，下标 1 表示冷流体参数，2 表示热流体参数。

② 传热速率方程式 换热器的传热速率方程式为

$$q = UA_m \Delta\theta_m \tag{7-8}$$

式中，$\Delta\theta_m$ 是平均温度差，对单程、逆流换热器，应采用对数平均式，表示为

$$\Delta\theta_m = \frac{(\theta_{2o} - \theta_{1i}) - (\theta_{2i} - \theta_{1o})}{\ln\left(\dfrac{\theta_{2o} - \theta_{1i}}{\theta_{2i} - \theta_{1o}}\right)} \tag{7-9}$$

但在大多数情况下，采用算术平均值已有足够精度，其误差小于 5%。算术平均温度差表示为

$$\Delta\theta_m = \frac{(\theta_{2o} - \theta_{1i}) + (\theta_{2i} - \theta_{1o})}{2} \tag{7-10}$$

③ 换热器静态特性的基本方程式 根据热量平衡关系，将式(7-10) 代入式(7-8)，并与式(7-7) 联立求解，得到换热器静态特性的基本方程式

$$\frac{\theta_{1o} - \theta_{1i}}{\theta_{2i} - \theta_{1i}} = \frac{1}{\dfrac{G_1 c_1}{UA_m} + \dfrac{1}{2}\left(1 + \dfrac{G_1 c_1}{G_2 c_2}\right)} \tag{7-11}$$

假设换热器的被控变量是冷流体的出口温度 θ_{1o}，操纵变量是载热体的流量 G_2，则式(7-11) 可改写为

$$Q_{1o} = \frac{\theta_{2i} - \theta_{1i}}{\dfrac{G_1 c_1}{UA_m} + \dfrac{1}{2}\left(1 + \dfrac{G_1 c_1}{G_2 c_2}\right)} + \theta_{1i} \tag{7-12}$$

（2）换热器传热过程的动态特性

在工业生产中，生产负荷常常是在一定范围内不断变化的，由此决定了传热设备的运行工况必须不断调节以与生产负荷变化相适应。以逆流、单程、列管式换热器为例，假定换热过程中的热损失可忽略不计，则有控制通道的静特性：

$$K=\frac{dT_0}{dW_S}=\frac{T_{Si}-T_i}{2\left[\frac{WC_P}{K_A A}+\frac{1}{2}\left(1+\frac{WC_P}{W_S C_{PS}}\right)\right]^2}\frac{WC_P}{W_S^2 C_{PS}} \qquad (7\text{-}13)$$

T_0，T_i，T_{Si}——分别为工艺介质的出口、入口和加热蒸汽的温度；

W_S，W——分别为加热蒸汽和工艺介质的流率；

C_{PS}，C_P——分别为加热蒸汽和工艺介质的定压比热容；

K_A——总传热系数；

A——平均传热面积。

分析式(7-13) 可知，换热器对象的放大系数存在严重饱和非线性，即在工艺介质流量 W 大时，加热工艺介质达到规定温度所需的蒸汽流量 W_S 必然随之增大，则式(7-13) 计算出的放大系数 K 减小。

对于决定换热器动态响应的特性参数，机理分析和工程实践都表明，换热器是一个惯性和时间滞后均较大的被控系统，且是分布参数的。若将动特性用集中参数来描述，换热器可用一个多容时滞对象来近似描述。为简化起见，将换热器的动态特性取为

$$G(s)=\frac{K}{1+Ts}e^{-\tau s} \qquad (7\text{-}14)$$

式(7-14) 中的放大系数 K 已在上面阐述，时间常数 T 和滞后时间 τ 是两个决定换热器动态响应过程的时间型参数，它们也是随换热器的工况变化而变化的。以式(7-14) 中的滞后时间为例，它是由多容对象处理为单容对象而引入的容量滞后时间 τ_c 与由工艺介质传输距离引起的纯滞后时间 τ_d 两部分组成。显然，当生产负荷变化时，介质流速随之变化，从而使得滞后时间也是随负荷变化的。

目前，蒸汽加热换热器的控制仍采用传统的 PID 控制。为了控制换热器的冷流体出口温度，有四种可以影响的过程变量，其中，冷流体入口温度、载热体入口温度和冷流体流量都是由上工序确定，因此不可控制，但可测量。或者因通道的增益较小，不宜作为操纵变量。可操纵的过程变量只有载热体流量。因此，对冷流体出口温度可采用单回路控制系统，即出口温度为被控变量，载热体流量为操纵变量的单回路控制系统。

由于其他三个过程变量不可控但可测量，当它们的变化较频繁，幅值波动较大时，也可作为前馈信号引入，组成前馈-反馈控制系统。

当载热体流量或压力波动较大时，宜将载热体流量或压力作为副被控变量，组成串级控制系统。

从上述分析可知，采用载热体流量作为操纵变量时，在流量过大时，进入饱和非线性区，这时，增大载热体流量将不能很好地控制冷流体出口温度，而需要采用其他控制方案。

7.2.2　一般传热设备的控制方案

7.2.2.1　物料和载体均无相变传热设备的控制

物料和载体在经过传热设备后，只是产生了能量的转移，但均没产生相变。此类传热设备的控制，一般选择物料的出口温度作为被控变量，载体流量作为操作变量，可组成以下几种控制方案。

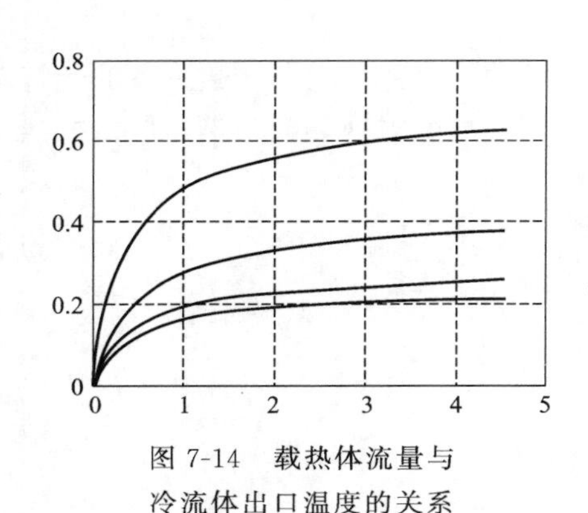

图 7-14 载热体流量与冷流体出口温度的关系

(1) 简单控制系统

为了控制换热器的物料出口温度，有四种可以影响的过程变量，其中，冷物料入口温度、载热体入口温度和冷物料流量都是由上工序确定，因此不可控制，但可测量。可操纵的过程变量只有载热体流量。因此，对物料出口温度可采用单回路控制系统，即出口温度为被控变量，载热体流量为操纵变量的单回路控制系统。

根据热量衡算式和传热速率方程式可知，当改变载热体流量时，会引起平均温度差的变化，流量增大，平均温度差增大，因此，在传热面积足够时，系统工作在图 7-14 所示的非饱和区，通过改变载热体流量可控制冷流体出口温度。

当传热面积受到限制时，由于传热面积不足，通过增加载热体流量不能有效的提高冷流体出口温度，即系统工作在饱和区。这时，通过调节载热体流量的控制方案不能很好地控制出口温度，应采用其他控制方案，例如下面将介绍的工艺介质分路控制方案。

工艺介质分路控制方案，是将热流体和冷流体混合后的温度作为被控变量，热流体温度大于设定温度，冷流体温度低于设定温度，通过控制冷热流体流量的配比，使混合后的温度等于设定温度。

可采用三通控制阀直接实现，也可采用两个控制阀（其中，一个为气开型，一个为气关型）实现，三通控制阀可采用分流（安装在入口）或合流（安装在出口）方式，图 7-15 所示为相应的控制方案。

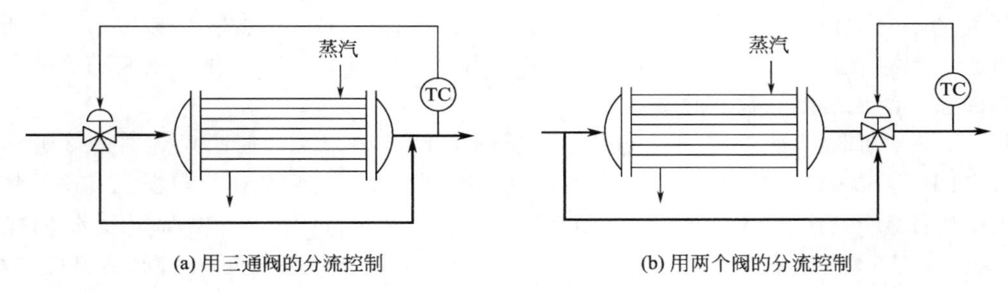

(a) 用三通阀的分流控制　(b) 用两个阀的分流控制

图 7-15 工艺介质控制系统

工艺介质分路的特点：

① 对载热体流量不加控制，而对被加热流体进行分路，使饱和区发生在被加热流体流量较大时，因此，常用于传热面积较小的场合；

② 由于采用混合，因此动态响应快，用于多程换热器等时滞大的场合；

③ 能耗较大，供热量应大于所需热量，常用于废热回收系统；

④ 设备投资大，需要两个控制阀和一个控制器。

采用三通控制阀时，如果换热器的阻力较小，则为了保证一定的压降比，控制阀两端压降只能取较小数值，造成控制阀口径很大。此外，控制阀流量特性的畸变也较严重。因此，也可采用两个控制阀组成分流或合流控制，需注意，与分流控制不同，两个控制阀的输入信号都是 20～100kPa，只是一个为气开型，另一个为气关型。

考虑换热器的动态特性，由于流体在流动过程中不可避免存在时滞，例如，冷流体入口温度对出口温度的时滞就较大，而其他扰动通道也具有较大的时间常数，为此，在控制方案的设计时应采用时滞补偿控制系统或改进工艺，减少时间常数和时滞。

(2) 串级控制系统

当载热体流量或压力波动较大时，宜将载热体流量或压力作为副被控变量，组成串级控制系统，如图 7-16 所示。

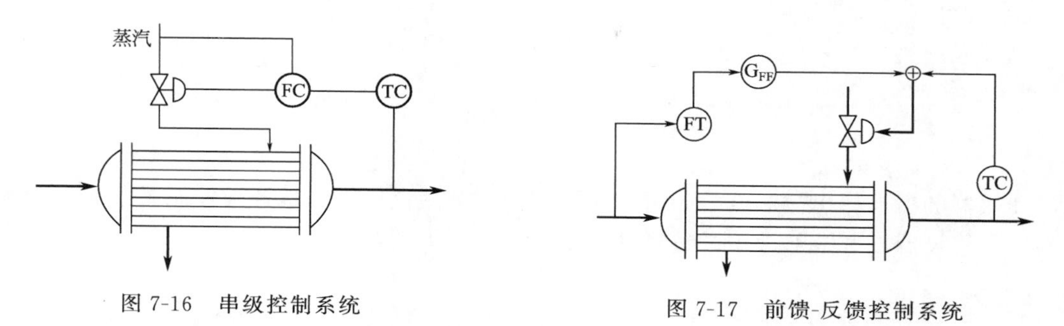

图 7-16　串级控制系统　　图 7-17　前馈-反馈控制系统

(3) 前馈-反馈控制系统

由于冷物料入口温度、载热体入口温度和冷物料流量三个过程变量不可控但可测量，当它们的变化较频繁，幅值波动较大时，也可作为前馈信号引入，组成前馈-反馈控制系统，如图 7-17 所示。

7.2.2.2　载体产生相变的传热设备控制

当载热体发生相变时，会产生放热或吸热现象。例如，蒸汽加热器中蒸汽冷凝放热，氨冷器中液氨蒸发吸热等。热量衡算式中放热或吸热与相变热有关。当传热面积足够时，例如，蒸汽加热器中，送入的蒸汽可以全部冷凝，并可继续冷却，这时，可通过调节载热体流量有效地改变平均温度差，控制冷流体出口温度。

(1) 控制传热面积

当传热面积不足时，例如蒸汽加热器中蒸汽冷凝量确定冷流体出口温度，蒸汽不能全部冷凝时，气相压力会升高，同样，在氨冷器中，液氨不能全部蒸发成为气相，使氨冷器液位升高。这时，应同时考虑传热速率方程式和热量衡算式，确定冷凝量或蒸发量和相应的出口温度，如图 7-18 所示。

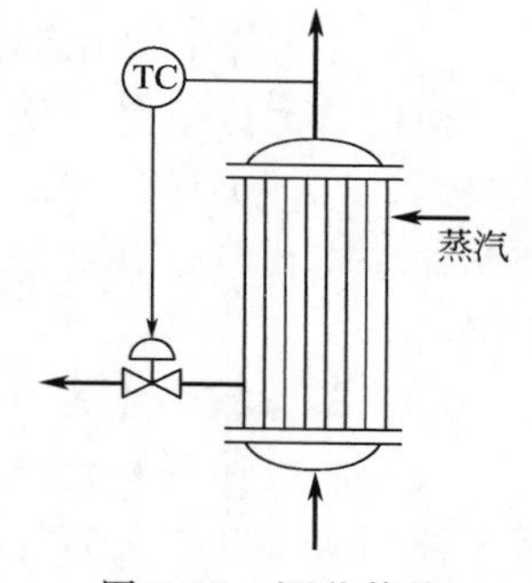

图 7-18　调节传热面积的控制方案

① 在传热面积不足时，如果采用载热体流量控制方案时，应增设信号报警或联锁控制系统。例如，气压高或液位高时发出报警信号，并使联锁动作，关闭有关控制阀。

② 当气压或液位的波动较大时，也可采用串级控制系统。例如，出口温度和蒸汽压力、出口温度和液位的串级控制系统、温度流量前馈-反馈控制等，如图 7-19 所示。

由于控制阀开度变化到冷凝液液位变化的过程具有一定的时间滞后，将液位作为副被控变量，可组成温度和液位的串级控制系统，如图 7-19(a) 所示。实施时需注意设置液位上限报警系统，防止因液位过高造成蒸发空间的不足。为克服蒸汽压力或流量波动对温度控制的影响，可将蒸汽压力或流量作为前馈信号，组成温度和蒸汽压力或流量的前馈-反馈控制系统，如图 7-19(b) 所示。

③ 采用选择性控制系统，即在安全软限时，将正常控制器切换到取代控制器。例如，

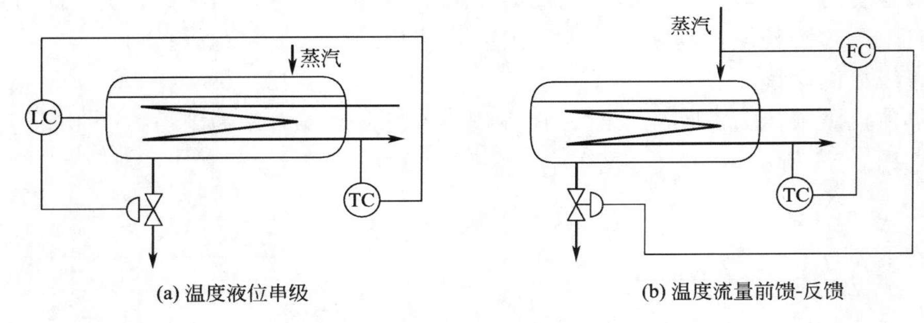

图 7-19 串级控制方案

蒸汽加热器的冷流体出口温度控制可采用出口温度和蒸汽压力的选择性控制系统，氨冷器的控制可采用该温度和液氨液位的选择性控制系统等，如图 7-20 所示。

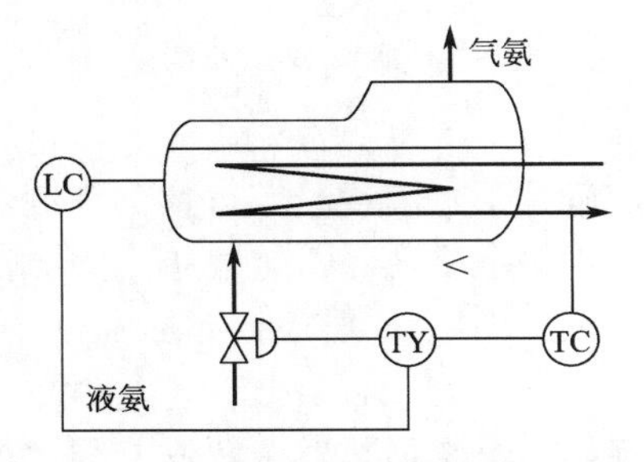

图 7-20 氨冷器的选择性控制

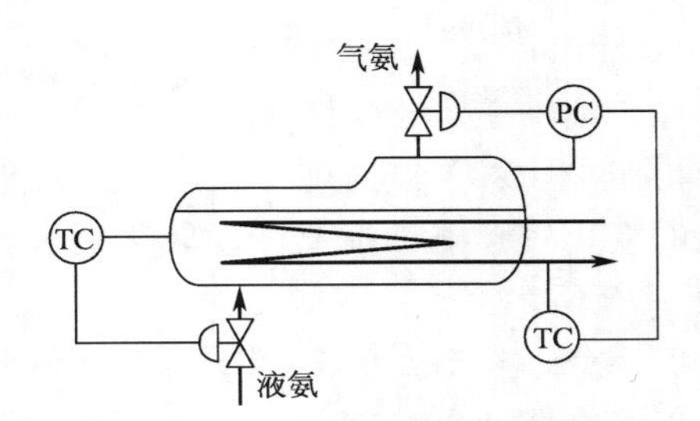

图 7-21 调节汽化温度的控制

正常工况下，如果温度升高，温度控制器输出控制液氨流量。增加液氨量，经液氨的蒸发，使出口温度下降。如果液位上升到软限液位设定仍不能降低温度，由液位控制器取代温度控制器，根据液位控制进氨量，保护了后续设备，一旦温度下降，温度控制器输出与液位控制器输出相等，并继续下降时，温度控制器就自动取代液位控制器，工艺操作恢复到正常工况。

（2）调节载热体的汽化温度

改变载热体的汽化温度，引起平均温度差 $\Delta\theta_{\mathrm{m}}$ 的变化。以图 7-21 所示的氨冷器为例，由于控制阀安装在气氨管路上，因此，当控制阀开度变化时，气相压力变化，引起汽化温度变化，使平均温度差变化，改变了传热量，出口温度随之变化。

该控制方案的特点如下。

① 改变气相压力，系统响应快，应用较广泛。

② 为了保证足够蒸发空间，需要维持液氨的液位恒定，为此，须增设液位控制系统，增加设备投资费用。

③ 由于控制阀两端有压损，此外，为使控制阀能有效控制出口温度，应使设备有较高气相压力。为此，需要增大压缩机功率，并对设备耐压提出更高要求，使设备投资费用增加。

7.2.3 加热炉控制

加热炉是传统设备的一种，同样具有热量传递过程。热量通过金属管壁传给工艺介质，因此它们同样符合导热与对流传热的基本规律。其传热过程为：炉膛炽热火焰辐射给炉管，经热传导、对流传热给工艺介质。所以与一般传热对象一样，具有较大的时间常数和纯滞后时间。特别是炉膛，它具有较大的热容量，故滞后更为显著，因此加热炉属于一种多容量的被控对象。

加热炉出口总管温度是加热炉环节最为重要的参数，出口温度的稳定对于后续工艺的生产稳定、操作平稳甚至提高收率至关重要。最简单的控制方法就是采用单回路的反馈控制。单回路反馈控制简单实用，有它的使用价值。但该方法没有考虑燃料量变化的影响，所以出口温度不容易稳定，在一定程度上也会造成燃料的浪费。在简单反馈控制方案的基础上，加入燃料量控制回路，就可以构成加热炉的串级控制系统。这种控制方案也比较简单，效果比简单控制的效果要好一些，但因为没有考虑原油进料量的波动，所以出口温度仍不容易稳定，另外没有考虑空气量与燃料量之间的配比控制，燃烧也不能达到较为理想的状态，这也是出口总管温度不容易稳定的一个原因。

（1）加热炉的简单控制

图 7-22 为某一燃油加热炉控制系统示意图，其主要的控制系统是以炉出口温度为控制变量、燃料油流量为操纵变量组成的单回路控制系统。其他辅助控制系统有：

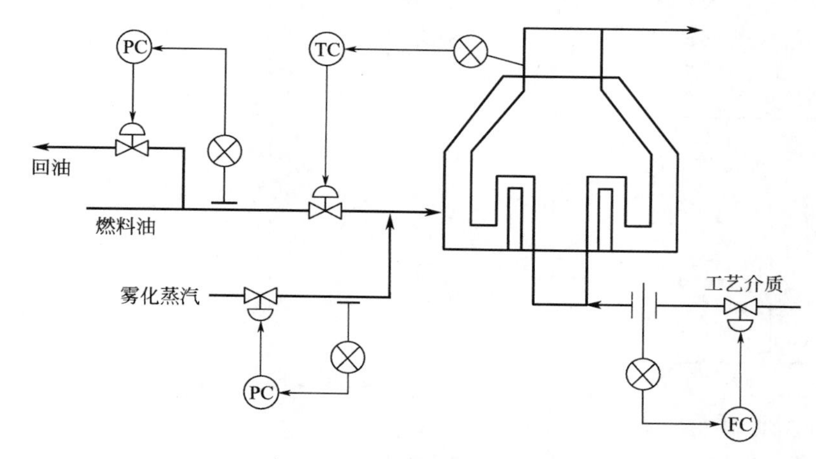

图 7-22　加热炉简单控制系统

① 进入加热炉工艺介质的流量控制系统，如图 7-22 所示 FC 控制系统。

② 燃料油总压控制，总压控制一般调回油量，如图 7-22 所示燃料油压力控制系统和雾化蒸汽压力控制系统。

图 7-22 所示的简单控制系统适用范围为：

① 对炉出口温度要求不十分严格；

② 外来扰动缓慢而较小，且不频繁；

③ 炉膛容量较小，即滞后不大。

（2）加热炉的串级控制

在加热炉正常生产中，主要考虑受到的干扰因素有：燃料油/燃料气的压力、热值、烟囱抽力等。考虑到实际情况，在设计控制系统时，应注意以下事项：

① 应选择有代表性的炉膛温度检测点，且反应要快；

② 为保护设备，炉膛温度不应有较大波动；

③ 由于炉膛温度较高，测量元件及其保护套管材必须耐高温。

根据不同的设计要求，可设计出以下三种串级控制系统。

① 炉出口温度对炉膛温度的串级控制，如图 7-23 所示。

② 炉出口温度对燃料气（或油）流量的串级控制，如图 7-24 所示。

③ 炉出口温度对燃料油（或气）阀后压力的串级控制，如图 7-25 所示。

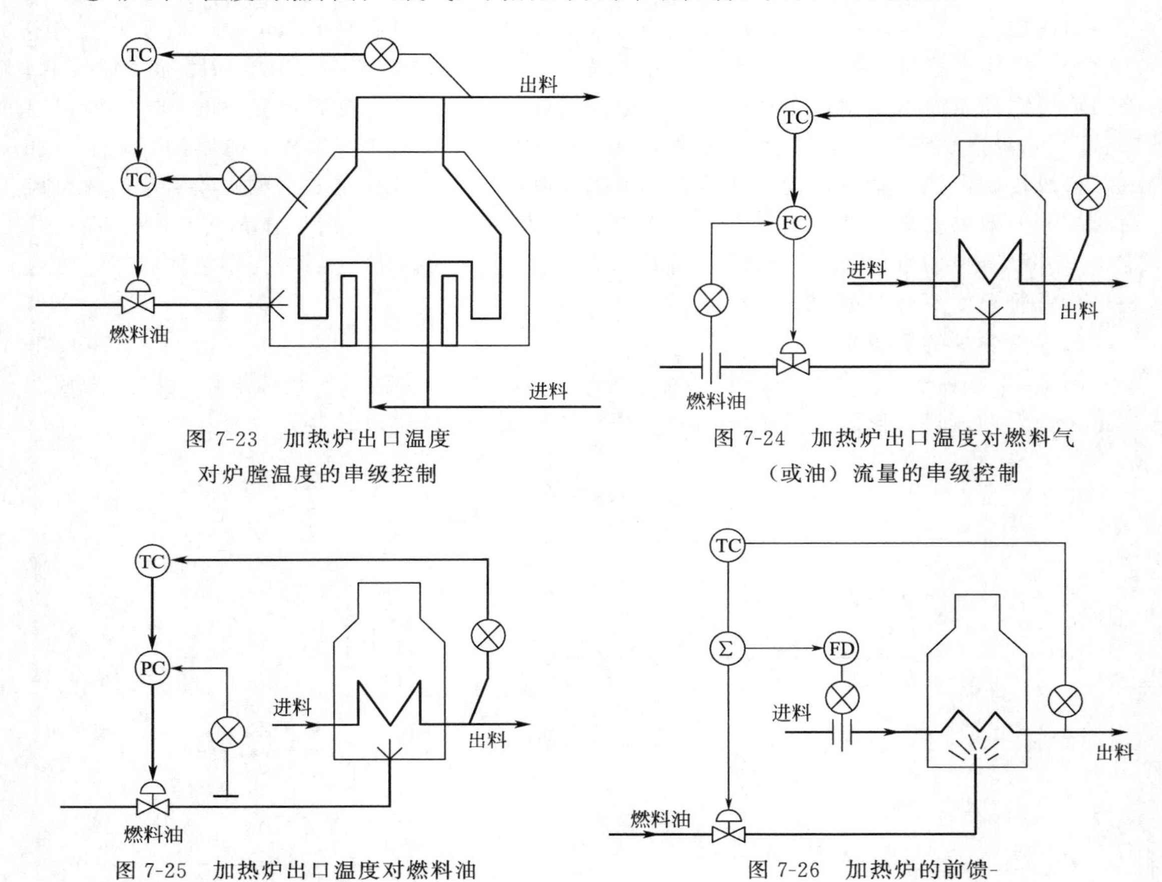

图 7-23 加热炉出口温度对炉膛温度的串级控制

图 7-24 加热炉出口温度对燃料气（或油）流量的串级控制

图 7-25 加热炉出口温度对燃料油（或气）阀后压力的串级控制

图 7-26 加热炉的前馈-反馈控制系统

（3）加热炉的前馈-反馈控制系统

在串级控制的基础上，再引入原油进料前馈，可以构成静态前馈控制或动态前馈控制，如图 7-26 所示。采用原油进料前馈控制后，在原油进料流量有变化时，控制系统能很快使燃料流量发生相应的变化，从而得到补偿，使进料流量波动对出口温度的影响较小。

（4）加热炉的安全联锁保护系统

图 7-27 所示为加热炉的安全联锁保护装置。其中 LS 为低选器；BS 是火焰检测器开关；GL_1 是燃料气流量过低联锁装置；GL_2 是进料流量过低联锁装置。当生产正常时，BS、GL_1、GL_2 只进行检测，不产生联锁工作。TC 组成 PC 比值控制系统，控制阀选用气开阀。当输出出现异常时（即 BS、GL_1、GL_2 中至少有一个超标），连锁装置产生动作，使控制阀失去信号压力，阀门恢复原状（关闭），从而保护装置安全。

7.2.4 锅炉设备的控制方案

锅炉是利用燃料或其他能源的热能，把水加热成为热水或蒸汽的机械设备。

锅炉按用途可分为工业锅炉、电站锅炉、船用锅炉和机车锅炉等；按锅炉出口压力可分为低压、中压、高压、超高压、亚临界压力、超临界压力等锅炉；锅炉按水和烟气的流动路径可分为火筒锅炉、火管锅炉和水管锅炉，其中火筒锅炉和火管锅炉又合称为锅壳锅炉；按

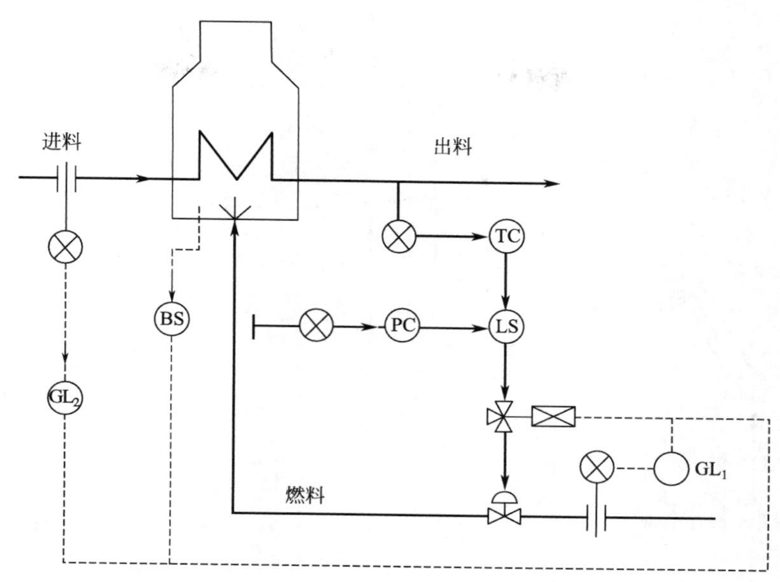

图 7-27　加热炉的安全联锁保护系统

循环方式可分为自然循环锅炉、辅助循环锅炉（即强制循环锅炉）、直流锅炉和复合循环锅炉；按燃烧方式，锅炉分为室燃炉、层燃炉和沸腾炉等。

锅炉工作原理：通过燃料的燃烧过程，产生高温烟气向水、汽等工质的传热过程，工质（水）的加热和汽化过程——蒸汽的生产过程。具体过程如下。

（1）燃料的燃烧过程

定义：燃料在炉内（燃烧室内）燃烧生成高温烟气，并排出灰渣的过程。

燃料（煤）⇨给煤斗⇨炉排面（燃烧室）⇨产生高温烟气⇨除渣板（入灰渣斗）。

（2）烟气向水（汽等工质）的传热过程

高温烟气⇨水冷壁（辐射）⇨对流管束（对流）⇨过热器（辐射＋对流）⇨省煤器、空气预热器（对流）⇨除尘器⇨引风机⇨烟囱。

（3）工质（水）的加热和汽化过程——蒸汽的生产过程

① 给水：水⇨省煤器⇨汽锅

② 水循环：汽锅⇨下降管⇨下集箱⇨水冷壁⇨汽锅……

③ 汽水分离。

锅炉整体的结构包括锅炉本体和辅助设备两大部分。锅炉中的炉膛、锅筒、燃烧器、水冷壁过热器、省煤器、空气预热器、构架和炉墙等主要部件构成生产蒸汽的核心部分，称为锅炉本体。锅炉本体中两个最主要的部件是炉膛和锅筒。如图 7-28 所示为锅炉流程图。

锅炉设备是一个复杂的控制对象，主要输入变量是负荷、锅炉给水、燃料量、减温水、送风和引风量。主要输出变量包括汽包水位、过热蒸汽温度及压力、烟气氧量和炉膛负压等。因此锅炉是一个多输入、多输出且相互关联的复杂控制对象。

7.2.4.1　汽包水位的控制问题

（1）汽包水位的动态特性

图 7-29 给出了蒸汽流量扰动作用下的汽包水位动态特性。在蒸汽流量产生阶跃上升变化时，H_1 为理论液位变化曲线，H 和 H_2 为实际液位变化曲线，均会产生假液位现象。

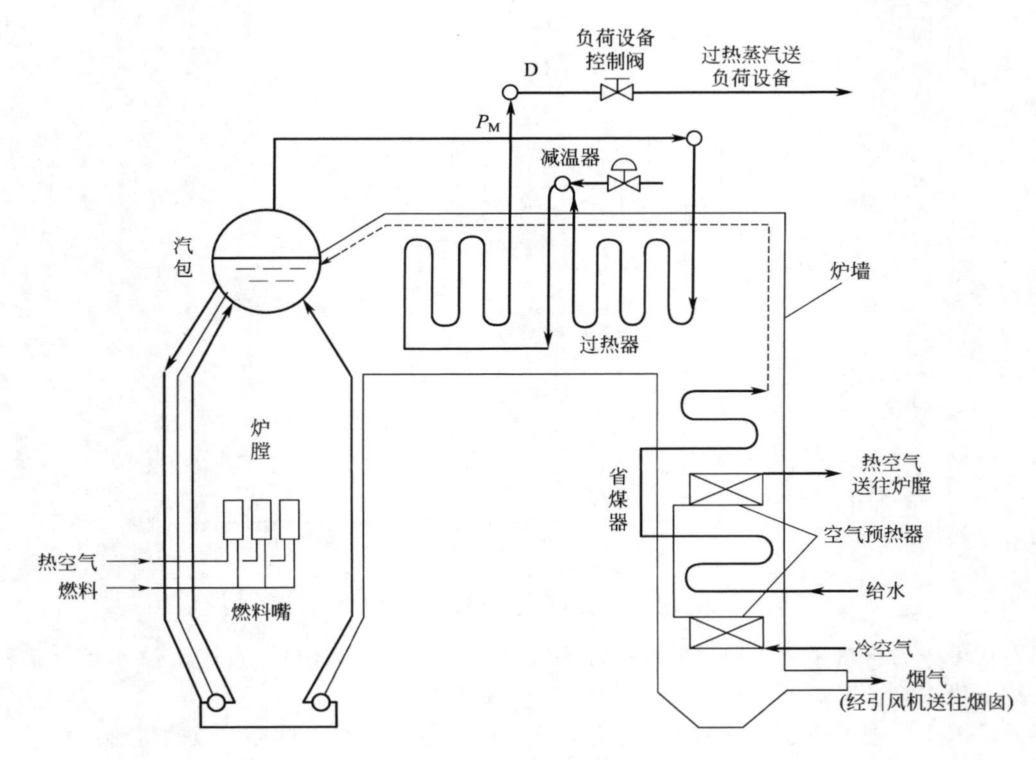

图 7-28 锅炉流程图

图 7-30 给出了给水流量作用下的汽包水位动态特性。当给水流量增加时，实际液位 H 要比理论液位 H_1 变化有个滞后。

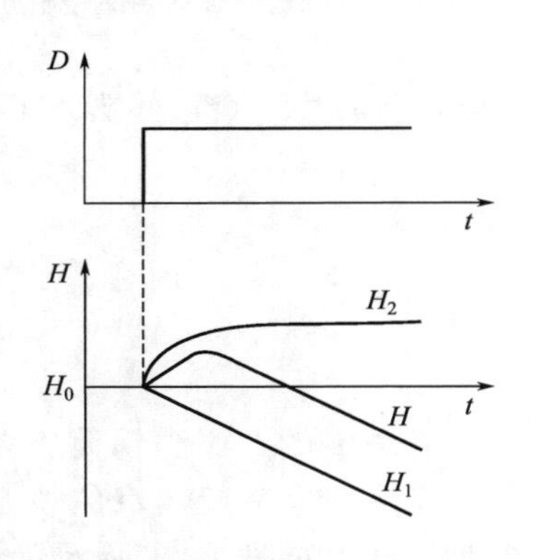

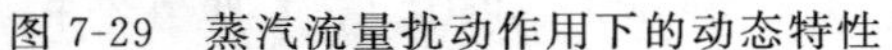

图 7-29 蒸汽流量扰动作用下的动态特性

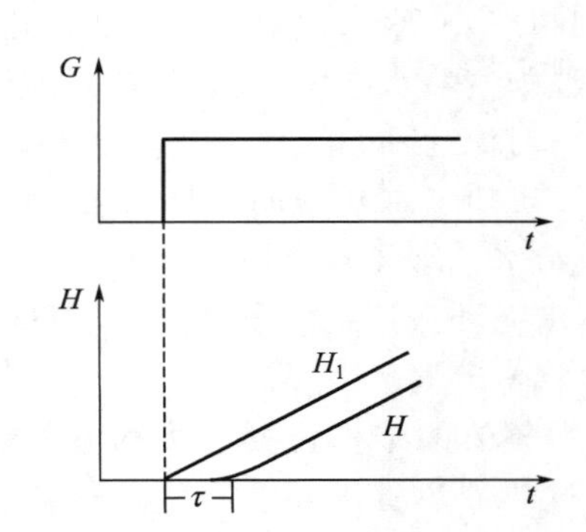

图 7-30 给水流量作用下的汽包水位动态特性

(2) 汽包水位的单冲量控制

以汽包水位控制给水流量时（图 7-31），当干扰来自负荷变化时，产生虚假水位，容易产生误操作；当干扰来自给水系统时，控制作用缓慢，不够及时。

冲量控制系统存在三个问题：①当负荷变化产生虚假液位时，将使控制器反向误动作；②对负荷不灵敏；③不能克服给水流量的干扰。

单冲量控制的特点：控制系统结构简单，适用于汽包内水位的停留时间长，负荷变化小的小型锅炉。

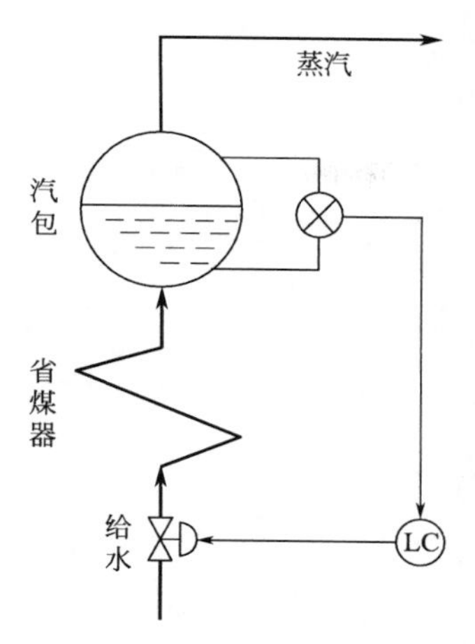

图 7-31　汽包水位的单冲量控制

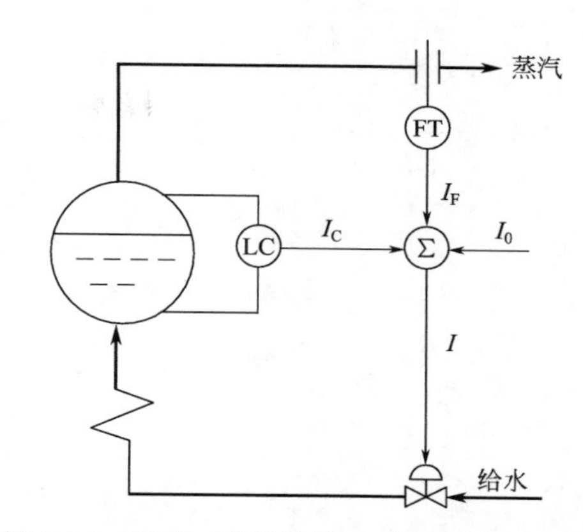

图 7-32　前馈（蒸汽流量）+单回路控制系统

(3) 汽包水位的双冲量控制

针对单冲量控制系统存在的问题，如果根据蒸汽流量作为校正作用，就可以纠正虚假水位引起的误动作，而且也能提前发现负荷的变化，从而大大改善了控制质量。如图 7-32 所示的前馈（蒸汽流量）+单回路控制系统，图 7-33 为系统对应方框图。

①加法器的运算关系为：$I=C_1I_C\pm C_2I_F\pm I_0$；②阀的开闭形式、控制器正反作用、运算器符号决定：以保护锅炉的安全为主，选气闭；以保护汽轮机用户安全为主，选气开。

LC 控制器正反作用的选择，气闭时为正作用，气开时为反作用。

运算器符号的选择：气闭时 C_2 为负号，气开时 C_2 为正号。

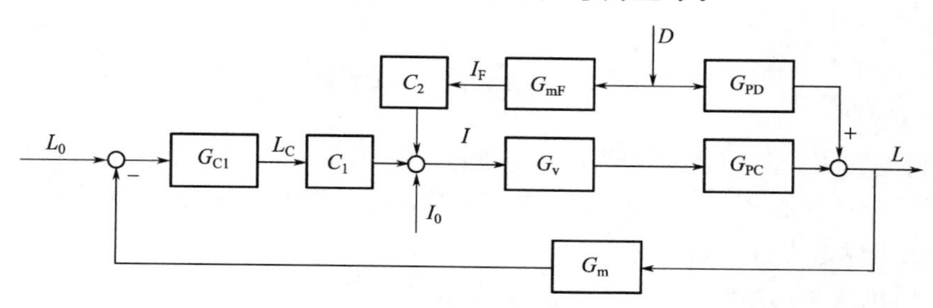

图 7-33　系统方框图

(4) 汽包水位的三冲量控制

双冲量控制系统无法克服给水干扰的影响，当汽包水位、蒸汽压力、给水流量同时产生扰动时，就要采用三冲量控制，如图 7-34 所示。方框图如图 7-35。

三冲量控制系统的其他形式如图 7-36，在此不再叙述。

如果汽包水位、蒸汽压力、给水流量同时产生扰动时，就要采用三冲量控制，其控制方案有图 7-36 所示的三种。

7.2.4.2　锅炉燃烧过程的控制

(1) 燃烧过程自动控制任务

① 维持汽压恒定。汽压的变化表示锅炉

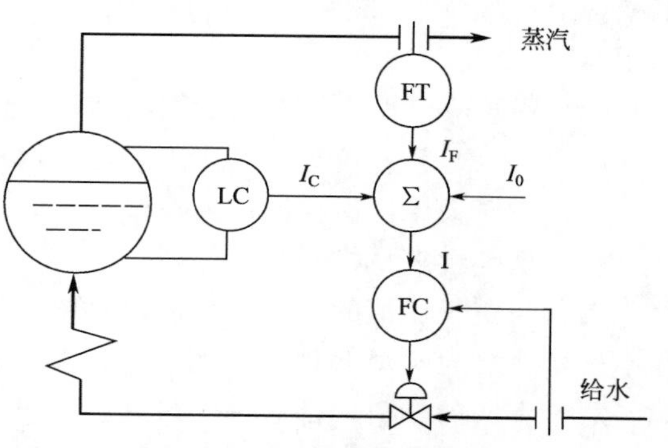

图 7-34　三冲量控制系统图

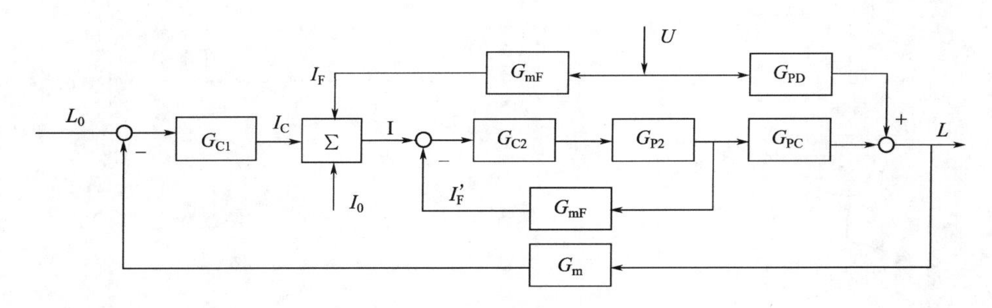

图 7-35　三冲量控制系统方框图

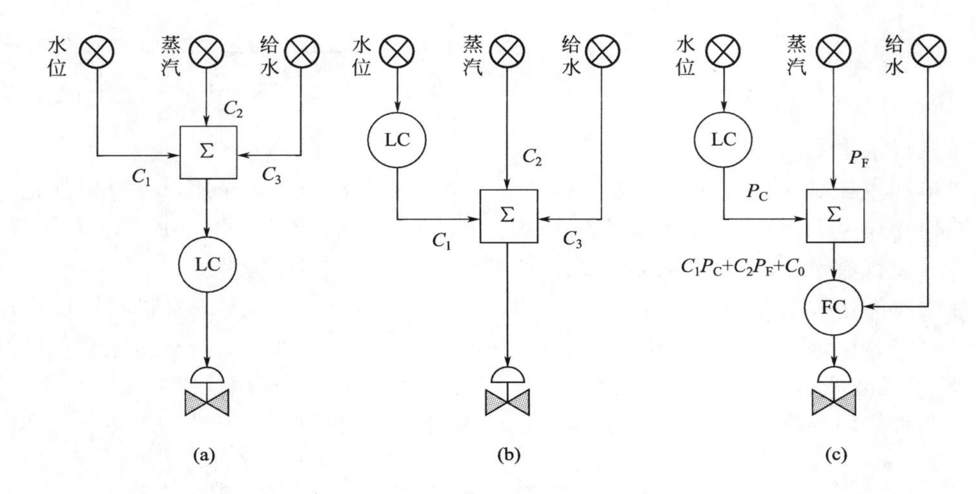

图 7-36　汽包水位的三冲量控制系统

蒸汽量和负荷的耗汽量不相适应，必须相应地改变燃料量，以改变锅炉的蒸汽量。

② 保证燃烧过程的经济性。当燃料量改变时，必须相应地调节送风量，使它与燃料量相配合，保证燃烧过程有较高的经济性。

③ 调节引风量与送风量相配合，以保证炉膛压力不变。

控制系统设计的总原则：燃烧控制系统一般有三个被调参数，汽压、烟气含氧量和炉膛负压。生产负荷变化时，燃料量、送风量和引风量应同时协调工作。既适应负荷变化的需要，又使燃料量和送风量成一定比例，炉膛负压为一定值，而当生产负荷稳定不变时，则应保持燃料量、送风量和引风量都稳定不变，并迅速消除它们各自的扰动作用。

（2）锅炉蒸汽压力控制和燃料与空气比值控制系统

一般，用燃料量控制蒸汽压力，可采用单回路/串级控制；燃烧控制要求燃料与空气的一定比例，可采用比值控制加入逻辑关系，如图 7-37 所示。

（3）烟气含氧量控制

燃料与空气比值的最优化控制设计依据：维持燃烧，理论上要维持一个最低空气量，实际空气量要略大于最低量。过剩空气量大，能量浪费；小，燃烧不完全。

对于不同的燃料，都有一个最优空气量。在燃烧控制方案中引入烟气中含氧量信号进行校正。若要求能够适应负荷变化，可构成图 7-38 的控制系统。

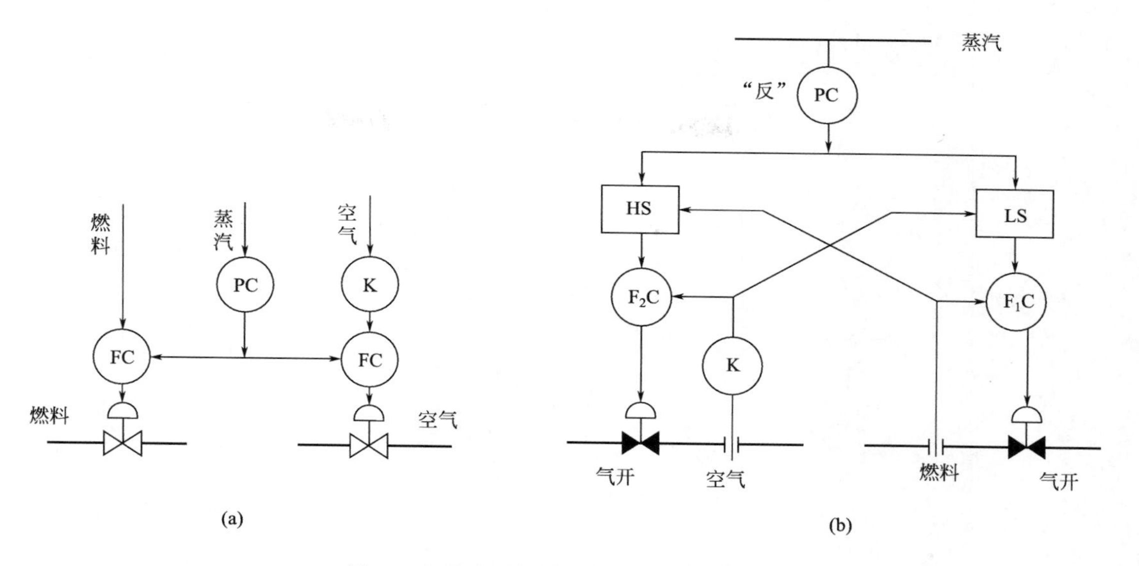

图 7-37 具有逻辑增减量的比值控制系统

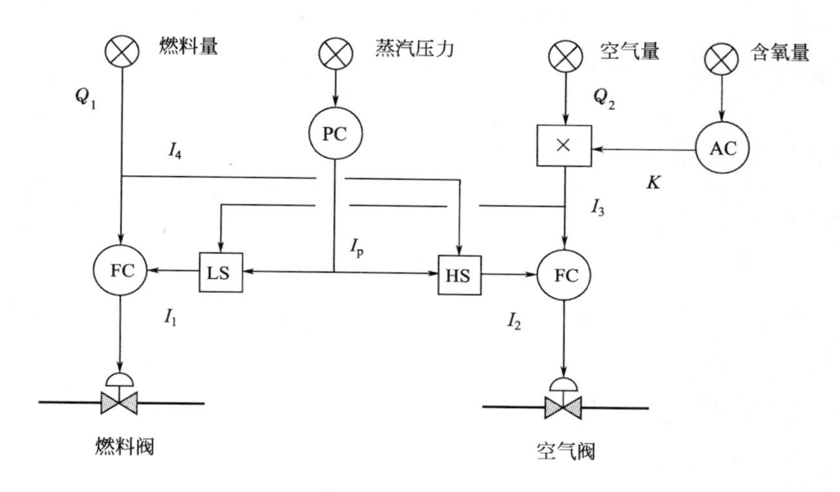

图 7-38 烟气含氧量控制系统

当控制达到稳态：$I_1=I_2=I_3=I_4=I_p$

$$Q_1=KQ_2$$

（4）炉膛负压控制与有关安全保护系统

如图 7-39 所示，该系统具有三种控制功能：

① 烟气含氧量控制，通过引风量进行控制。为克服滞后，可引入蒸汽压力作为前馈信号，组成前馈-反馈控制系统。

② 防脱火控制，引入燃气压力信号（燃烧嘴背压）构成选择性系统。

③ 防回火控制，利用测燃烧嘴背压压力，当压力过低时，实施联锁保护，切断燃气阀。

7.2.4.3 蒸汽过热系统的控制

蒸汽过热系统包括第一过热器、减温器、第二过热器。其控制如图 7-40 串级控制和图 7-41 过热蒸汽温度双冲量控制系统所示。

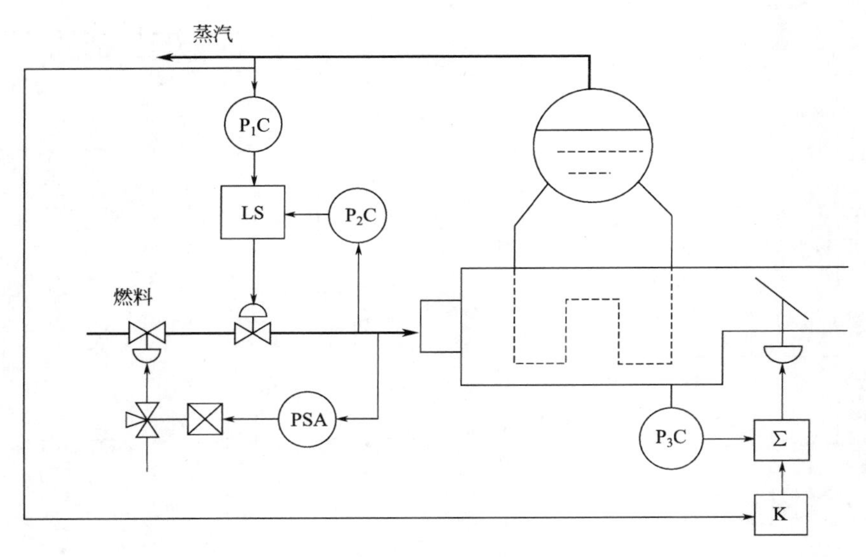

图 7-39 炉膛负压控制与有关安全保护系统

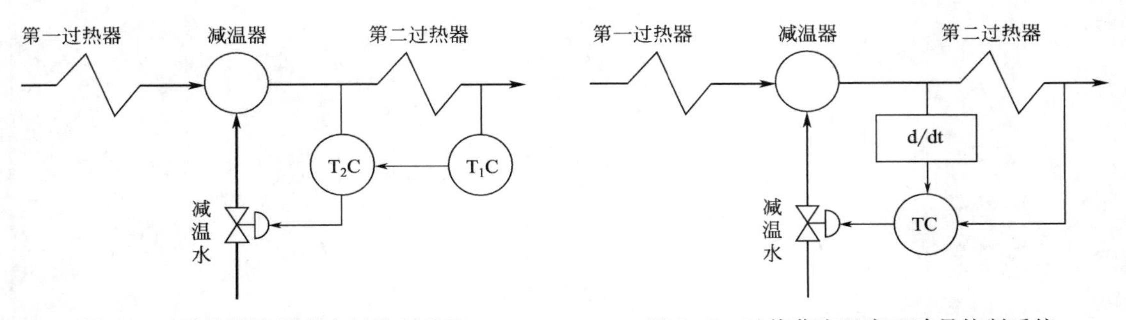

图 7-40 过热蒸汽温度串级控制系统

图 7-41 过热蒸汽温度双冲量控制系统

7.3 精馏塔的控制

7.3.1 概述

精馏是石油、化工等众多生产过程中广泛应用的一种传质过程，通过精馏过程，使混合物料中的各组分分离，分别达到规定的纯度。

分离的机理是利用混合物中各组分的挥发度不同（沸点不同），使液相中的轻组分（低沸点）和汽相中的重组分（高沸点）相互转移，从而实现分离。

精馏装置由精馏塔、再沸器、冷凝冷却器、回流罐及回流泵等组成。如图 7-42 所示。

精馏塔的特点精馏塔是一个多输入多输出的多变量过程，内在机理较复杂，动态响应迟缓、变量之间相互关联，不同的塔工艺结构差别很大，而工艺对控制提出的要求又较高，所以确定精馏塔的控制方案是一个极为重要的课题。而且从能耗的角度，精馏塔是三传一反典型单元操作中能耗最大的设备。

7.3.1.1 精馏塔的基本关系

（1）物料平衡关系总物料平衡

$$F=D+B \tag{7-15}$$

轻组分平衡：F・zf＝D・xD＋B・xB　(7-16)

联立式(7-15)、式(7-16) 可得：

$$x_D=\frac{F}{D}(z_f-x_B)+x_B \tag{7-17}$$

$$\frac{D}{F}=\frac{z_D-x_f}{x_D-x_B} \tag{7-18}$$

(2) 能量平衡关系

在建立能量平衡关系时，首先要了解分离度的概念。所谓分离度 s 可用下式表示：

$$s=\frac{x_D(1-x_B)}{x_B(1-x_D)} \tag{7-19}$$

可见，随着 s 的增大，x_D 也增大，x_B 而减小，说明塔系统的分离效果增大。影响分离度 s 的因素很多，如平均相对挥发度、理论塔板数、塔板效率、进料组分、进料板位置，以及塔内上升蒸汽量 V 和进料 F 的比值等。对于一个既定的塔来说：

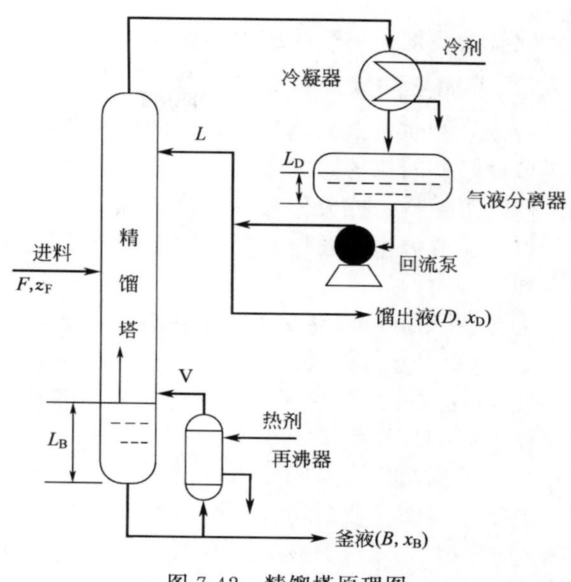

图 7-42　精馏塔原理图

$$s=f\left(\frac{V}{F}\right) \tag{7-20}$$

式(7-20) 的函数关系也可用一近似式表示：

$$\frac{V}{F}=\beta\ln s \tag{7-21}$$

或可表示为

$$\frac{V}{F}=\beta\ln\frac{x_D(1-x_B)}{x_B(1-x_D)} \tag{7-22}$$

式中，β 为塔的特性因子，由式 7-22 可以看到，随着 V/F 的增加，s 值提高，也就是 x_D 增加，x_B 下降，分离效果提高了。由于 V 是由再沸器施加热量来提高的，所以该式实际是表示塔的能量对产品成分的影响，故称为能量平衡关系式。由上分析可见，V/F 的增加，塔的分离效果提高，能耗也将增加。

对于一个既定的塔，包括进料组分一定，只要 D/F 和 V/F 一定，这个塔的分离结果，即 x_D 和 x_B 将被完全确定。也就是说，由一个塔的物料平衡关系与能量平衡关系两个方程式，可以确定塔顶与塔底组分待定因素。

7.3.1.2　精馏塔的控制要求

精馏塔的控制目标是，在保证产品质量合格的前提下，使塔的总收益（利润）最大或总成本最小。具体对一个精馏塔来说，需从四个方面考虑，设置必要的控制系统。

① 产品质量控制；

② 物料平衡控制；

③ 能量平衡控制；

④ 约束条件控制（液泛限、漏液限、压力限、临界温差限等）。

防止液泛和漏液，可以塔压降或压差来监视气相速度。

7.3.1.3　精馏塔的主要干扰因素

精馏塔的主要干扰因素为进料状态，即进料流量 F、进料组分 z_f、进料温度 T_f 或热

焓 F_E。

此外，冷剂与热剂的压力和温度及环境温度等因素，也会影响精馏塔的平衡操作。

7.3.2 精馏塔的被控变量的选择

精馏塔的质量指标是产品的质量——产品的成分。所以选取被控变量有两类：直接的产品成分信号和间接的温度信号。

(1) 采用产品成分作为直接质量指标

以产品成分作为被控变量时，需要用成分分析仪表来检测成分。目前自动成分分析仪表存在如下的制约因素：

① 分析测量过程滞后大，反应缓慢，影响了控制的时效性；

② 一般成分分析仪表针对不同的产品组分，品种上较难一一满足；

③ 自动成分分析仪表的工作环境要求较高，在工作现场很难满足要求，使仪表的可靠性变差，影响控制效果。

(2) 采用温度作为间接质量指标

温度作为间接质量指标，是精馏塔质量控制中应用最早也是目前最常见的一种。

对于一个二元组分精馏塔来说，在一定的压力下，沸点和产品的成分有单值的对应关系，因此，只要塔压恒定，塔板的温度就反映了产品的成分。

对于多元精馏过程来说，情况较复杂。然而在炼油和石化生产中，许多产品都是由一系列的碳氢化合物的同系物所组成，此时，在一定的压力下，温度与成分之间也有近似的对应关系，即压力一定时，保持一定的温度，成分的误差可忽略不计。在其余情况下，温度参数也有可能在一定程度上反映成分的变化。

7.3.3 精馏塔的控制

精馏塔是一个多输入多输出的多变量、分布参数、非线性的被控过程，可供选择的被控变量和操纵变量众多，所以精馏塔的控制方案有很多，而且很难简单判断哪个方案是最佳的。

美国著名的过程控制专家 F. G. 欣斯基提出了精馏塔控制中变量配对的三条准则：①当仅需要控制塔的一端产品时，应当选用物料平衡方式来控制该产品的质量；②塔两端产品流量较小者，应作为操纵变量去控制塔的质量；③当塔的两端产品均需按质量控制时，一般对含纯产品较少，杂质较多的一端的质量控制选用物料平衡控制，而含纯产品较多，杂质较少的一端的质量控制选用能量平衡控制。

当选用塔顶部产品馏出物流量 D 或塔底采出液量 B 来作为操纵变量控制产品质量时，称为物料平衡控制；而当选用塔顶部回流 L 或再沸器加热量 $Q(V)$ 来作为操纵变量控制产品质量时，称为能量平衡控制。

欣斯基提出的三条准则对于精馏塔控制方案设计有很好的指导作用。

7.3.3.1 传统的物料平衡控制

如图 7-43、图 7-44 所示的控制系统，其控制方案的主要特点是无质量反馈控制，它们属于产品质量开环控制，只要保持 D/F（或 B/F）和 V/F（或回流比）一定，完全按物料及能量平衡关系进行控制。

这类系统适用于产品质量要求不高以及扰动不多的场合。

该控制方案结构简单，但适应性不高，目前应用不多。

7.3.3.2 精馏塔塔压控制

在精馏塔生产过程中，影响产品质量的量有温度和塔内压力。为了简化控制，往往将塔

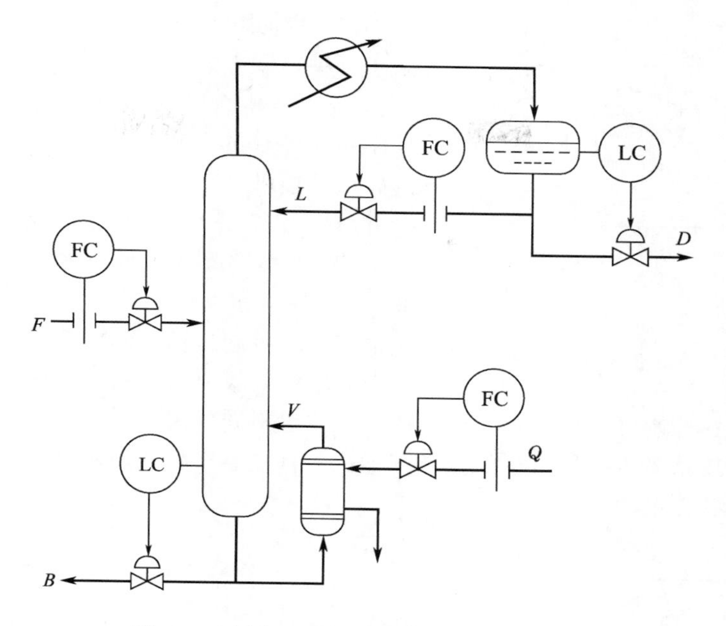

图 7-43　固定回流量 L 和加热蒸汽量 Q(V)

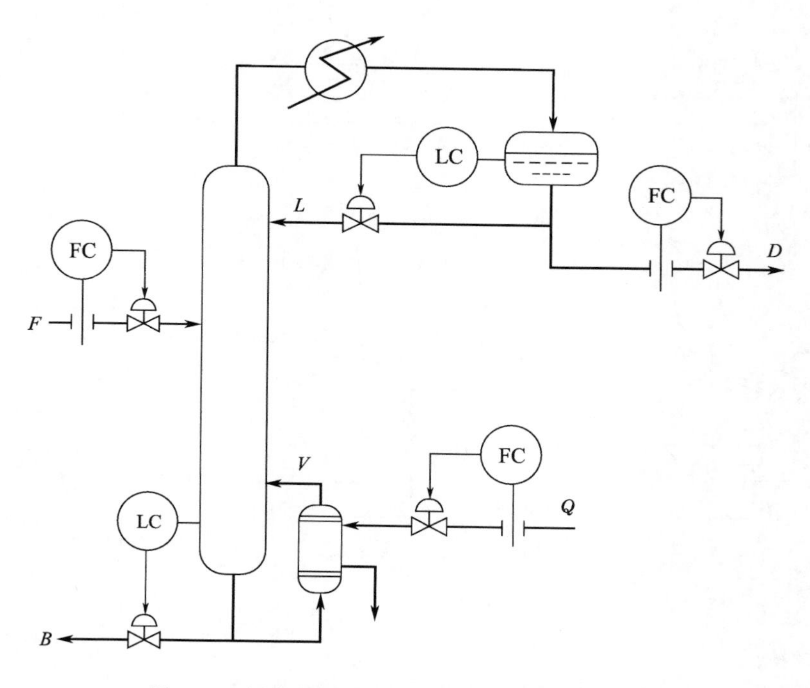

图 7-44　固定馏出液流量 D 和加热蒸汽量 Q(V)

压恒定，使产品质量和温度之间形成一一对应关系。如何控制塔压恒定，一般针对以下几种情况采用不同的控制方法。

（1）塔顶产品以气相采出

如图 7-45 所示，一般采用塔顶压力控制塔顶采出量的方法。

（2）塔顶产品以液相出料

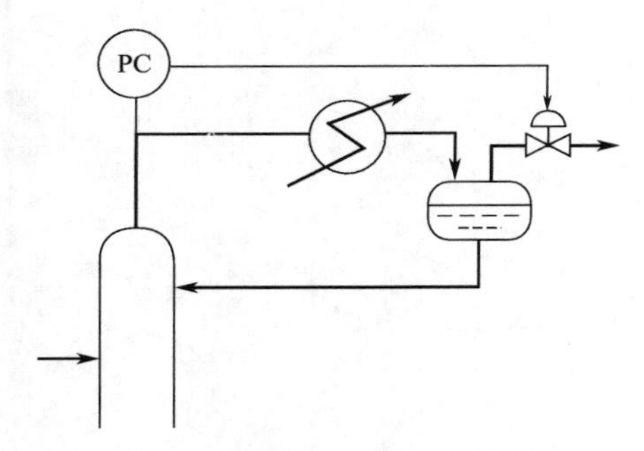

图 7-45 精馏段气相出料压力控制

① 馏出物中含有微量不凝物 如图 7-46 所示，可采用三种控制方式。

② 馏出物中含有大量不凝物 如图 7-47 所示，可采用三种控制方式。

(3) 精馏塔真空度控制

可采用图 7-48(a) 抽气管路上节流控制和图 7-48(b) 控制旁路吸入气量两种方式。

7.3.3.3 温度控制

精馏塔的控制目标是使塔顶和塔底的产品满足工艺生产规定的质量要求。对于有两个液相产品的精馏塔来说，质量指标控制可以根据主要产品的采出位置不同分为两种情况：一是主要产品从塔顶馏出时可采用按精馏段质量指标的控制方案；二是主要产品从塔底流出时则可采用按提馏段质量指标的控制方案。

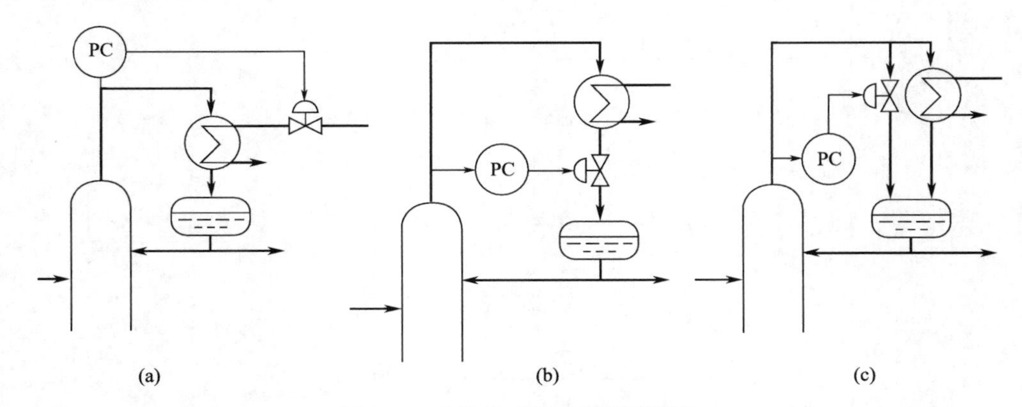

图 7-46 馏出物中含有微量不凝物

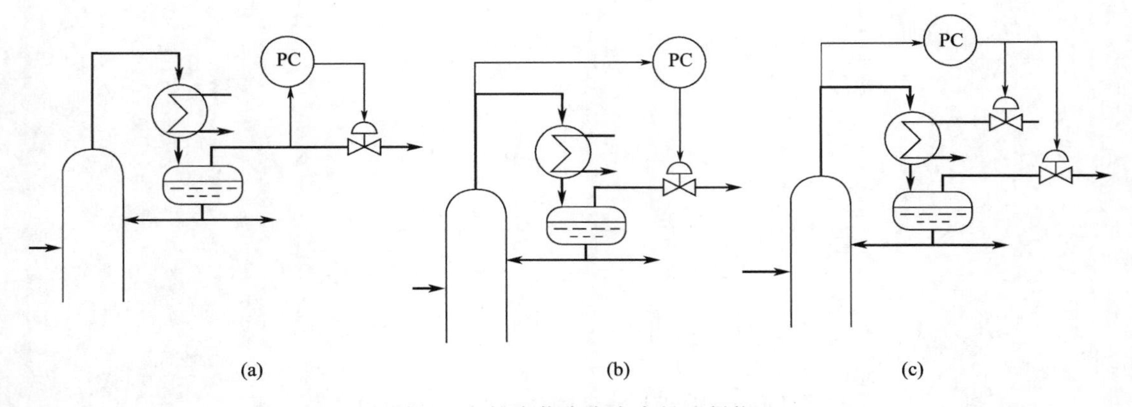

图 7-47 馏出物中含有大量不凝物

(1) 精馏段温度控制

当对馏出液的纯度要求较之对釜液为高时，如主要产品为馏出液时，往往按精馏段质量指标进行控制。这时，可以选取精馏段某点的成分或温度作为被控变量，以塔顶的回流量 L、馏出量 D 或上升蒸汽量 V 作为操纵变量，组成单回路控制系统。控制方案有以下两种。

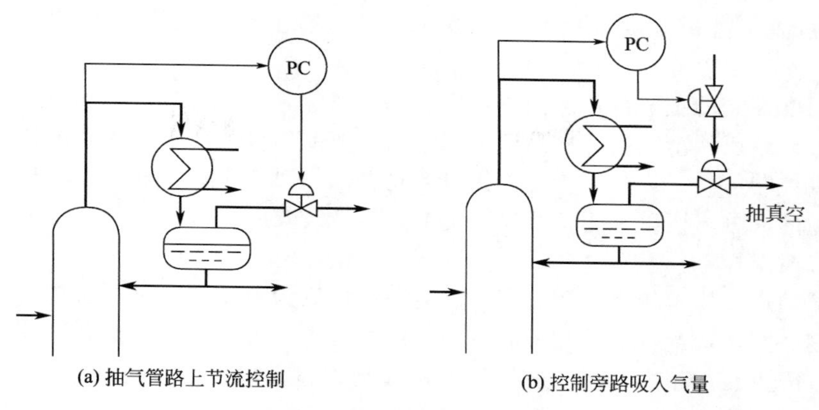

(a) 抽气管路上节流控制

(b) 控制旁路吸入气量

图 7-48 精馏塔真空度控制

① 依据精馏段塔板温度来控制馏出量 D，并保持上升蒸汽量 V 恒定。如图 7-49(a) 所示。

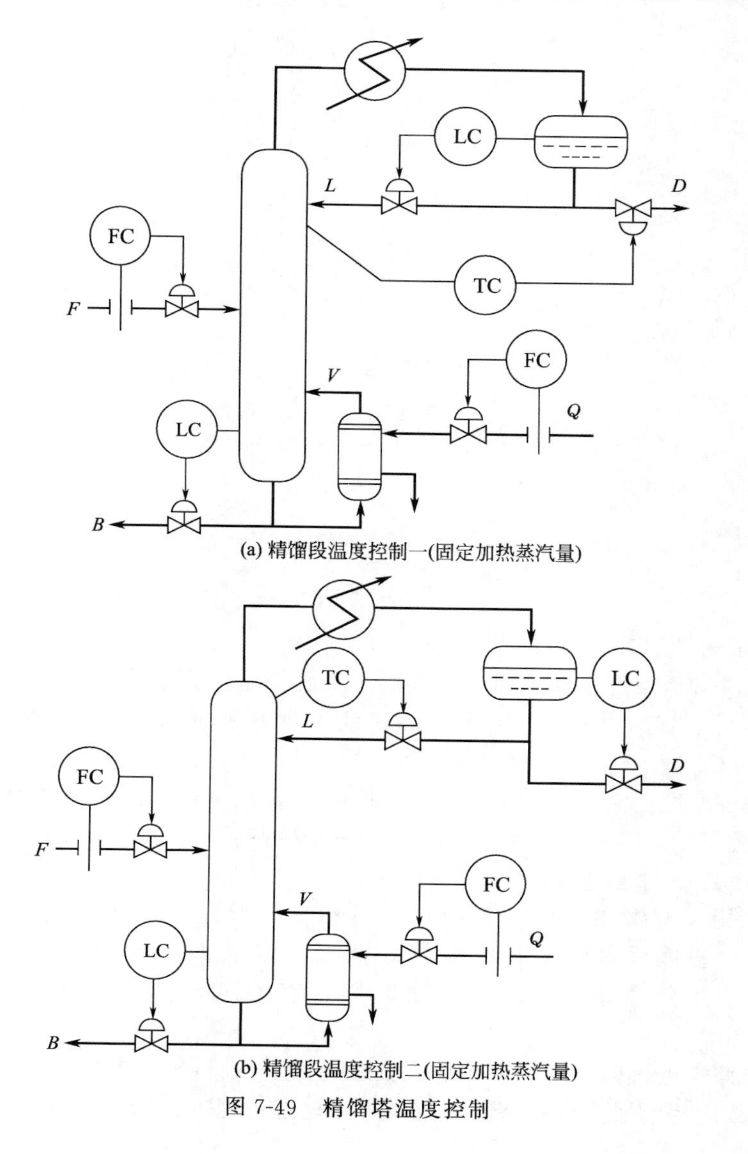

(a) 精馏段温度控制一(固定加热蒸汽量)

(b) 精馏段温度控制二(固定加热蒸汽量)

图 7-49 精馏塔温度控制

② 依据精馏段塔板温度来控制回流量 L，并保持上升蒸汽量 V 恒定。如图 7-49(b) 所示。

精馏段温度控制的主要特点与使用场合：①由于采用了精馏段温度作为间接质量指标，因此它能较直接地反映精馏段的产品情况。当塔顶产品纯度的要求比塔底严格时，一般宜采用精馏段温度控制方案；②如果扰动首先进入精馏段（如气相进料时），由于进料量的变化首先影响塔顶的成分，所以采用精馏段温度控制就比较及时。

(2) 提馏段温控

当对釜液的成分要求较之对馏出液为高时，如塔底为主要产品时，通常就按提馏段质量指标进行控制。同时，当对塔顶和塔底产品的质量要求相近时，如果是液相进料，也往往采用这类方案。因为在液相进料时，进料量 F 的波动首先影响到釜液的成分 X_B，因此用提馏段控制比较及时（图 7-50）。

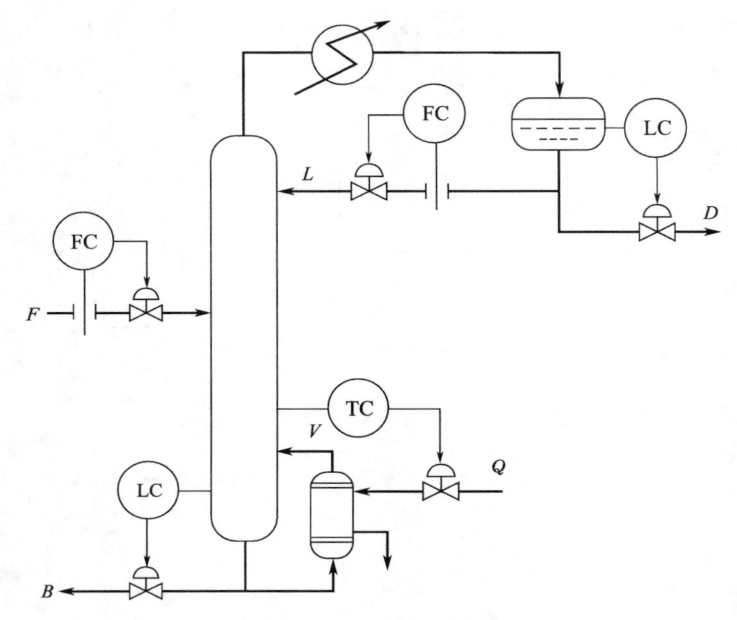

图 7-50 提馏段温度控制

提馏段常用的控制方案也可分以下两类。

① 按提馏段塔板温度来控制加热蒸汽量，从而控制上升蒸汽量 V，并保持回流量 L 恒定或回流比恒定。此时，塔顶馏出量 D 和釜液流量 B 都是按物料平衡关系控制的。如图 7-51(a) 所示。

② 按提馏段温度控制釜液流量 B，并保持回流量 L 恒定。此时，塔顶馏出量 D 是按回流罐的液位来控制的，蒸汽量是按再沸器的液位来控制的，如图 7-51(b) 所示。

提馏段温度控制的主要特点与使用场合如下。

① 由于采用了提馏段温度作为间接质量指标，因此，它能够较直接地反映提馏段产品的情况。将提馏段恒定后，就能较好地确保塔底产品的质量达到规定值。所以，在以塔底采出为主要产品、对塔釜成分要求比对馏出液为高时，常采用提馏段温度控制方案。

② 当扰动首先进入提馏段时（如在液相进料时），进料量或进料成分的变化首先要影响塔底的成分，故用提馏段温度控制就比较及时，动态过程也比较快。

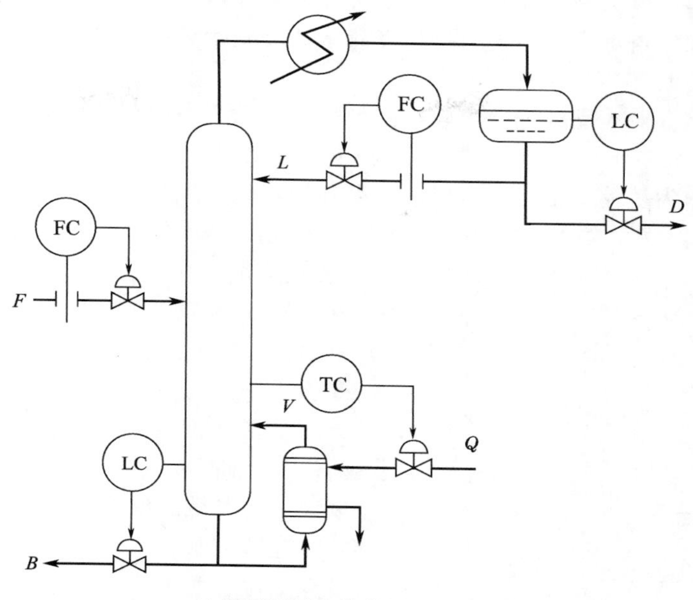

(a) 提馏段温控加热蒸汽量

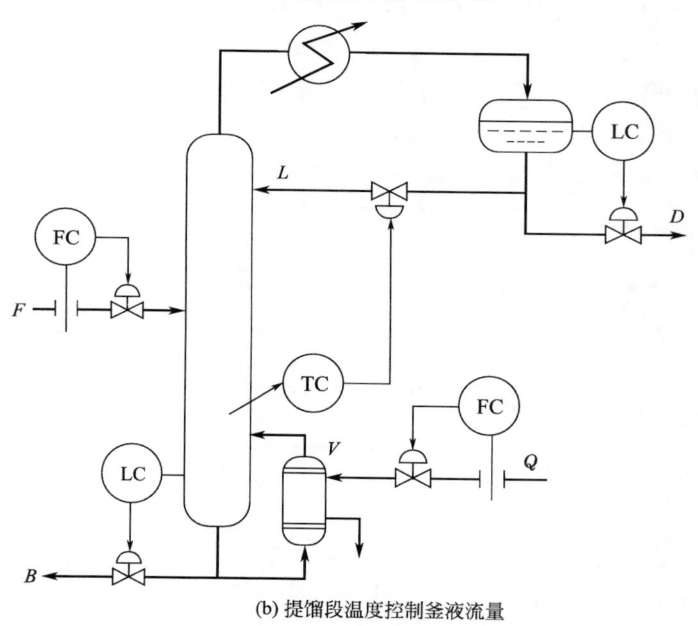

(b) 提馏段温度控制釜液流量

图 7-51　提馏段常用控制方案

(3) 灵敏板温控

采用塔顶（或塔底）温度作为间接质量指标时，实际上把温度检测放置在塔顶（或塔底）是极为少数的。而是把温度检测点放在进料板与塔顶（底）之间的灵敏板上。

所谓灵敏板，是当塔受到干扰或控制作用时，塔内各板的组分都将发生变化，随之各塔板的温度也将发生变化，当达到新的稳态时，温度变化最大的那块塔板即为灵敏板。

灵敏板的位置先根据测算，确定大致位置，然后在它的附近设置多个检测点，从中选择最佳的测量点作为灵敏板。

以灵敏板温度作为被控变量，根据实际需要，如以塔顶产品为主，操纵变量选塔顶回流量进行控制，如以塔釜产品为主，操作变量选择塔釜换热器加热流量进行控制。

(4) 温差控制

在精密精馏等对产品纯度要求较高的场合，考虑压力波动对间接指标的影响，可采用温差控制。

选择温差作为被控变量时，需要注意温差给定值合理（不能过大），以及操作工况稳定。

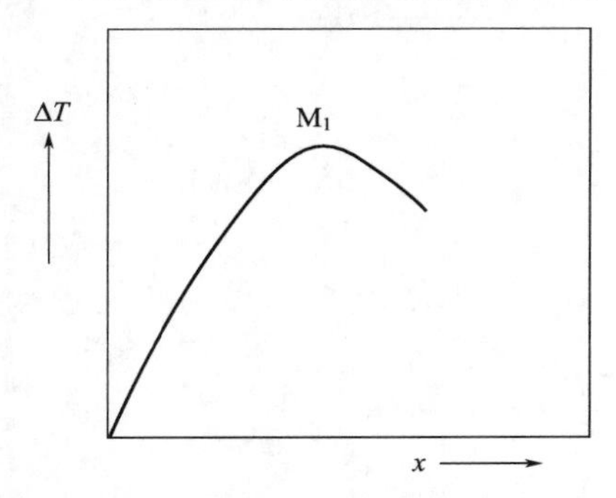

图 7-52 温差与产品纯度关系

温差与产品纯度并非是单值对应关系，如图 7-52 所示，曲线有最高点 M_1，在 M_1 点的两侧，温差与浓度之间的关系是反向的，所以温差选得过大，或操作不平稳，均能引起温差失控的现象。

温度检测点的位置，对于塔顶馏出液为主要产品时，一个测温点应放在塔顶（或稍下一些），即温度变化较小的位置；而另一点放在灵敏板附近，即成分和温度变化较大、较灵敏的位置上。

(5) 双温差控制

为了克服温差控制中的不足，提出了双温差控制，即分别在精馏段和提馏段上选取温差信号。用温差作为质量指标的间接变量，消除塔压波动对产品的影响。采用分别在加料板附近的精馏段和提馏段上选取温差信号 ΔT_1 和 ΔT_2。将两温差信号相减后的信号作为控制器的测量信号。然后把两个温差信号相减，以这个温差的差作为间接质量指标进行控制。如图 7-53 所示。

温差控制受两个因素的影响：一个是进料组分的波动，另一个是因负荷变化而引起塔板

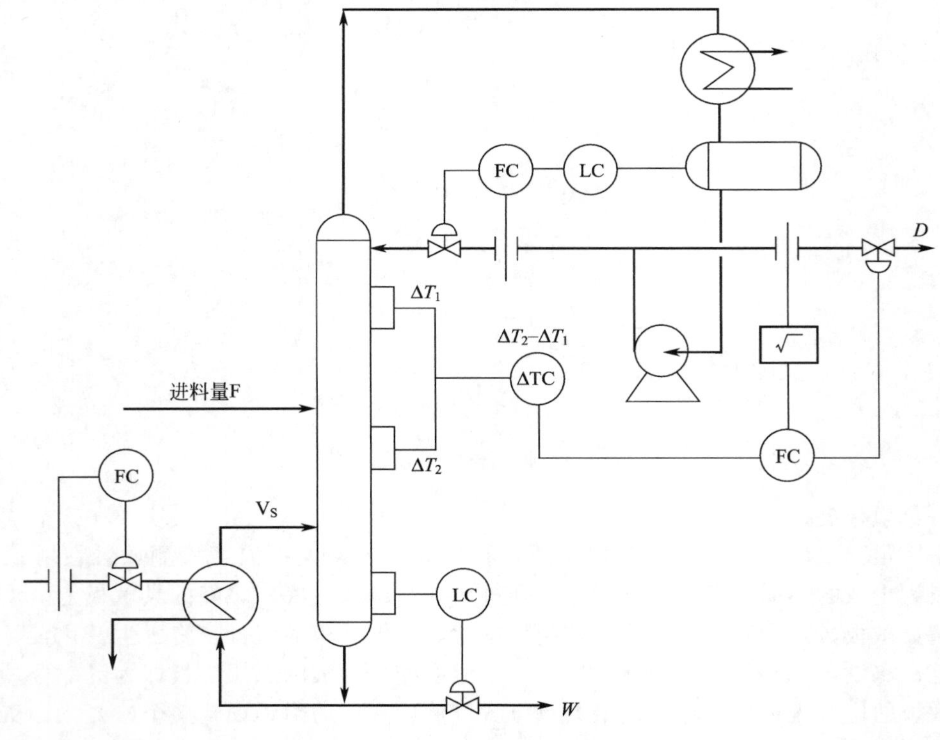

图 7-53 双温差控制

的压降变化。前者若使温差减少，则后者当压降增大时，温差反而增加，所以是有矛盾的，在这种情况下就难以控制。采用双温差控制后，若由于进料流量波动引起塔压变化对温差的影响，在塔的上、下段同时出现，因而上段温差减去下段温差的差值就消除了压降变化的影响。在进料流量波动影响下，双温差控制仍能得到较好的控制效果。

7.3.3.4　复杂控制系统在精馏塔中的应用

在精馏塔的实际控制中，除了采用单回路控制外，还采用较多的复杂控制系统，如串级、均匀、前馈、比值、分程、选择性控制等。

（1）串级控制系统

串级控制系统能够迅速克服进入副环的扰动对系统的影响。因此，在精馏塔的与产品质量有关的一些控制系统中，如果扰动对产品质量有影响，而且可以组成串级控制系统的副环时，都可组成串级控制系统。如图 7-54 所示的提馏段温度串级控制与加热蒸汽量和图 7-55 所示的精馏段温度与回流量串级控制等。

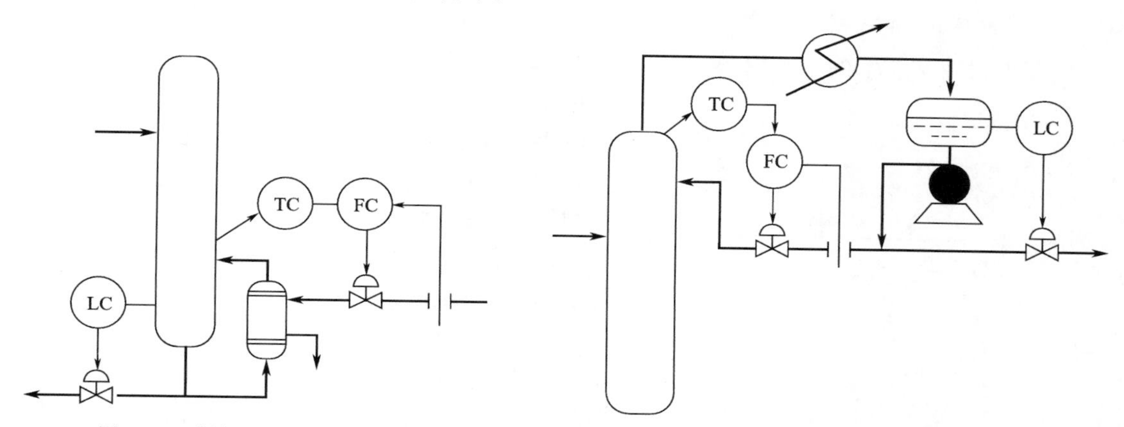

图 7-54　提馏段温度串级控制

图 7-55　精馏段温度与回流量串级控制

串级均匀控制系统能够对液位（或气相压力）和出料量兼顾，在多塔组成的塔系控制中得到了广泛应用，在此不再举例。

（2）前馈控制系统

在反馈控制过程中，精馏塔若遇到进料扰动频繁、控制通道滞后较大等情况，会使控制质量满足不了工艺要求，此时引入前馈控制可以明显改善系统的控制品质，如图 7-56 所示，精馏塔的前馈-反馈控制方案之一。当进料流量增加时，只要成比例增加再沸器的加热蒸汽（即增加 V），就可基本保持塔底的产品成分不变。

精馏塔的大多数前馈信号采用进料量，有些前馈信号也可取馏出量。实践证明，前馈控制可以克服进料流量扰动的大部分影响，余下小部分扰动影响由反馈控制作用予以克服。

（3）选择性控制

精馏塔操作受约束条件制约。当操作参数进入安全软限时，可采用选择性控制系统，使精馏塔操作仍可进行，这是选择性控制系统在精馏塔操作中一类较为广泛的应用。选择性控制系统在精馏塔操作中的另一类应用是控制精馏塔的自动开、停车。

如图 7-57 所示，为防止液泛的超驰控制系统。该控制系统的正常控制器是提馏段温度控制器 TC，取代控制器是塔压差控制器 P_dC。正常工况下，由提馏段灵敏板温度控制再沸器加热蒸汽量；当塔压差接近液泛限值时，反作用控制器 P_dC 输出下降，被低选器 LS 选中，由塔压差控制器取代温度控制器，保证精馏塔不发生液泛。

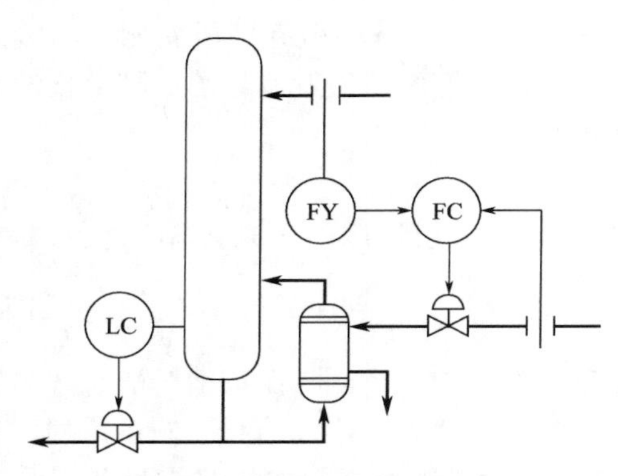

图 7-56 精馏塔中的前馈控制

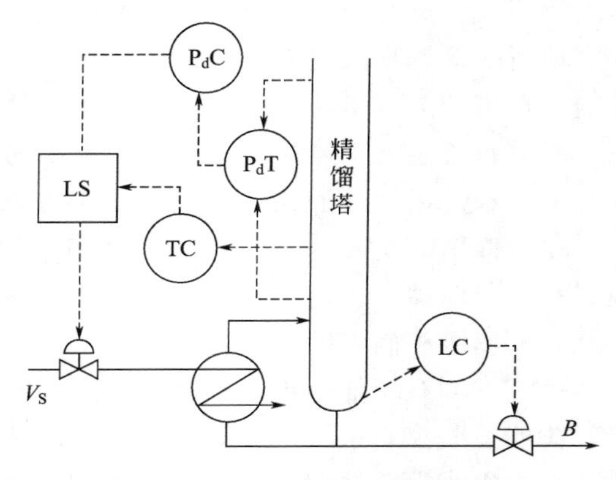

图 7-57 精馏塔中的选择性控制方案

7.3.4 精馏塔的新型控制方案

随着现代控制技术的不断发展，新型控制方案、控制算法不断出现，自动化控制技术工具也有了飞速发展，尤其是计算机在工业过程中的应用日益广泛，使得在精馏过程的控制中新的控制方案不断涌现，如内回流、热焓控制、解耦控制、推断控制、节能控制、最优控制等。控制系统的品质指标也越来越高，使精馏塔的操作收到了明显的经济效益。

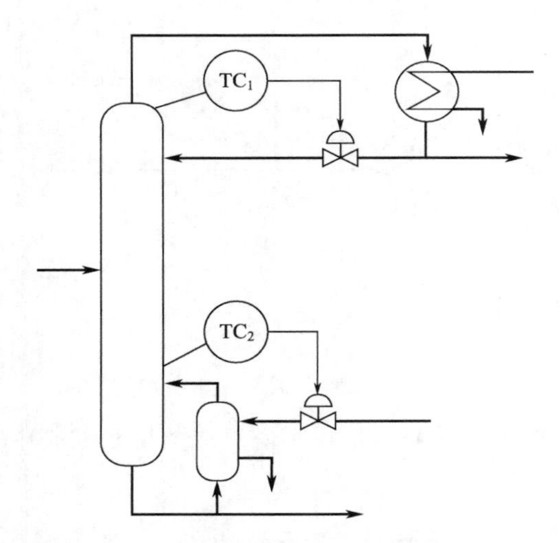

图 7-58 精馏塔耦合控制系统

（1）解耦控制

当塔顶及塔底产品分别需要满足一定质量指标时，则需要对塔的两端产品质量同时进行控制。如图 7-58 所示的控制方案，用回流量控制精馏段温度，间接控制塔顶产品质量；用塔底加热流量控制提馏段温度，间接控制塔底产品质量。

当改变回流量时，不仅影响提馏段温度（即塔底产品组分）的变化，同时也引起提馏段温度（即塔底产品组分）的变化；同理，当改变塔底的加热用蒸汽流量时，也将引起塔内温度的变化，从而不但使提馏段温度（即塔底产品组分）产生变化，同时也将影响到提馏段温度（即塔底产品组分）的变化。可见，这是一个 2×2 的多变量耦合系统，如图 7-59 所示。

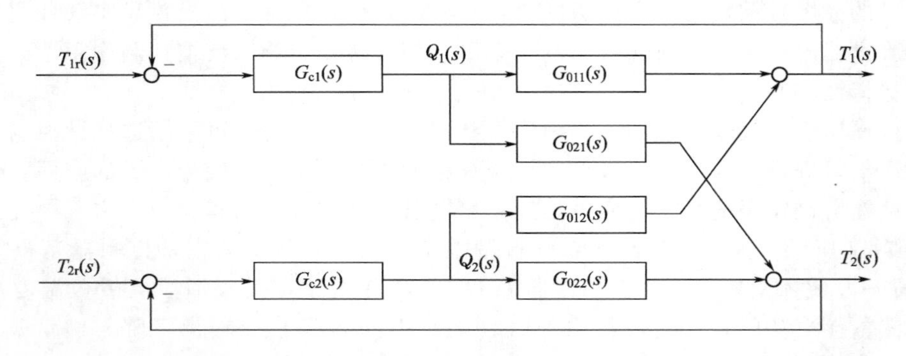

图 7-59 精馏塔两端温度（产品成分）控制框图

解耦控制方案（图 7-60）的设计思想是：为使回流量的变化只影响塔顶组分而不影响塔底组分，设计了解耦装置 $D_{21}(s)$，使蒸汽阀门预先动作，予以补偿；同样，为使蒸汽量的变化只影响塔底组分而不影响塔顶组分，设计了另一个解耦装置 $D_{12}(s)$，使回流阀预先动作，予以补偿，从而实现了两端产品质量的解耦控制。

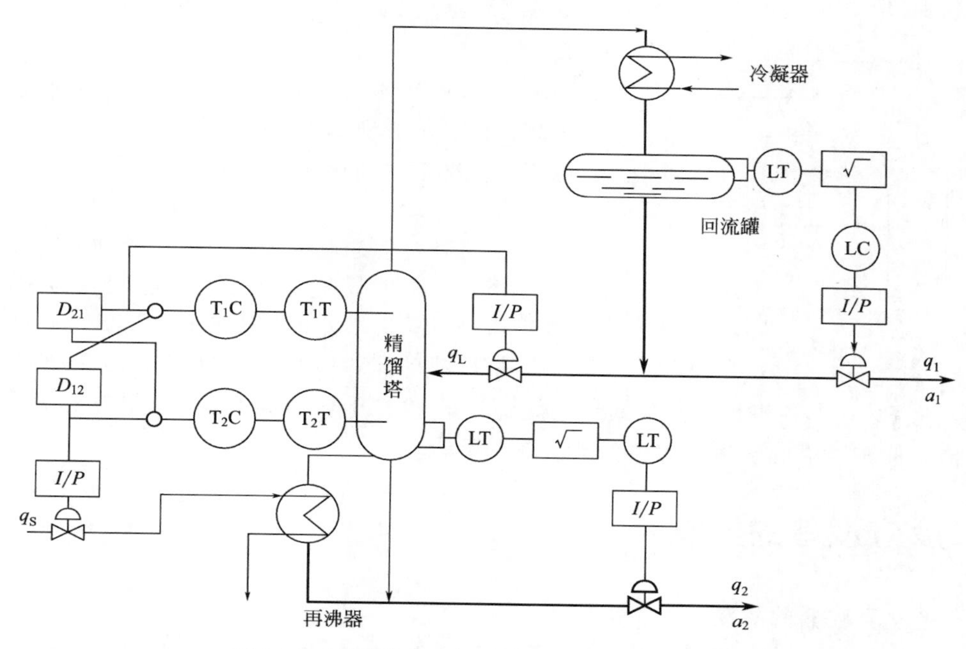

图 7-60　两端温度（产品质量）的解耦控制方案

关于解耦装置数学模型 $D_{21}(s)$、$D_{12}(s)$ 的取得，可根据不变性原理的前馈补偿法进行设计，如图 7-61 所示。

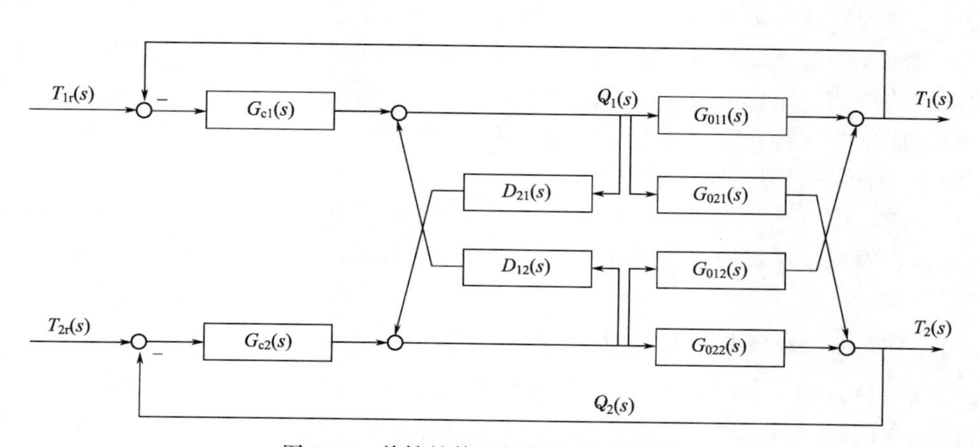

图 7-61　前馈补偿法解耦控制系统框图

（2）精馏塔的节能控制——浮动塔压控制

精馏塔的节能控制，首要的是把过于保守的过分离操作，转变为严格控制产品质量的“限幅”生产，但这要求必须有合适的自控方案来保证塔的抗干扰能力，稳定塔的正常操作。同时，也可对生产工艺进行必要的改进，配置相应的控制系统，充分利用精馏操作中的能量，降低能耗。

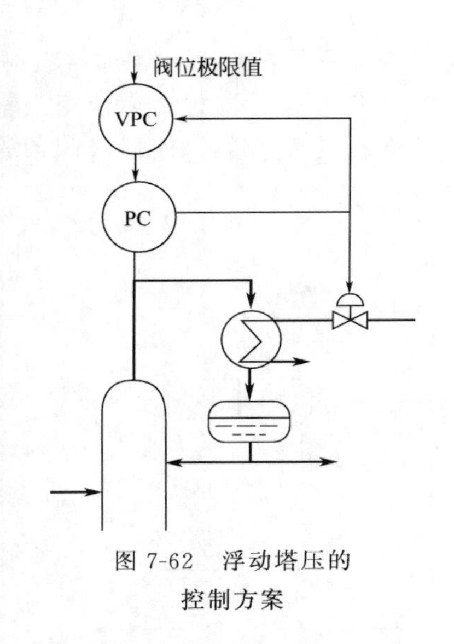

图 7-62 浮动塔压的控制方案

① 塔压浮动的目的　塔压浮动，就是在可能的条件下，把塔压尽量降低，有利于节省能量。具体地说，塔压下降，从两个方面分析可以降低能耗。

• 降低操作压力，将增加组分间的相对挥发度，这样组分分离容易，使再沸器的加热量下降，节省能量。

• 降低操作压力，使整个精馏系统的气液平衡温度下降，提高了再沸器两侧传热温差，再沸器在消耗同样热剂的情况下，加热能力增大了。

② 塔压浮动的条件

• 质量指标的选取必须适应塔压浮动的需要。

• 塔压降低的限度受冷凝器最大冷却能力的制约。

• 塔压浮动但不能出现突变。

③ 塔压浮动控制的实施　图 7-62 为浮动塔压的控制方案，将 PC 调节器输出信号反馈到定值调节器 VPC 上作为输入信号，VPC 输出作为 PC 的给定值，使精馏塔的塔顶压力在一定范围内浮动。

7.4 反应设备的控制

7.4.1 化学反应器的类型

化学反应在化学反应器中进行，化学反应器是化工生产中的重要设备之一。化学反应器的类型很多，按照反应器进、出物料的状况，可分为间歇式与连续式两类。间歇式反应器通常应用于生产批量小、反应时间长或反应的全过程对反应温度有严格程序控制要求的场合。间歇式反应器的控制大多应用时间程序控制方式，即设定值按照一个预先规定的时间程序而变化，因此属典型的随动控制系统。目前，用于基本化工产品生产的相当数量的大型反应器均采用连续的形式，这样可以连同前后工序一起连续而平稳地生产。对于连续式反应器，为了保持反应的正常进行，希望控制反应器内的若干关键工艺参数（如温度、成分、压力等）稳定。因此，通常采用定值控制系统。

由于化学反应过程伴有化学和物理现象，涉及能量、物料平衡及物料动量、热量和物质传递等过程，因此化学反应器的操作一般比较复杂。反应器的自动控制直接关系到产品的质量、产量和安全生产。

7.4.2 化学反应器自动控制的基本要求

化学反应器自动控制的基本要求，是使化学反应在符合预定要求的条件下自动进行。关于化学反应器的控制要求及被控变量的选择，一般需从质量指标、物料和能量平衡、约束条件等三方面考虑。

（1）质量指标

化学反应器的质量指标一般指反应的转化率或反应生成物的规定浓度。转化率是直接质量指标，应该选取转化率或与之相关的可测变量作为被控变量。显然，转化率是不能直接进行控制的，它是经运算后得到，只能去间接控制。因为化学反应过程总是在一定温度条件下进行的，同时伴随有热效应，因此温度是最能表征质量的间接控制指标。一些反应过程也用出料浓度作为被控变量。例如，焙烧硫铁矿或尾砂的反应，可取出口气体中的 SO_2 含量作为被控变量。但因成分分析仪表价格昂贵、维护困难等原因，通常采用温度作为间接质量指标，必要时可辅以压力和处理量（流量）等控制系统，即可满足反应器正常操作的控制要求。

以温度、压力等工艺变量作为间接控制指标，有时并不能保证质量稳定。在扰动作用下，当反应转化率或反应生成物组分与温度、压力等工艺变量之间不呈现单值函数关系时，需要根据工况变化去改变温度控制系统中的设定值。在有催化剂的反应器中，由于催化剂的活性变化，温度设定值也要随之改变。

（2）物料和能量平衡

在反应器运行过程中必须保持物料和能量的平衡。为了使反应器的操作正常、反应转化率高，需要保持进入反应器各种物料量的恒定，或使物料的配比符合要求。为此，对进入反应器的物料常采用流量的定值控制或比值控制。此外，在部分物料循环的反应过程中，为保持原料的浓度和物料的平衡，需另设辅助控制系统，如合成氨生产过程中的惰性气体自动排放系统等。

反应过程伴有热效应。要保持化学反应器的热量平衡，应使进入反应器的热量与流出的热量及反应生成热之间相互平衡。能量平衡控制对化学反应器来说至关重要，它决定反应器的安全生产，也间接保证化学反应器的产品质量达到工艺规定的要求。因此，应设置相应的热量平衡控制系统。例如，及时移走反应热，以使反应向正方向进行等。而一些反应过程，在反应初期要加热，反应进行后要移热，为此，应设置加热和移热的分程控制系统等。

（3）约束条件

与其他单元操作设备相比，反应器操作的安全性具有更为重要，这就构成了反应器控制中的一系列约束条件。例如，为防止反应器的工艺变量进入危险区或不正常工况，应该配置一些报警、联锁装置或自动选择性控制系统。

7.4.3　化学反应器的基本控制

由于反应器在结构、物料流程、反应机理和传热、传质情况等方面的差异，所以自控的难易程度相差很大，自控方案的差别也很大。

影响化学反应的扰动主要来自外部，因此，控制外围是反应器控制的基本控制策略。对于不同的反应器类型，采用的基本控制方法也不同。

（1）釜式反应器的控制

釜式反应器在化学工业中广泛应用，除了用作聚合反应外，在有机燃料、农药等行业还经常采用釜式反应器进行碳化、硝化、卤化等反应。

釜式反应器的反应温度控制是实现釜式反应器最佳操作的关键，常用的方案如下。

① 控制进料温度　通过改变热剂（或冷剂）量来调节进入反应釜的物料温度从而维持反应温度稳定。如图 7-63。

② 改变传热量　对于有传热面的反应釜，可以引入或移出反应热来改变传热量实现温度控制。如图 7-64，这类控制系统结构简单，但控制滞后大。

③ 串级控制　为了有效处理控制滞后，采用串级控制方案，根据进入反应釜的主要扰动不同，可以采用釜温与热剂（或冷剂）流量的串级控制，如图 7-65～图 7-67 所示。

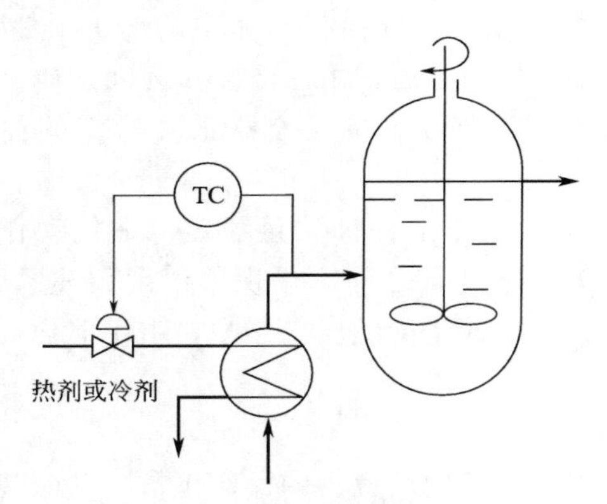

图 7-63　控制进料温度

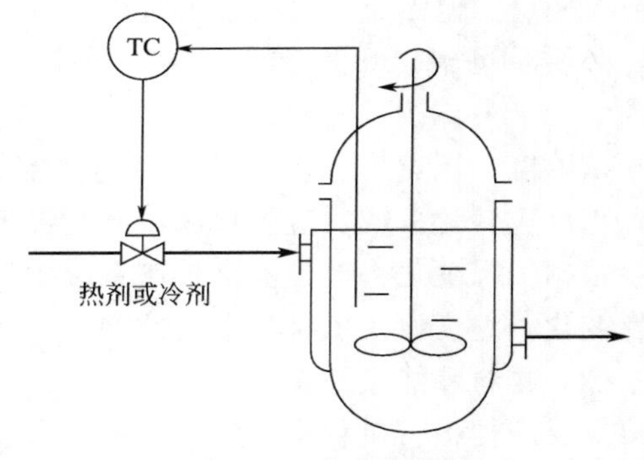

图 7-64　改变传热量

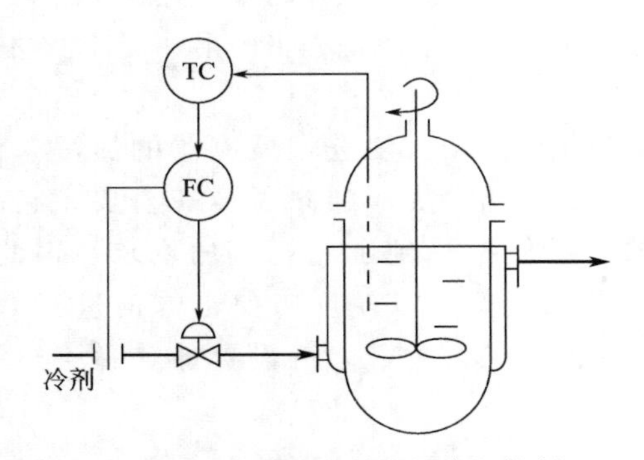

图 7-65　内温和冷剂流量串级控制

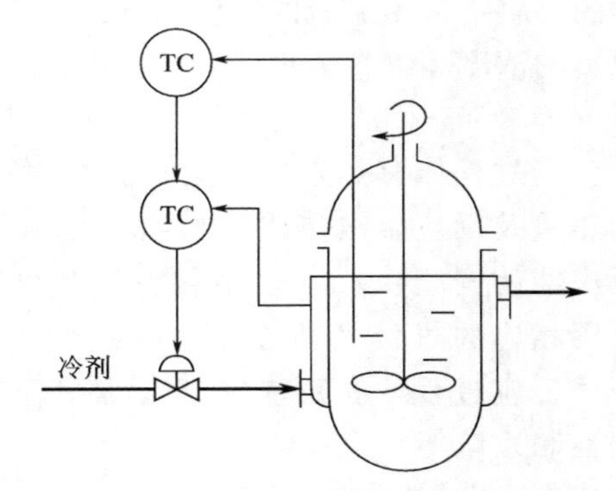

图 7-66　内温和夹套温度串级控制

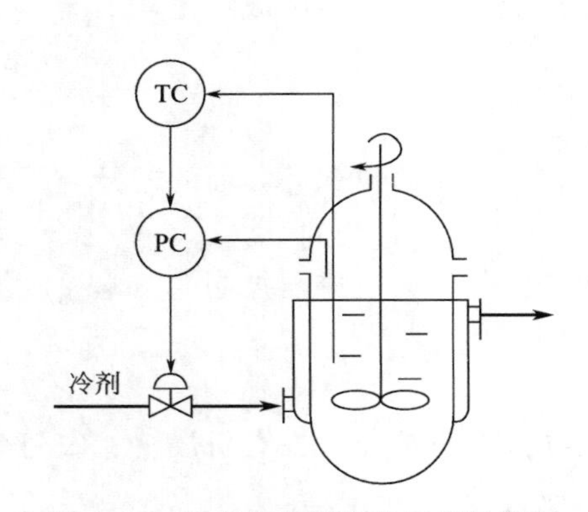

图 7-67　反应釜内温和内压串级控制

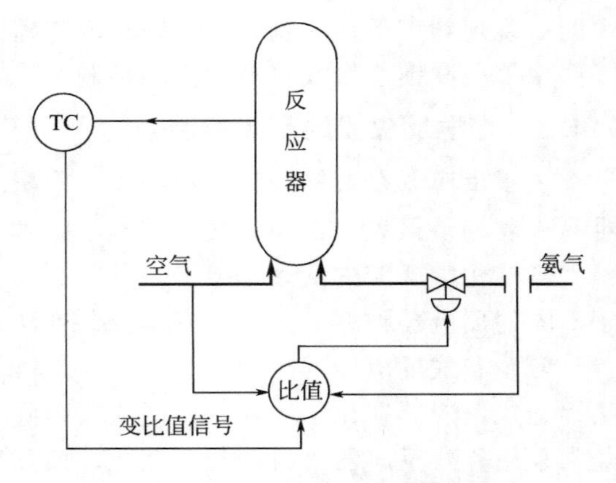

图 7-68　改变进料浓度控制方案

（2）固定床反应器的控制

固定床反应器是指催化剂床层固定于设备中不动的反应器，流体原料在催化剂作用下进行化学反应以生成所需反应物。

固定床反应器温度控制十分重要。任何一个化学反应器都有自己的最合适温度，该温度综合考虑了化学反应速度、化学平衡和催化剂活性等因素，该温度还是转化率的函数。

温度控制首先要选择敏感点位置，把感温元件安装在敏感点处，以便及时反映整个催化剂床层温度的变化。多段的催化剂床层往往要分段进行温度控制。常用的温度控制方案如下。

① 改变进料浓度 例如硝酸生产过程中，改变氨和空气的比值就相当于改变进料的氨浓度，如图 7-68。

② 改变进料温度 原料进入反应器前需要预热，可通过改变进入换热器的载热体流量，以控制反应床上的温度，如图 7-69、图 7-70 所示的控制方案。

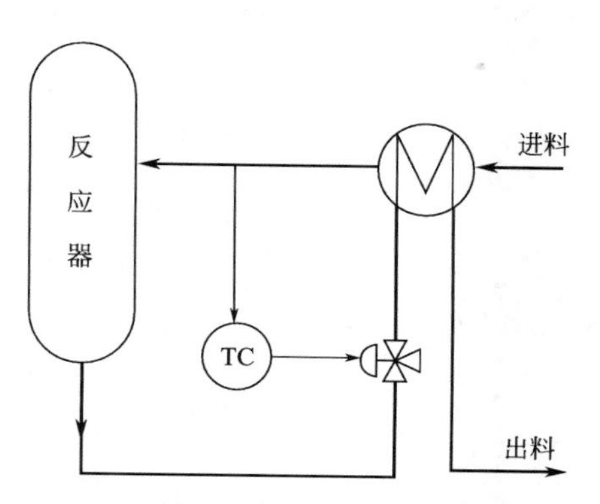

图 7-69 改变进料温度控制方案一

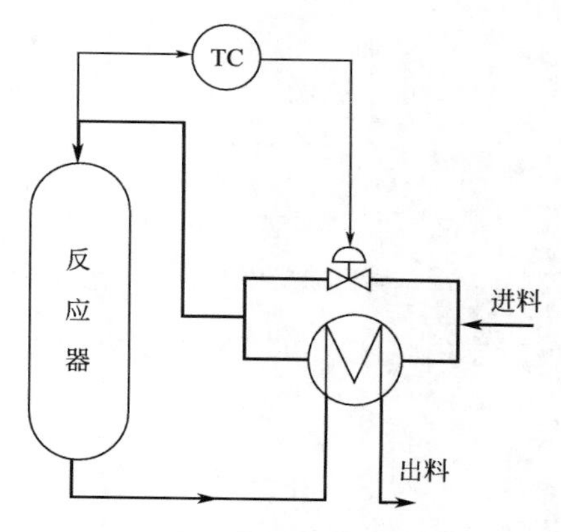

图 7-70 改变进料温度控制方案二

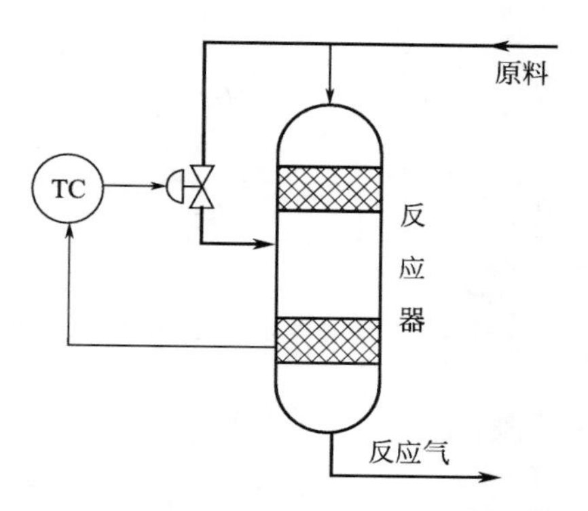

图 7-71 改变段间进入的冷气量控制方案一

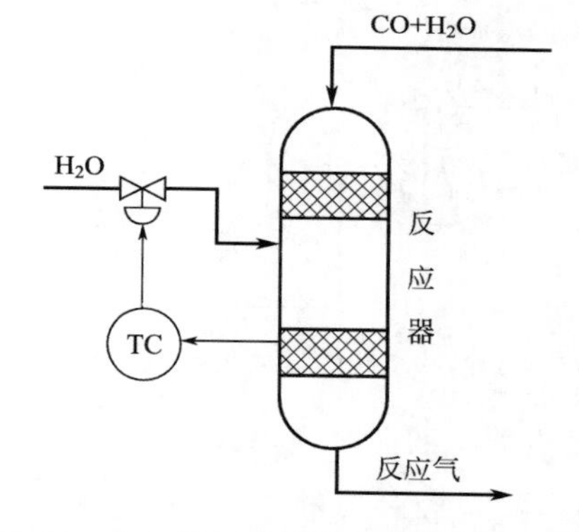

图 7-72 改变段间进入的冷气量控制方案二

③ 改变段间进入的冷气量 硫酸生产中用 SO_2 氧化成 SO_3，冷的一部分原料气少经过一段床层，但原料气总的转化率有所降低。通过改变段间进入的冷气量可以提高转化率，如图 7-71 所示。

如合成氨生产中，当用水蒸气与 CO 变换成氢气时，为了使反应完全，进入变换炉的水蒸气往往是过量的，此时段间冷气采用水蒸气不会降低 CO 的转化率，如图 7-72 所示。

(3) 流化床反应器的控制

流化床反应器的原理如图 7-73 所示。反应器的底部有多孔筛板，催化剂呈粉末状，放在筛板上，当从底部进入的原料气流速达到一定值时，催化剂开始上升呈现沸腾状，这种现象称为固体流化态。催化剂沸腾后，由于搅动剧烈，因而传质、传热和反应强度都高，并且有利于连续化和自动化生产。流化床反应器温度控制十分重要。

为了及时了解催化剂的沸腾状态，设置差压指示系统，如图 7-74 所示。根据差压数值变化情况，可及时掌握催化剂的沸腾状态，而且也能反映出反应器中有无结块、结焦和堵塞等现象。

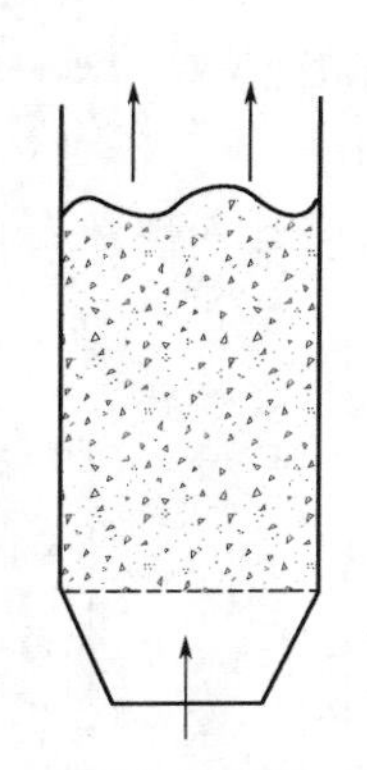
图 7-73 流化床反应器原理示意图

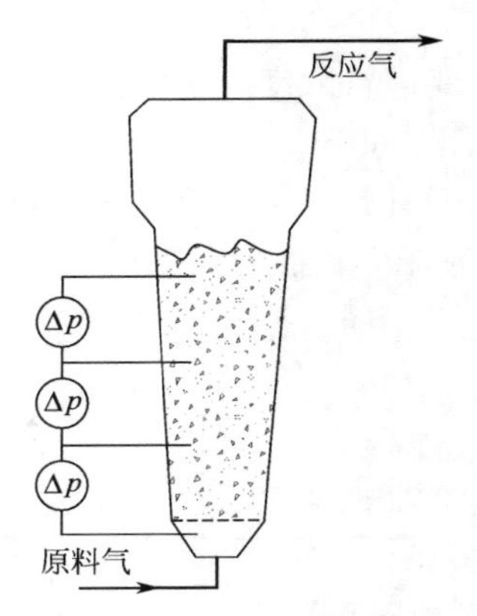

图 7-74 流化床反应器差压指示系统

反应器内温度可以通过改变原料入口温度来控制，如图 7-75 所示。

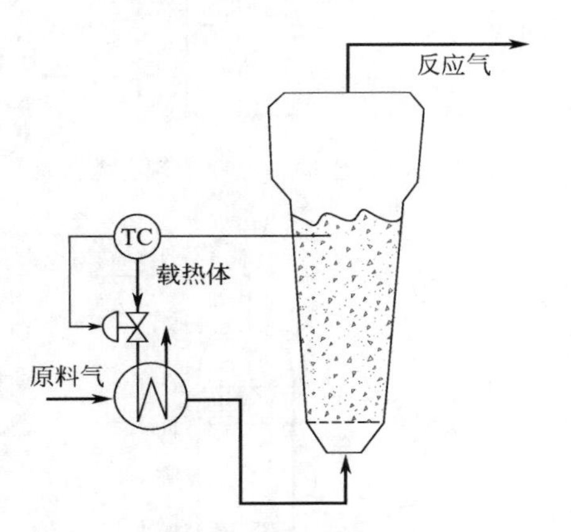

图 7-75 流化床反应器控制方案一

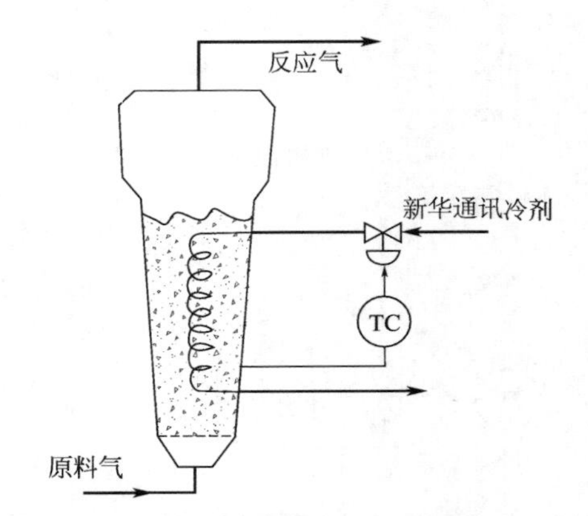

图 7-76 流化床反应器控制方案二

反应器内的温度也可通过改变流化床冷却剂量来控制，如图 7-76 所示。

7.4.4 典型控制方案

(1) 一个间歇式反应器的控制方案

目前，大型化工生产过程所使用的聚合反应釜，其容量相当庞大，反应的放热量也很大，而传热效果往往又很不理想，控制其反应温度的平稳比较困难。这类反应器的开环响应特性往往是不稳定的，假如在运行过程中不能及时有效地移去反应热，将使反应器内的温度不断上升，以致达到无法控制的地步。从理论上说，增加反应器的传热面积或加快传热速率，使移走热量的速率大于反应热生成的速率，就能提高反应器操作的稳定性。但是，由于设计上与工艺上的困难，对于大型聚合反应釜是难以实现这些要求的，因此，只能在设计控制方案时对控制系统的实施提出更高的要求，来满足聚合反应釜工艺操作的质量指标和安全运行要求。下面介绍几个参考方案。

如图 7-77 所示，是聚丙烯腈反应器的内温控制方案。由丙烯腈聚合成聚丙烯腈的聚合反应要在引发剂的作用下进行，引发剂等物料连续地加入聚合釜内，丙烯腈通过计量槽同时加入，当反应达到稳定状态时，将制成的聚合物加入到分离器中，以除去未反应的单体物料。在聚合釜中发生的聚合反应有以下三个主要特点：

① 在反应开始前，反应物必须升温至指定的最低温度；

② 该反应是放热反应；

③ 反应速度随温度的升高而增加。

为了使反应发生，必须要在反应开始前先把热量提供给反应物。但是，一旦反应发生后，又必须将热量及时从反应釜中移走，以维持一个稳定的操作温度。此外，单体转化为聚合物的转化率取决于反应温度、反应时间（即反应物在反应器中的停留时间）。因此，首先需要对反应器实行定量喂料，来维持一定的停留时间。其次，需要对反应器内的温度进行有效的控制。

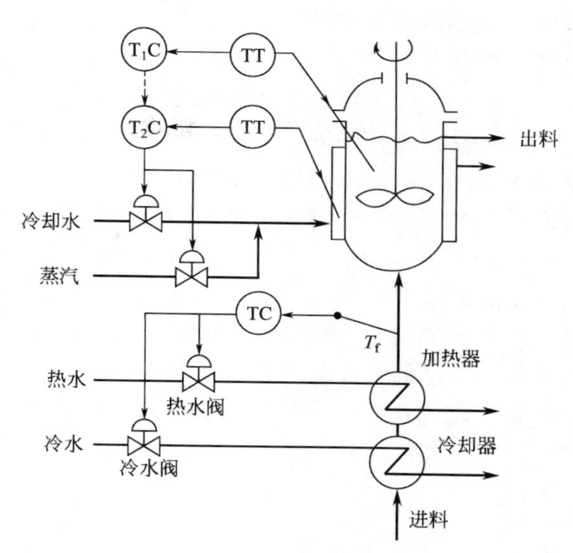

图 7-77 反应器的内温控制方案

在图 7-77 所示的控制方案中，包括以下两个主要控制回路。

① 反应釜内温与夹套温度的串级分程控制。采用以反应釜内温为主被控变量、夹套温度为副被控变量组成的串级控制系统，并通过控制进夹套的蒸汽阀和冷却水阀（分程控制）以实现给反应釜供热或除热的操作。

② 反应物料入口温度的分程控制。通过控制反应釜入口换热器的热水阀和冷水阀以稳定物料带入反应釜的热量。

反应釜的内温控制亦可采用反应釜内温对夹套温度的串级分程控制，同时控制反应器入口换热器热水阀和冷水阀及进夹套的冷却水阀和蒸汽阀，通过给反应釜供热或除热的操作，分别控制进料过程和反应过程的物料温度，使其能符合工艺的要求，如图 7-78。

此外，为克服反应釜因容量大、热效应强、传热效果却不理想而造成的滞后特性，也可

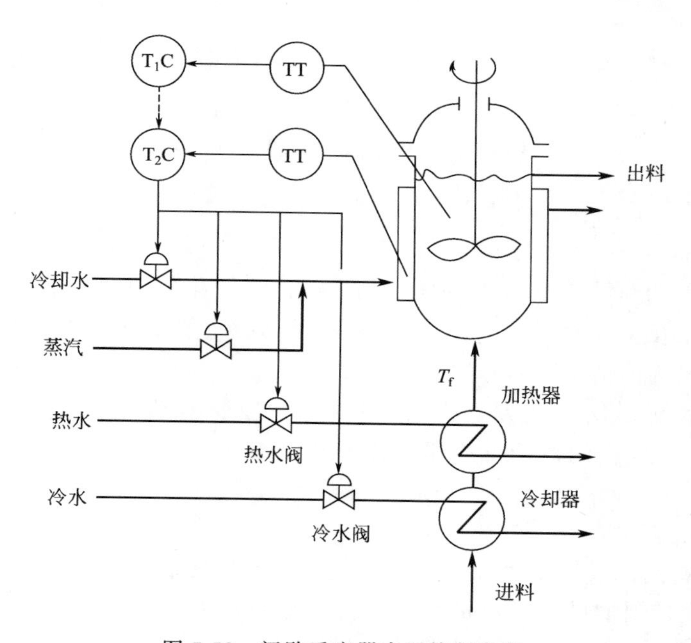

图 7-78 间歇反应器内温控制方案

选取反应釜内温为主被控变量、釜内压力为副被控变量组成的串级控制系统，以提高对反应温度的控制精度。

(2) 一个连续反应器的控制方案

化学反应器控制方案的设计，除了考虑温度、转化率等质量指标的核心问题之外，还必须考虑反应器的其他问题，如安全操作、开（停）车等，以使反应器的控制方案比较完善。下面以一个连续反应器为例来说明其全局控制方案。

图 7-79 所示，是一个连续反应器的控制方案。在反应器中物料 A 与物料 B 进行合成反应，生成的反应热从夹套中通过循环水除去，反应的放热量与反应物流量成正比。A 进料量大于 B 进料量。反应速度很快，而且反应完成的时间比停留的时间短。反应的转化率、收率及副产品的分布取决于物料 A 与物料 B 的流量之比，物料平衡是根据反应器的液位改变进料量而达到的。工艺对自动控制设计提出的要求如下。

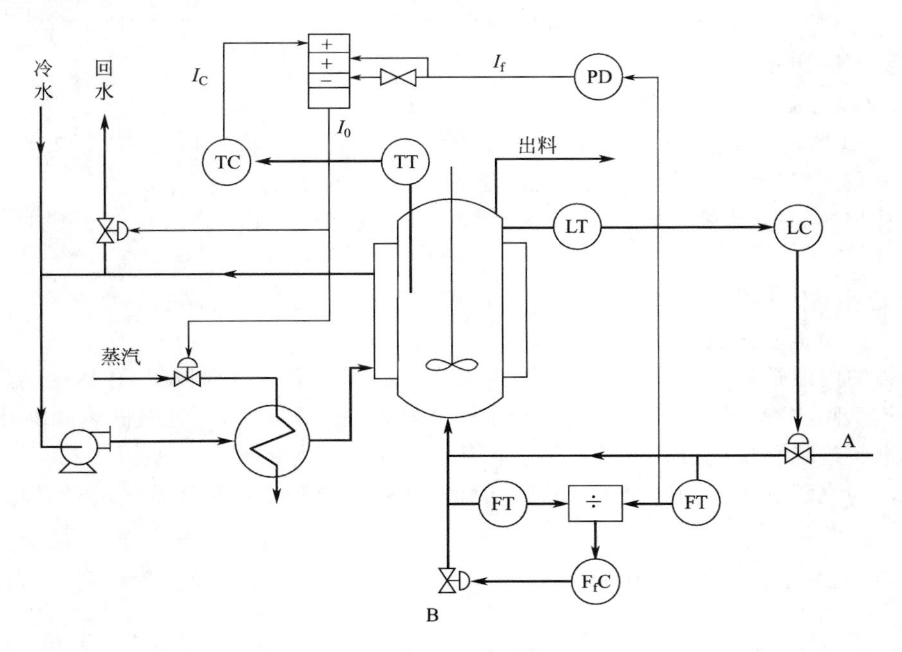

图 7-79 连续反应器温度控制方案

通过深入分析调研，最后确定了一个前馈-反馈控制系统及比较完整的软保护控制方案。下面分别予以介绍。

① 反应器温度的前馈-反馈控制系统。当进料流量变化较大时，应引入进料流量作为前馈信号，组成前馈-反馈控制系统。图 7-79 中采用以反应器温度（质量指标）为被控变量、以物料 A 的进料量为前馈输入信号构成的单回路前馈-反馈控制系统。在前馈控制回路中选用 PD 控制器作为前馈的动态补偿器。此外，由于温度控制器采用积分外反馈（I_0）来防止积分饱和，因此，前馈控制器输出采用直流分量滤波。由于这些反应在反应初期要加热升温，反应过程正常运行时，要根据反应温度加热或除热，故采用分程控制，通过控制回水和蒸汽流量来调节反应温度。

② 反应器进料的比值控制系统。反应器进料的比值控制系统与一般的比值控制系统完全相同。但是，在控制物料 B 的流量时，工艺上提出了以下限制条件：

- 反应器温度低于结霜温度时，不能进料；

- 若测量出的比值过大，不能进料；
- 物料 A 的流量达到低限以下时，不能进料；
- 反应器液位达到低限以下时，不能进料；
- 反应器温度过高时，不能进料。

显然，应用选择性控制系统可以实现这五个工艺约束条件，具体实施方案有多种。但是，它们的动作原理均鉴于当工况达到上述安全软限时，由选择性控制器取代正常工况下的比值控制器 FfC 的输出，从而切断 B 的进料。

③ 反应器的液位及出料控制系统。如图 7-79 所示的控制方案，是通过调节物料 A 的流量来达到对反应器液位的控制要求的。除了图示的控制系统之外，还需要考虑对物料 A 流量的两个附加要求：

- 进料速度要与冷却能力配合，不能太快；
- 开车时，如果反应器的温度低于下限值，则不能进料，同时也要求液位低于下限值时不能关闭进料阀。

此外，反应器的出料主要是由反应物的质量和后续工序来决定的。

设计产品出料控制系统的原则如下：

- 反应器的液位低于量程的 25%时应当停止出料；
- 开车时的出料质量与反应温度有关，故须等反应温度达到工艺指标时才能出料；反之，如果反应温度低于正常值时应停止出料。据此，同样可以设置一套相应的选择性控制系统来满足出料的工艺操作要求。

在实际应用时，一个连续反应器还需配置一套比较完善的开、停车程序控制系统，与上述控制系统相结合，以达到较高的生产过程自动化水平。

章后小结

本章对化工生产过程中典型的流体输送单元、传热单元、精馏单元、反应设备等四大单元控制操作进行了归纳和介绍。

流体输送单元主要介绍了流体输送设备的基本特性和控制思路，重点介绍了离心泵、往复泵的控制方案，离心式压缩机的控制方案和防喘振控制方案。

首先讲解了传热设备的分类，传热设备的静态、动态特性；然后分别介绍了一般传热设备的控制方案、物料和载体均无相变传热设备的控制、载体产生相变的传热设备控制、加热炉控制、锅炉设备的控制方案。

本章介绍了精馏塔的基本特性和基本知识、主要干扰因素、被控变量的选择等，介绍了精馏塔常见的各种控制方案。

反应设备的控制主要介绍了反应器的分类，对控制的基本要求，常见的控制方案以及典型的控制应用。

习　题

7-1. 离心泵和往复泵的流量控制方案有哪些相同点与不同点？

7-2. 离心式泵与离心式压缩机控制方案有哪些相同点与不同点？

7-3. 什么是离心式压缩机的喘振？产生喘振的条件是什么？有哪些防喘振方案？

7-4. 对于传热设备，可以通过哪些途径来控制传热量以保障物料出口温度稳定？

7-5. 加热炉有哪些控制方案？

7-6. 锅炉设备的主要控制系统有哪些？

7-7. 影响精馏塔操作的主要干扰是什么？它们对精馏塔操作有何影响？

7-8. 精馏塔温度控制方案有哪些？分别应用于什么场合？

7-9. 化学反应器控制的目标和要求是什么？

7-10. 图 7-80 列出的三个控制方案各适用于什么场合？

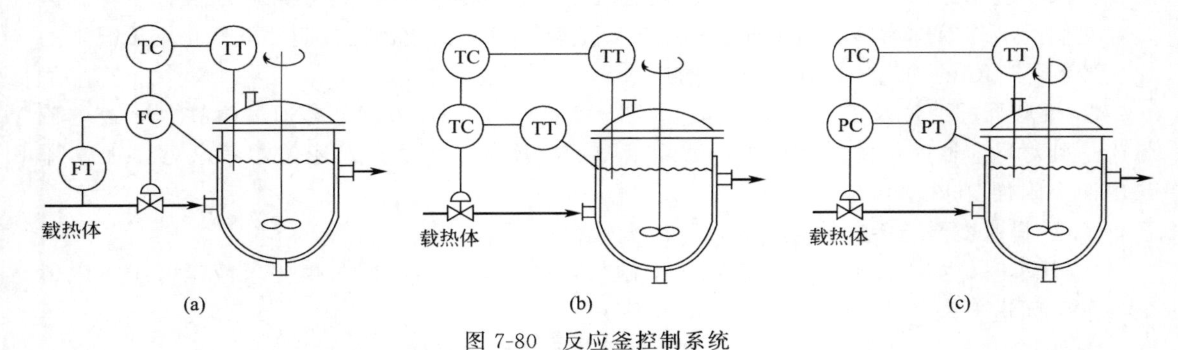

图 7-80 反应釜控制系统

参 考 文 献

[1] 俞金寿．过程自动化及仪表．北京：化学工业出版社，2003.

[2] 齐卫红．过程控制系统．北京：电子工业出版社，2011.

[3] 王爱广．过程控制技术．北京：化学工业出版社，2005.

[4] 李灿军．液位系统的辨识与预测控制研究 [D]. 长沙：中南大学，2004.

[5] 梁鸿飞．模型参考自适应控制在主蒸汽温度控制中的应用 [J]. 电气开关，2010，(4)．

[6] 张曾科．模糊数学在自动化技术中的应用 [M]. 北京：清华大学出版社，1997.

[7] 侯奎源．化工自动化基础 [M]. 北京：化学工业出版社，1994.

[8] 厉玉鸣．化工仪表及自动化．第4版．北京：化学工业出版社，2006.

[9] 莫彬．过程控制工程．北京：化学工业出版社，2010.

[10] 厉玉鸣．自动控制原理．北京：化学工业出版社，2005.

[11] 刘玉梅．过程控制技术．第2版．北京：化学工业出版社，2009.

[12] 姜秀英．过程控制工程实施教程．北京：化学工业出版社，2008.